Florence Depardieu

Modulation de la résistance aux glycopeptides chez les entérocoques

Florence Depardieu

Modulation de la résistance aux glycopeptides chez les entérocoques

Mécanismes de résistance à la vancomycine chez les entérocoques

Presses Académiques Francophones

Impressum / Mentions légales

Bibliografische Information der Deutschen Nationalbibliothek: Die Deutsche Nationalbibliothek verzeichnet diese Publikation in der Deutschen Nationalbibliografie; detaillierte bibliografische Daten sind im Internet über http://dnb.d-nb.de abrufbar.
Alle in diesem Buch genannten Marken und Produktnamen unterliegen warenzeichen-, marken- oder patentrechtlichem Schutz bzw. sind Warenzeichen oder eingetragene Warenzeichen der jeweiligen Inhaber. Die Wiedergabe von Marken, Produktnamen, Gebrauchsnamen, Handelsnamen, Warenbezeichnungen u.s.w. in diesem Werk berechtigt auch ohne besondere Kennzeichnung nicht zu der Annahme, dass solche Namen im Sinne der Warenzeichen- und Markenschutzgesetzgebung als frei zu betrachten wären und daher von jedermann benutzt werden dürften.

Information bibliographique publiée par la Deutsche Nationalbibliothek: La Deutsche Nationalbibliothek inscrit cette publication à la Deutsche Nationalbibliografie; des données bibliographiques détaillées sont disponibles sur internet à l'adresse http://dnb.d-nb.de.
Toutes marques et noms de produits mentionnés dans ce livre demeurent sous la protection des marques, des marques déposées et des brevets, et sont des marques ou des marques déposées de leurs détenteurs respectifs. L'utilisation des marques, noms de produits, noms communs, noms commerciaux, descriptions de produits, etc, même sans qu'ils soient mentionnés de façon particulière dans ce livre ne signifie en aucune façon que ces noms peuvent être utilisés sans restriction à l'égard de la législation pour la protection des marques et des marques déposées et pourraient donc être utilisés par quiconque.

Coverbild / Photo de couverture: www.ingimage.com

Verlag / Editeur:
Presses Académiques Francophones
ist ein Imprint der / est une marque déposée de
AV Akademikerverlag GmbH & Co. KG
Heinrich-Böcking-Str. 6-8, 66121 Saarbrücken, Deutschland / Allemagne
Email: info@presses-academiques.com

Herstellung: siehe letzte Seite /
Impression: voir la dernière page
ISBN: 978-3-8381-7427-3

TABLE DES MATIERES

PUBLICATIONS

PUBLICATION N°90

Depardieu, F., P. Courvalin, and T. Msadek. 2003. A six amino acid deletion, partially overlapping the VanS$_B$ G2 ATP-binding motif, leads to constitutive glycopeptide resistance in VanB-type *Enterococcus faecium.* Mol. Microbiol. **50**:1069-1083.

PUBLICATION N°89

Depardieu, F., P. Courvalin, and A. Kolb. 2005. Binding sites of VanR$_B$ and sigma70 RNA polymerase in the *vanB* vancomycin resistance operon of *Enterococcus faecium* BM4524. Mol. Microbiol. **57**:550-564.

PUBLICATION N°306

San Millan, A., F. Depardieu, S. Godreuil, and P. Courvalin. 2009. VanB-type *Enterococcus faecium* clinical isolate successively inducibly resistant to, dependent on, and constitutively resistant to vancomycin. Antimicrob Agents Chemother 53:1974-1982.

PUBLICATION N°95

Depardieu, F., P. E. Reynolds, and P. Courvalin. 2003. VanD-type vancomycin-resistant *Enterococcus faecium* 10/96A. Antimicrob. Agents Chemother. **47**:7-18.

PUBLICATION N°92

Depardieu, F., M. Kolbert, H. Pruul, J. Bell, and P. Courvalin. 2004. VanD-Type Vancomycin-Resistant *Enterococcus faecium* and *Enterococcus faecalis.* Antimicrob. Agents Chemother. **48**:3892-3904.

PUBLICATION N°91

Depardieu, F., M. L. Foucault, J. Bell, A. Dubouix, M. Guibert, J. P. Lavigne, M. Levast, and P. Courvalin. 2009. New combinations of mutations in VanD-Type vancomycin-resistant *Enterococcus faecium*, *Enterococcus faecalis*, and *Enterococcus avium* strains. Antimicrob Agents Chemother **53**:1952-1963.

LISTE DES FIGURES ET DES TABLEAUX

AVANT-PROPOS

De nombreux antibiotiques sont produits par les microorganismes du sol, notamment par ceux appartenant à la famille des *Actinomycetes* et plus particulièrement aux genres *Streptomyces* ou *Actinoplanes*. Ces deux derniers genres produisent notamment les glycopeptides.

La découverte des agents antibactériens a permis de diminuer considérablement la mortalité due aux maladies infectieuses et est le principal responsable, avec les vaccinations, de l'allongement de l'espérance de vie. Cependant, leur usage massif a été responsable de la sélection et de la dissémination de microorganismes résistants. Dès l'utilisation de la pénicilline G, des souches de staphylocoques productrices d'enzymes inactivant cette molécule ont été décrites. Par la suite, l'utilisation de nouveaux antibiotiques s'est systématiquement soldée par l'émergence de souches résistantes. La résistance clinique à un antibiotique peut apparaître quelques mois ou plusieurs années après son introduction en thérapeutique, en fonction, entre autres de son mode d'action et des mécanismes de résistance.

L'étude des souches résistantes est indispensable à la compréhension des mécanismes moléculaires développés par les bactéries pour contrer l'action des agents thérapeutiques et des bases moléculaires qui régissent l'acquisition et l'expression de leurs déterminants génétiques. Ces informations sont essentielles pour un suivi épidémiologique précis de la résistance et pour l'élaboration de nouvelles molécules qui échappent à l'action des mécanismes de résistance ou les inhibent. En outre, les souches résistantes représentent un modèle d'étude pour élucider le mode d'action des antibiotiques eux-mêmes ou pour améliorer les connaissances fondamentales relatives à leurs cibles moléculaires. Les cibles des principaux agents antibactériens sont les systèmes enzymatiques impliqués dans la biosynthèse de la paroi, la synthèse des protéines et la réplication de l'ADN.

La vancomycine a été mise sur le marché en 1958 et ce n'est qu'à la fin des années 80 que la résistance aux glycopeptides, comme la vancomycine et la teicoplanine, a émergé chez des souches d'entérocoques isolées en clinique habituellement traitées efficacement par ces antibiotiques. Les entérocoques sont des cocci à Gram positif d'origine intestinale. Ils ont depuis longtemps été reconnus comme responsables d'infections urinaires, intra-abdominales ou d'endocardites communautaires. Le traitement des infections sévères que provoquent les entérocoques repose sur l'association d'un antibiotique actif sur la paroi bactérienne, tel qu'une β-lactamine ou un glycopeptide, et d'un aminoside du fait d'une synergie bactéricide conservée entre ces familles d'antibiotiques, aussi bien *in vitro* que *in vivo* (71) Chez les entérocoques, la résistance aux glycopeptides a été décrite pour la première fois en 1988 (199, 343). Depuis cette date, l'incidence de la résistance est en constante augmentation (369) et notamment aux Etats-Unis ce qui explique que les entérocoques représentent actuellement la deuxième cause d'infections nosocomiales dans ce pays, étant responsables de plus de 12% de ces infections. La résistance aux glycopeptides est phénotypiquement et génotypiquement hétérogène (110). Les souches de type VanA sont caractérisées par une résistance inductible de haut niveau à la vancomycine et à la teicoplanine (22). Les

16

souches de type VanB présentent une résistance inductible à des niveaux variables de vancomycine et restent sensibles à la teicoplanine (22). La teicoplanine est donc potentiellement utile contre les souches de type VanB, mais l'émergence de la résistance sous traitement peut limiter l'usage de cet antibiotique. En effet, des mutants résistants à la teicoplanine ont été sélectionnés *in vitro* (35, 149) dans les modèles animaux après traitement par la vancomycine et par la teicoplanine (30) mais aussi chez trois patients traités soit par la vancomycine (165) soit par la teicoplanine (189) Les souches de type VanD sont constitutivement résistantes à des niveaux modérés de vancomycine et de teicoplanine (272, 276). Les souches de type VanE, VanG, VanL et VanN et les entérocoques intrinséquement résistants de type VanC sont caractérisés par une résistance de bas niveau à la vancomycine et une sensibilité à la teicoplanine (56, 123, 198, 202, 238).

Les travaux présentés dans cette thèse portent sur l'étude de la régulation de la résistance aux glycopeptides chez les entérocoques des types VanB, VanD et VanG. Dans un premier temps, les protéines régulatrices $VanR_B$-$VanS_B$ formant un système régulateur à deux composantes ont été étudiées chez un isolat clinique de type VanB et chez un dérivé ayant acquis la résistance à la teicoplanine. Le transfert du phosphate du capteur $VanS_B$ au régulateur $VanR_B$, la régulation transcriptionnelle des gènes régulateurs et des gènes de résistance ainsi que la fixation du régulateur $VanR_B$ aux régions promotrices ont été étudiés *in vitro* chez ces souches. Nous avons élucidé un nouveau mécanisme chez un isolat clinique *E. faecium* de type VanB devenu successivement dépendant de la vancomycine pour sa croissance puis résistant constitutive à la vancomycine chez le même malade. Puis, l'organisation du groupe de gènes *vanD*, sa localisation génétique ainsi que la régulation de l'expression de la résistance ont été étudiées chez différents isolats cliniques de *E. faecium* et, pour la première fois, de *E. faecalis* et de *E. avium*. Ensuite, deux souches de *E. faecalis* de type VanG ont été caractérisées sur le plan de l'organisation du groupe de gènes *vanG*, de la régulation de l'expression de la résistance et de son transfert. Finalement, les connaissances acquises ont permis de mettre au point une PCR multiplex pour la détection des six types de résistance et l'identification des principales espèces d'entérocoques et de staphylocoques.

Une introduction générale constituée de cinq parties résume les connaissances acquises sur (i) le genre bactérien, (ii) la structure, le mode d'action et le spectre d'activité des glycopeptides, (iii) la résistance acquise et intrinsèque aux glycopeptides, (iv) la régulation de l'expression de la résistance aux glycopeptides et (v) l'origine des gènes de résistance. Cette introduction est suivie par les résultats expérimentaux. Une discussion de l'ensemble des résultats permettra de proposer des perspectives de recherche.

INTRODUCTION

I- Les entérocoques

1. Principales caractéristiques

Le genre *Enterococcus* appartient à la famille des *Streptococcaceae*. En 1937, Sherman a divisé le genre *Streptococcus* en 4 groupes : pyogénique, viridans, lactique et Enterococcus. L'individualisation du genre *Enterococcus* a eu lieu en 1984, lorsque des études par hybridation ADN-ADN et ARN-ARN ont montré qu'il était distinct du genre *Streptococcus* (308). A cette date, dix-neuf espèces ont été rattachées au genre *Enterococcus* sur la base d'études taxonomiques et phylogénétiques, et plus particulièrement en analysant les protéines de liaison à la pénicilline (PLP) (366) ou en comparant les séquences des ARN ribosomaux 16S (99). *Enterococcus faecalis* (80 à 90 %) et *Enterococcus faecium* (5 à 15 %) sont les entérocoques les plus fréquemment rencontrés en clinique (187, 216). Les autres espèces d'entérocoques parmi lesquelles *E. gallinarum*, *E. casseliflavus*, *E. flavescens*, *E. durans*, *E. avium* et *E. raffinosus* sont moins fréquemment isolées puisqu'elles représentent moins de 5 % des isolats cliniques (140, 304).

Les entérocoques sont des bactéries à Gram positif, anaérobies aéro-tolérants, isolés ou groupés en paires ou en courtes chaînettes, non sporulés et immobiles bien qu'un déplacement par glissement ait été rapporté pour certaines espèces comme *E. gallinarum*, *E. casseliflavus*, *E. flavescens* (202, 252). Ils se distinguent des autres coques à Gram positif par leur croissance à des températures variables (de 10 à 45°C) et en milieux rendus hostiles par la présence de sels biliaires, la

20

concentration élevée en sel (NaCl 6,5%) ou un pH alcalin (pH 9,6) (308). Un des traits taxonomiques évocateur du genre est une certaine insensibilité naturelle aux ß-lactamines due à la faible affinité des protéines de liaison à la pénicilline (PLP) et également aux aminosides. La plupart des entérocoques réagissent avec les immuns sérums du groupe D de Lancefield (196). L'identification de l'espèce se fait en routine par des tests biochimiques. Les entérocoques ne possèdent pas de catalase mais certaines souches peuvent produire une pseudocatalase. Le contenu en guanine + cytosine (G+C) de l'ADN est compris entre 37 et 47 %.

2. Pouvoir pathogène

Les entérocoques sont des pathogènes opportunistes chez l'homme du fait de leur incapacité à produire des enzymes et des toxines qui faciliteraient leur dissémination et leur invasion tissulaires (244). En conséquence, les entérocoques sont plus souvent responsables de colonisation plutôt que d'infections.

Les entérocoques sont des bactéries commensales de la flore intestinale et peuvent parfois coloniser les voies urogénitales de l'homme et de la femme. Ils sont responsables d'infections graves telles que des endocardites, des méningites, des septicémies et, en association avec d'autres bactéries, des péritonites (71, 369). Par ailleurs, ils sont aussi retrouvés dans des infections génitales ou urinaires. Les entérocoques sont la seconde cause la plus courante d'infections nosocomiales, en progression régulière (97, 216, 357, 369), et représentent la troisième cause d'endocardites infectieuses.

3. Facteurs de virulence

Pour générer une infection, les entérocoques doivent, dans un premier temps, coloniser les muqueuses et contourner les moyens de défense immunitaire de l'hôte. Les entérocoques ont la capacité d'échanger du matériel génétique entre eux mais aussi avec des bactéries de genres différents ce qui leur permet d'acquérir des facteurs de virulence dont un grand nombre sont plasmidiques et pourraient ainsi accroître leur pouvoir pathogène (184, 258). Les adhésines de surface sont des substances agrégantes synthétisées en réponse à la présence de phéromones sexuelles qui augmentent l'adhésion des entérocoques entre eux, favorisant le transfert de plasmides, ainsi que leur adhésion aux récepteurs eucaryotes situés sur les muqueuses (107, 155, 258).

Le microorganisme doit ensuite contourner les défenses de l'hôte en s'affranchissant des barrières tissulaires ou en altérant ses fonctions phagocytaires, soit par production d'une toxine et/ou par le déclenchement d'une réaction inflammatoire (184) La paroi bactérienne semble jouer un rôle important dans la pathogénicité des entérocoques. L'acide lipoteichoïque, un des composants du peptidoglycane de la paroi des cocci est relargué dans l'environnement de la bactérie et se lie aux cellules eucaryotes voisines (176). Il induit une destruction de la cellule en présence de sérum par activation du complément, participant de ce fait au processus inflammatoire local. La synthèse par les entérocoques de phéromones avec les peptides inhibiteurs qui leur sont associés ainsi que la production de cytolysine, de protéases telle que la gélatinase et de hyaluronidases permettent de moduler les réactions inflammatoires locales (184, 346).

La protéine de surface Esp est une protéine de haut poids moléculaire dont le rôle dans l'adhésion de *E. faecalis* a été montré, notamment au niveau de l'appareil urinaire (315). Par ailleurs, un variant spécifique du gène *esp* a été retrouvé sur des souches épidémiques de *E. faecium* résistants à la vancomycine dans plusieurs continents alors que ce gène n'a pas été retrouvé parmi les isolats non épidémiques ou provenant d'animaux (360). Selon une étude plus récente, le gène *esp* est retrouvé aussi bien chez les souches de *E. faecium* sensibles que résistantes à la vancomycine, bien que plus fréquemment chez ces dernières (77 % contre 53 %) (346).

4. Résistance aux antibiotiques

Le traitement des infections dues aux entérocoques peut être difficile parce que ces bactéries intrinsèquement résistantes à de faibles niveaux de ß-lactamines, lincosamides et aminosides peuvent développer une résistance acquise de haut niveau à ces antibiotiques (14, 71, 369) La résistance acquise à haut niveau aux ß-lactamines peut être due à des PLPs modifiées telle que la PLP5 possédant une affinité réduite pour ces antibiotiques et plus rarement à la production d'une ß-lactamase (71). La résistance acquise aux aminosides est liée à la présence d'enzymes modificatrices qui peuvent être divisées en trois classes en fonction de la réaction qu'elles catalysent (phosphorylation ou nucléotidylation d'un groupement hydroxyle, acétylation d'un groupement aminé) (201). La résistance acquise concerne également le chloramphénicol, les quinolones, la tétracycline, les macrolides, les streptogramines et plus récemment les glycopeptides (14, 71, 369).

5. Traitement des infections à entérocoques

La majorité des infections à entérocoques telles que les infections urinaires peuvent être traitées en monothérapie. La pénicilline G, l'ampicilline et l'amoxicilline restent les antibiotiques de choix (71). L'utilisation d'un glycopeptide est l'alternative en cas d'allergie aux pénicillines. Le recours à d'autres antibiotiques reste beaucoup plus marginal, du fait d'une moindre activité et du risque de l'acquisition de mutations, notamment pour les quinolones et la rifampicine (71).

L'association d'une ß-lactamine (ampicilline ou pénicilline G) et d'un aminoside (habituellement la gentamicine) est le traitement de première intention des infections graves dues aux entérocoques (71). L'association d'un glycopeptide et d'un aminoside constitue souvent l'alternative en cas de résistance ou d'allergie aux ß-lactamines. Cependant, l'utilisation des glycopeptides doit être réservée en cas d'allergie ou de résistance aux ß-lactamines du fait de leur toxicité et surtout de l'émergence de la résistance aux glycopeptides chez les entérocoques.

II- Les glycopeptides

La famille des glycopeptides est composée de nombreuses molécules mais seulement deux d'entre elles, la vancomycine et la teicoplanine, sont actuellement utilisées en thérapeutique humaine. La vancomycine, produite par *Amycolatopsis orientalis* a été découverte en 1956 (144) et utilisée en clinique depuis 1958 pour le traitement des infections à staphylocoques résistants aux β-lactamines ou à d'autres bactéries à Gram positif. L'émergence de bactéries à Gram positif de plus en plus résistantes a conduit à un regain d'intérêt pour la vancomycine depuis une trentaine d'années et pour la teicoplanine depuis sa commercialisation en France en 1988.

La teicoplanine, produite par *Actinoplanes teicomyceticus*, a été découverte plus récemment (1984) (37, 325). Cette molécule n'est pas commercialisée aux Etats-Unis. La vancomycine et la teicoplanine ont des spectres d'activité voisins. La teicoplanine présente l'avantage de pouvoir être administrée par voie intramusculaire (284).

L'oritavancine (LY333328), nouveau glycopeptide semi-synthétique, est une molécule reliée structurellement à la vancomycine et dérive du même champignon, *Amycolaptosis orientalis* (9). Cette molécule en cours d'évaluation a pour principal avantage de conserver une bonne activité sur les entérocoques résistants aux autres glycopeptides (9, 186, 312). Toutefois des souches d'entérocoques peuvent acquérir une résistance de niveau modérée à l'oritavancine, avec des CM I≤ 16 μg/ml pour cet antibiotique (21).

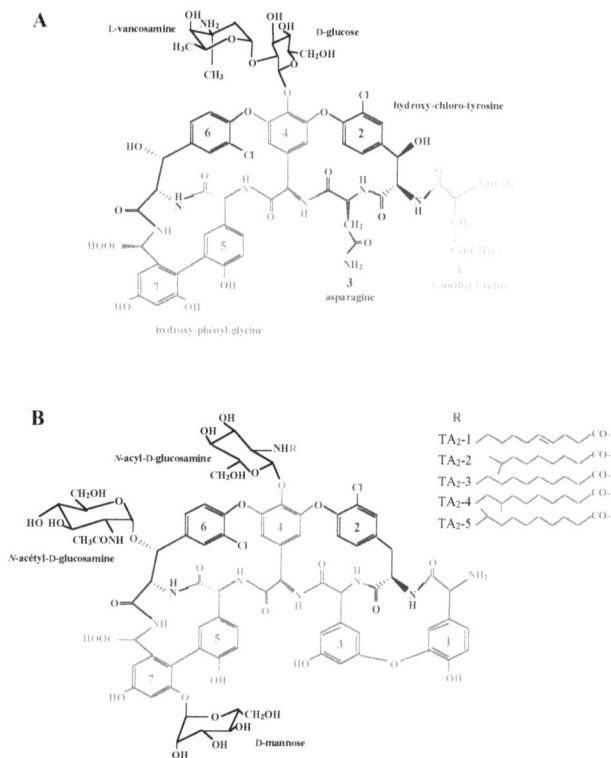

Figure 1. Structure de la vancomycine (A) et de la teicoplanine (B).

L'avoparcine a été administrée en supplémentation animale où elle était incorporée à faibles doses dans l'alimentation pour son effet promoteur de croissance (354, 355). Du fait de la sélection d'entérocoques résistants aux glycopeptides dans le tractus digestif de ces animaux et la suspicion d'un transfert de ces souches à l'homme (31, 39), l'avoparcine a été retirée de toute filière de production animale par décision européenne à compter du 1er avril 1997 (67).

1. Structure

Les glycopeptides se composent d'un peptide de sept acides aminés, l'aglycone, responsable de leur activité antibactérienne (Figures 1 et 2) (37, 284, 364). Cinq des sept acides aminés sont conservés dans tous les glycopeptides : dérivés de la phényl-glycine aux positions 4, 5 et 7, dérivés de la tyrosine aux positions 2 et 6 (Figures 1 et 2). Les différences se situent au niveau des acides aminés 1 et 3 et des substituants des noyaux aromatiques des autres acides aminés. Des sucres et des sucres aminés sont liés aux acides aminés aromatiques par des liaisons O-glycosidiques.

La vancomycine (Figure 1A) est un glycopeptide complexe dont la formule est $C_{66}H_{75}Cl_2N_9O_{24}$ et le poids moléculaire de 1448 daltons, largement plus élevé que celui des pénicillines, céphalosporines, macrolides, tétracyclines et aminosides (277). La structure tricyclique est due à la formation de deux liaisons diphényl-ether et d'une liaison biphényl entre les acides aminés aromatiques (Figure 1A). Les acides aminés 1 et 3 sont respectivement la *N*-méthyl-D-leucine et l'asparagine.

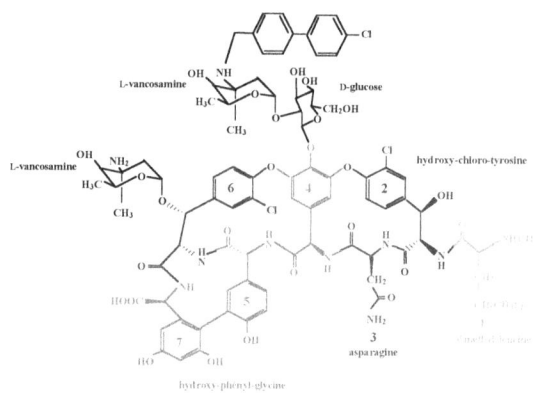

Figure 2. Structure de l'oritavancine.

Sur le groupe hydroxyle de l'acide aminé en position 4 est branché un disaccharide composé de D-glucose et de vancosamine. L'acide aminé, N-méthyl-leucine en position N-terminale est indispensable à l'activité antibactérienne de la vancomycine. Les sucres semblent être impliqués dans les propriétés pharmacocinétiques.

La structure de la teicoplanine (Figure 1B) a été élucidée en 1984; la formule de cette molécule est $C_{89}H_{108}N_9O_{35}Cl_2$ et son poids moléculaire de 1993 daltons (264, 284). Sa structure tétracyclique est due à la formation de trois liaisons diphényl-ether et d'une liaison biphényl entre les acides aminés aromatiques. Les acides aminés 1 et 3 sont deux résidus hydroxy-phénylglycine (Figure 1B). Une N-acyl-D-glucosamine, une N-acétyl-D-glucosamine et un D-mannose sont respectivement greffés sur les groupes hydroxyles des acides en position 4, 6 et 7. Le groupement aminé de la D-glucosamine est substitué par une chaîne d'acides gras. L'antibiotique commercialisé est un mélange de cinq composants (TA2-1 à TA2-5) possédant tous le même heptapeptide mais qui diffèrent par leurs chaînes aliphatiques (R) (49). Ces chaînes latérales sont responsables d'une plus grande hydrophobicité de la teicoplanine 50 à 100 fois plus élevée que celle de la vancomycine.

L'oritavancine (Figure 2) est un dérivé semi-synthétique N-alkylé du glycopeptide chloroérémomycine dénommé LY264826 dont la structure est proche de la vancomycine (Figure 1A) (9). Le noyau peptidique est identique à celui de la vancomycine mais se différencie par sa composition en sucres (Figures 1A et 2). Il a été montré que le LY264826 peut être modifié par alkylation de la fonction amine disaccharide permettant d'obtenir des molécules présentant une activité accrue vis-à-vis des entérocoques résistants à la vancomycine et d'autres bactéries à Gram positif. L'oritavancine diffère de la vancomycine par un monosaccharide additionnel, la vancosamine, greffé à l'acide aminé 6 et un chlorobipnényl-*N*-alkyl branché au niveau du sucre vancosamine qui lui-même est relié à l'acide aminé 4.

2. Spectre d'activité

Les glycopeptides sont utilisés pour le traitement des infections graves causées par des bactéries à Gram positif présentant une résistance intrinsèque aux autres antibiotiques comme *Corynebacterium jeikeium* ou une résistance acquise comme les souches de *Staphylococcus aureus* résistantes à la méticilline et les souches de *Streptoccocus pneumoniae* résistantes aux ß-lactamines (369). Les glycopeptides connaissent un regain d'intérêt dû à leur activité sur un grand nombre de bactéries à Gram positif (entérocoques, streptocoques, staphylocoques) qui sont devenues multirésistantes aux autres antibiotiques. Ils permettent également de traiter des patients présentant une intolérance aux ß-lactamines. Cependant, certaines espèces appartenant aux genres *Lactobacillus* et *Lactococcus*, l'ensemble des leuconostoques et des pediocoques sont intrinsèquement résistants à de hauts niveaux de glycopeptides (133, 185). Ces dernières espèces causent rarement des infections et sont considérées comme des pathogènes opportunistes (199). *Erysipelothrix rhusiopathiae*, responsable d'infection localisée ou généralisée, est aussi intrinsèquement résistante aux glycopeptides (185).

Parmi les entérocoques, les espèces *E. gallinarum*, *E. flavescens* et *E. casseliflavus* présentent également une résistance intrinsèque mais de bas niveau à la vancomycine (110, 347). Les bactéries à Gram négatif sont insensibles aux glycopeptides du fait que ces derniers sont trop volumineux pour traverser les porines de la membrane externe (290).

La vancomycine et la teicoplanine possèdent un spectre d'activité similaire, même si le degré d'activité bactéricide varie entre les deux agents selon le type de microorganisme. Ainsi *in vitro*, comparée à la vancomycine, la teicoplanine est plus active sur les streptocoques, les entérocoques, *Clostridium difficile* ainsi que sur *Staphylococcus aureus* mais moins active sur les staphylocoques à coagulase négative, notamment *S. haemolyticus* et *S. epidermidis* (137, 316, 317). Des souches présentant une résistance aux glycopeptides ont été isolées chez de nombreuses espèces d'entérocoques et certains streptocoques (*S. gallolyticus*, *S. lutetensis*) habituellement sensibles (Tableau 1) (83). En ce qui concerne *S. aureus*, la résistance de bas niveau à la teicoplanine a été rapportée à la fin des années 1980 (137, 313, 367). Or, jusqu'à récemment, la résistance à la vancomycine n'avait pas été observée chez cette espèce, bien qu'il soit possible d'obtenir *in vitro* le transfert des gènes de résistance à *S. aureus* conduisant à un haut niveau de résistance à la vancomycine (254). Dans les années 2000, ce transfert s'est produit *in vivo*. Jusqu'à 2012, dix *S. aureus* résistants à la méticilline et isolés aux Etats-Unis (Michigan, Pennsylvanie et New-York) ont acquis le groupe de gènes *vanA*. Les huit souches isolées dans le Michigan (MI-VRSA-1, VRSA-5 à VRSA-11) étaient résistantes

31

Tableau 1. Résistance aux glycopeptides chez les bactéries à Gram positif

Résistance	Acquise								Intrinsèque	
Niveau	haut		variable	modéré	bas				bas	haut
Type	VanA	VanM	VanB	VanD	VanG	VanE	VanL	VanN	VanC1/C2/C3	
CMI (mg/L)										
Vancomycine	64 - 1000	>256	4 - 1000	64 - 128	16	8-32	8	16	2 - 32	≥ 1000
Teicoplanine	16 - 512	96	0,5 - 1	4 - 64	0,5	0,5	0,5	0,5	0,5 - 1	≥ 256
Transfert par conjugaison	+	+	+	-	?	-		+/-	-	-
Transposon	Tn1546		Tn1547 Tn1549-Tn5382							
Espèce bactérienne	E. faecium E. faecalis E. gallinarum E. casseliflavus E. avium E. durans E. mundtii E. raffinosus S. aureus P. popilliae P. apiarius P. thiaminolyticus B. circulans	E. faecium	E. faecium E. faecalis S. gallolyticus S. Lutetensis C. symbosium	E. faecium	E. faecalis	E. faecalis	E. faecalis	E. faecium	E. gallinarum E. casseliflavus E. flavescens	Leuconostoc Lactococcus Pediococcus
Expression			Inductible	Constitutive	?	Inductible Constitutive	Inductible	Constitutive	Constitutive Inductible	Constitutive
Localisation des gènes de résistance	Plasmide (Chromosome)	Chromosome	Chromosome (Plasmide)	Chromosome	?	Chromosome	?	Plasmide	Chromosome	Chromosome
Précurseurs terminés par			D-Ala-D-Lac		?			D-Ala-D-Ser		D-Ala-D-Lac

à la vancomycine ($>256\,\mu$g/ml) et à la teicoplanine à haut niveau ($>32\,\mu$g/ml) et alors que deux autres souches, PA-VRSA et NY-VRSA, isolées respectivement en Pennsylvanie et à New-York, étaient résistantes à un niveau modéré (32-$64\,\mu$g/ml à la vancomycine et 4-$16\,\mu$g/ml à la teicoplanine) (188, 241, 248, 274, 319, 320, 332, 356).

3- Synthèse de la paroi et mode d'action des glycopeptides

3.1. Synthèse du peptidoglycane

Les glycopeptides inhibent la synthèse du peptidoglycane, le constituant majeur de la paroi bactérienne, en se fixant aux précurseurs du peptidoglycane terminés par le dipeptide D-alanyl-D-alanine

(D-Ala-D-Ala). Ces antibiotiques ne pénètrent pas dans le cytoplasme et l'interaction avec la cible peut seulement avoir lieu après la translocation des précurseurs à la surface externe de la membrane (Figure 3). Le peptidoglycane est une structure réticulée qui s'étend sur toute la surface de la cellule à laquelle il confère sa forme et sa rigidité et lui permet de résister à la pression osmotique (170). Le peptidoglycane est constitué de longues chaînes glycosidiques linéaires formées par l'alternance d'une molécule de N-acétylglucosamine et d'une molécule d'acide N-acétylmuramique. L'acide N-acétylmuramique est substitué par une chaîne peptidique de cinq acides aminés (L-Ala-γ-D-Glu-L-Lys-D-Ala-D-Ala). Les chaînes peptidiques voisines portées par des chaînes osidiques différentes sont reliées entre elles par des ponts interpeptidiques de composition variable selon l'espèce bactérienne. La synthèse du peptidoglycane nécessite plus de trente enzymes et a lieu dans différents compartiments de la cellule bactérienne (cytoplasme, membrane, paroi) (Figure 3).

Cytoplasme. La synthèse des précurseurs UDP-N-acétyl-muramyl-L-Ala-γ-D-Glu-L-Lys-D-Ala-D-Ala (UDP-MurNAc-pentapeptide)   et UDP-N-acétylglucosamine   (UDP-NAcGlc) est réalisée dans le cytoplasme par des enzymes dont la spécificité détermine la composition du peptidoglycane (Figure 3). La racémase convertit la L-alanine (L-Ala) en D-alanine (D-Ala) et ensuite la D-alanine:D-alanine ligase (Ddl) synthétise le dipeptide D-Ala-D-Ala à partir de deux D-alanines. L'UDP-MurNAc-pentapeptide synthétase catalyse la formation

33

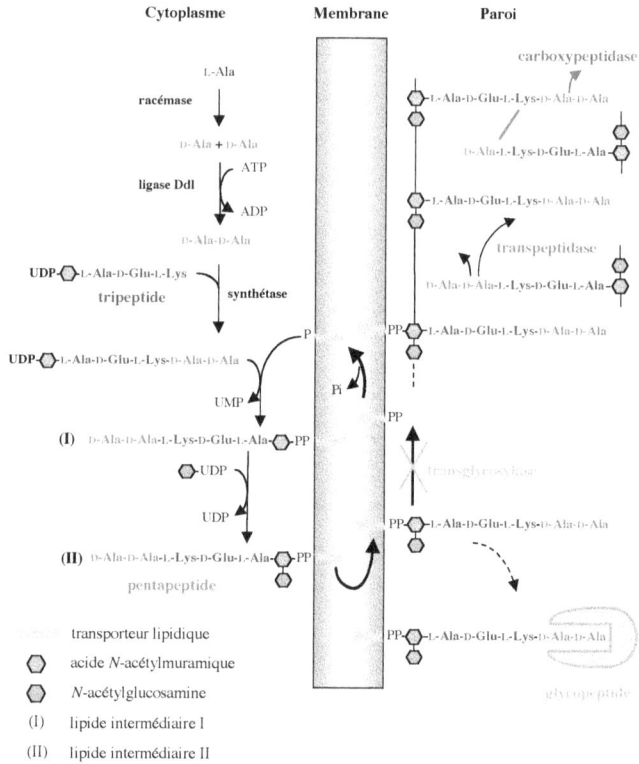

Figure 3. Biosynthèse du peptidoglycane et mode d'action de la vancomycine. La formation de complexes entre l'antibiotique et l'extrémité D-Ala-D-Ala C-terminale des précurseurs du peptidoglycane empêche le transfert de ces précurseurs du transporteur lipidique au peptidoglycane par transglycosylation. Les réactions catalysées par les transpeptidases et les D,D-carboxypeptidases sont subséquemment inhibées.

d'une liaison peptidique entre le dipeptide D-Ala-D-Ala et l'UDP-*N*-acétyl-muramyl-L-Ala-γ-D-Glu-L-Lys (UDP-MurNAc-tripeptide).

Membrane. Les étapes de synthèse associées à la membrane impliquent l'intervention d'un transporteur phospholipidique, l'undécaprényl-phosphate (Figure 3). Le groupement phospho-MurNAc-pentapeptide de l'UDP-MurNAc-pentapeptide est transféré à l'undécaprényl-phosphate pour former de l'undécaprényl-P-P-MurNAc-pentapeptide (intermédiaire lipidique I) et de l'UMP. Une molécule de *N*-acétyl-glucosamine est ensuite ajoutée à l'intermédiaire lipidique I à partir de l'UDP-NAcGlc pour donner l'intermédiaire lipidique II. Le transporteur phospholipidique permet ensuite la translocation du précurseur à travers la membrane cytoplasmique.

Paroi. La réaction de transglycosylation permet le transfert du disaccharide pentapeptide de l'intermédiaire lipidique II à une chaîne de peptidoglycane naissante (Figure 3). L'undécaprényl pyrophosphate libéré est déphosphorylé dans la membrane et l'undécaprényl-phosphate est alors disponible pour un nouveau cycle d'incorporation d'un précurseur. Les transpeptidases catalysent ensuite, ou en même temps, la formation des liaisons peptidiques responsables de la réticulation du peptidoglycane. Dans un premier temps, ces enzymes clivent la liaison D-Ala-D-Ala d'un précurseur pentapeptidique (donneur) avec formation d'un intermédiaire covalent enzyme-substrat (l'acylenzyme) et libération du résidu D-Ala en position C-terminale. Dans un second temps, la D-Ala C-terminale (en position 4) est liée au troisième acide aminé (L-Lys) porté par le peptide accepteur d'une autre chaîne polysaccharidique. La liaison D-Ala-D-Ala du précurseur pentapeptidique peut être aussi hydrolysée par les D,D-carboxypeptidases avec formation de tétrapeptide. Ce précurseur ne peut pas être utilisé comme peptide donneur diminuant ainsi le nombre de chaînes disponibles pour la réaction de transpeptidation. Ces enzymes interviendraient donc dans la régulation du degré de réticulation du peptidoglycane.

3.2. Cible des glycopeptides

Des études structurales ont permis de mettre en évidence l'interaction de la vancomycine avec sa cible (37). La vancomycine présente une cavité dans laquelle s'insère l'extrémité peptidyl-D-Ala-D-Ala des précurseurs du peptidoglycane (364). Ce complexe non covalent est stabilisé par cinq liaisons hydrogènes (Figure 4A). La vancomycine qui ne pénètre pas dans le cytoplasme forme ainsi un complexe avec les précurseurs du peptidoglycane à la surface externe de la cellule (253). La fixation de l'antibiotique crée un encombrement stérique qui inhibe les réactions de transglycosylation et de transpeptidation (Figure 3) (290). Ces étapes étant inhibées, la synthèse de la paroi se trouve bloquée. Le mécanisme d'action de la teicoplanine est similaire.

Certains glycopeptides, dont la vancomycine, forment des dimères en solution. Cette propriété contribuerait à l'activité antibactérienne de ces molécules (41, 42). La teicoplanine ne dimérise pas mais la chaîne latérale d'acide gras de cet antibiotique pourrait servir d'ancrage membranaire facilitant ainsi sa liaison à la cible (42).

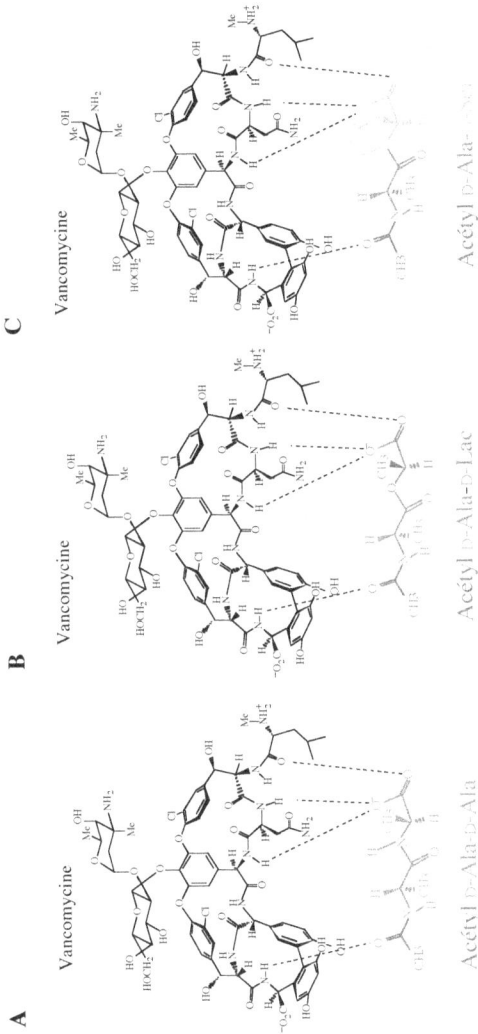

Figure 4. Interaction entre la vancomycine et les précurseurs C-terminaux du peptidoglycane. Les liaisons hydrogènes sont représentées par des lignes pointillées (en jaune). La fixation de la vancomycine avec (A) le N-acétyl-D-Ala-D-Ala, (B) le N-acétyl-D-Ala-D-Lac (la liaison hydrogène entre le groupement NH de la D-Ala C-terminale et la vancomycine (en jaune) ne peut pas se former dans le cas du depsipeptide D-Ala-D-Lac) et (C) le N-acétyl-D-Ala-D-Ser (la substitution du groupement CH$_3$ par un groupement CH$_2$OH entraîne un encombrement stérique et une diminution de la fixation de la vancomycine d'un facteur 7).

Le mécanisme d'action de l'oritavancine est supposé être similaire à celui de la vancomycine. Toutefois, son activité accrue vis-à-vis de souches synthétisant le pentadepsipeptide terminé par D-alanyl-D-lactate (D-Ala-D-Lac) pourrait s'expliquer par la forte capacité de dimérisation de cette molécule ainsi que par ses capacités de fixation au niveau des membranes, facilitant les interactions intramoléculaires et, de fait, l'effet inhibiteur de la molécule (9). Des travaux ont montré que l'activité de l'oritavancine sur les souches résistantes aux glycopeptides n'est pas liée à une absence d'induction de la résistance par ces molécules, puisqu'elles sont également actives sur les souches constitutives et que son activité est maintenue vis-à-vis de souches préalablement induites par la vancomycine (21).

III- Résistance aux glycopeptides chez les entérocoques

La résistance acquise aux glycopeptides n'est apparue chez les entérocoques qu'à la fin des années 1980 soit après trente ans d'utilisation thérapeutique de la vancomycine. Ce délai entre l'utilisation initiale des glycopeptides et la détection de la résistance est exceptionnellement long par rapport à la situation observée pour d'autres familles d'antibiotiques. En 1986, deux souches de *E. faecium* ont été isolées en milieu hospitalier en France (199) et plusieurs souches ont été isolées en 1988 dans une unité d'hémodialyse en Grande-Bretagne dans le cadre d'une épidémie à *E. faecium* et *E. faecalis* (343). Les souches présentaient une résistance de haut niveau à la vancomycine et à la teicoplanine. Depuis cette date, de nombreuses souches résistantes ont été isolées en milieu hospitalier en Europe et aux Etats-Unis (97, 216, 344, 357, 369).

L'acquisition de souches résistantes aux glycopeptides peut se produire soit par un contact direct avec des patients ou des membres de l'équipe médicale (295) soit indirectement par le biais de matériaux inertes, comme des thermomètres ou des surfaces contaminées (256). La durée du séjour à l'hôpital ou en réanimation représente un autre facteur de risque significatif (158), tout comme l'administration préalable de plusieurs antibiotiques, parmi lesquels les céphalosporines à large spectre et plus particulièrement les céphalosporines de troisième génération auxquelles les entérocoques sont naturellement résistants (158, 213), la clindamycine (245), les agents actifs contre les bactéries anaérobies comme le métronidazole, et la vancomycine par voie

39

intraveineuse, ainsi que la durée prolongée de ces traitements antibiotiques (116, 255). La dissémination des entérocoques en milieu hospitalier est donc liée à leur capacité à subsister dans l'environnement et à résister à la plupart des antibiotiques actuellement disponibles, par le biais de mécanismes de résistance naturelle ou acquise. L'émergence de souches résistantes aux glycopeptides a conduit à des situations d'impasse thérapeutique car la résistance aux glycopeptides s'associe souvent à une multirésistance.

La résistance aux glycopeptides peut être acquise (VanA, VanB, VanD, VanE, VanG, VanL, VanM, VanN) ou intrinsèque (VanC). Elle est due à la synthèse d'un nouveau précurseur du peptidoglycane terminé par le depsipeptide D-Ala-D-Lac chez les souches de type VanA, VanB, VanD et VanM ou par le dipeptide D-alanyl-D-sérine (D-Ala-D-Ser) chez les souches de type VanC, VanE, VanL et VanN.

Nous présenterons d'abord l'évolution de l'épidémiologie des entérocoques en Europe, aux Etats-Unis et dans le reste du monde, puis la diversité phénotypique et génotypique de la résistance. Nous nous intéresserons aux étapes qui ont permis d'expliquer le mécanisme de la résistance acquise de type VanA qui a été élucidé en premier. La résistance de type VanB, VanD et VanM sera abordée plus succinctement ainsi que la résistance intrinsèque de type VanC ou acquise de type VanE, VanL et VanN qui impliquent des variations d'un même mécanisme. Finalement, la dissémination de la résistance sera présentée ainsi que la résistance aux glycopeptides chez d'autres bactéries à Gram positif.

1. Epidémiologie

En dépit du fait que les premières souches d'entérocoques résistants aux glycopeptides ont été isolées en France (199) puis en Grande-Bretagne (343), le nombre d'épidémies d'entérocoques résistants aux glycopeptides observées en Europe est limité. Dans une étude européenne conduite en 1997 dans 27 pays européens, le taux global de résistance était de 0,03 % pour les souches de *E. faecalis* et de 2,9 % pour *E. faecium* (310). Sur les 4208 souches cliniques d'entérocoques étudiées, seulement 1,2 % étaient résistantes à la vancomycine avec 35 % d'isolats hébergeant le gène *vanA*, 9,8 % le gène *vanB* et 55 % le gène *vanC* (309, 310). La majorité des souches d'entérocoques résistants aux glycopeptides isolées en Europe provient de personnes habitant en milieux ruraux, d'animaux de ferme et de viandes pour la consommation (355). Ce phénomène s'explique par l'utilisation importante, avant son interdiction en Europe en 1997, de l'avoparcine, glycopeptide utilisé chez l'animal comme complément nutritif ou en cas d'infection, qui exerçait une pression de sélection favorisant la dissémination d'entérocoques résistants aux glycopeptides de type VanA pouvant secondairement se propager chez l'homme (39, 194).

Les entérocoques résistants aux glycopeptides sont apparus aux Etats-Unis dès 1989 (73). En 1999, aux Etats-Unis, presque 17 % des entérocoques isolés étaient résistants à la vancomycine, le taux de résistance aux glycopeptides étant bien plus important parmi les isolats de *E. faecium* que parmi ceux de *E. faecalis* (216). Ces observations ont été confirmées dans une étude réalisée entre 1993 et 2002 sur

18856 isolats d'entérocoques (338). En 10 ans, le pourcentage d'entérocoques identifiés comme *E. faecium* est passé de 12,7 % à 22,2 % et la proportion de *E. faecium* résistants à la vancomycine a augmenté de 28,9 % à 72,4 %, alors que le pourcentage de *E. faecalis* résistants à la vancomycine a augmenté faiblement passant de 0,2 % en 1993 à 0,5 % en 2002. Une étude réalisée entre 2001 et 2008 dans différents hôpitaux français a confirmé que le pourcentage de *E. faecium* résistants à la vancomycine restait prédominant (94,8%) (50) similaires aux résultats des études réalisées en Amérique du Nord (97). Environ 70 % des entérocoques résistants aux glycopeptides présentent une résistance de haut niveau à la vancomycine et à la teicoplanine (type VanA) alors qu'environ 25 % d'entre eux présentent un niveau variable de résistance à la vancomycine avec une sensibilité à la teicoplanine conservée (type VanB) (244). Des études d'épidémiologie au niveau moléculaire de *E. faecium* résistants à la vancomycine a révélé une résistance de type VanA dans la majorité des isolats (92 %) testés (103, 251) alors qu'une autre étude réalisée sur *E. faecalis*, a montré une prédominance de la résistance de type VanB (89, 4 %) (224). Après l'apparition en 1999 des isolats de type VanA, leur nombre a augmenté rapidement et a atteint 45 % à la fin de 2002 (259). La résistance de type VanA est connue pour avoir une transférabilité plus élevée comparée à VanB (287), ce qui peut expliquer la rapide augmentation dans le nombre d'isolats de type VanA, une fois qu'ils sont apparus. Une analyse réalisée sur environ 15 000 souches isolées sur une période de trois ans entre 1995 et 1997 indique que la résistance à la vancomycine et à l'ampicilline touche peu *E. faecalis* (< 2 %), alors que la proportion de *E. faecium* résistants à l'ampicilline (83 %) et à la vancomycine (52 %) est en forte augmentation (216). En Europe, la proportion des infections dues à *E. faecium* résistant à l'ampicilline est passée de 2 % en 1994 à 35 % en 2005 (208, 335).

Le contraste entre les situations européenne et américaine pourrait résulter d'habitudes de prescriptions différentes des antibiotiques entre les deux continents, les glycopeptides ayant été largement prescrits par voie orale et pour des durées prolongées aux Etats-Unis alors qu'en Europe ils étaient surtout utilisés dans le secteur vétérinaire (135).

Les entérocoques résistants aux glycopeptides sont apparus sur tous les continents comme le montre une étude de prévalence mondiale réalisée par le programme Sentry dont le but était de déterminer les profils de résistance et la prévalence des entérocoques isolés dans les centres médicaux de cinq régions du monde (Etats-Unis, Canada, Amérique Latine, Europe et Asie) entre 1997 et 1999 (216). Les isolats provenant des Etats-Unis présentaient le taux le plus élevé d'entérocoques résistants aux glycopeptides avec 17 % en 1999 alors qu'en Europe ce taux était de 1 %, proche de celui de toutes les autres régions du monde (1 à 3 %). Les espèces intrinsèquement résistantes à la vancomycine (*E. gallinarum* et *E. casseliflavus*) ne représentaient que 0,6 % à 2,2 % des isolats. 73,8 % des souches d'entérocoques résistants aux glycopeptides étaient de type VanA, 21,3 % de type VanB et 4,9 % de type VanC. En Europe, les souches de type VanA représentent 90 % des entérocoques résistants aux glycopeptides. En Australie, le génotype *vanB* est prédominant chez les souches de *E. faecium* (43). L'ampicilline était active vis-à-vis des souches d'Amérique Latine (99 % de souches sensibles en 1999) et d'Europe (88 % de souches sensibles) mais moins vis-à-vis des souches d'Asie (80 % de souches sensibles) ou des Etats-Unis et du Canada (76 % de souches sensibles) (216).

2. Diversité phénotypique et génotypique de la résistance

La résistance aux glycopeptides chez les entérocoques présente une hétérogénéité phénotypique et génotypique (Tableau 1) et peut être acquise ou intrinsèque. Neuf types de résistance ont été caractérisés : huit correspondent à une résistance acquise (VanA, VanB, VanD, VanE, VanG, VanL, VanM et VanM) et VanC à une résistance intrinsèque. La classification de la résistance aux glycopeptides est maintenant basée sur la séquence primaire des gènes de structure des ligases de résistance plutôt que sur les niveaux de résistance aux glycopeptides (110) puisque les intervalles des CMI de la vancomycine et de la teicoplanine vis-à-vis des différents types se chevauchent (Tableau 1). Bien que les neuf types de résistance impliquent des gènes spécifiant des fonctions enzymatiques apparentées, ils peuvent être distingués par la localisation des gènes et par les différents modes de régulation de leur expression (Tableau 1).

Les souches de type VanA et VanM sont caractérisées par une résistance inductible de haut niveau à la vancomycine et à la teicoplanine (22, 376). Les souches de type VanB présentent une résistance inductible à des niveaux variables de vancomycine et restent sensibles à la teicoplanine parce que cet antibiotique n'est pas un inducteur (22, 34,

287). La vancomycine induit la résistance à la teicoplanine (22, 35, 365). Les souches de type VanD sont caractérisées par une résistance constitutive à des niveaux modérés aux deux glycopeptides (272, 276). Les souches de type VanE, VanG, VanL et VanN sont résistantes à de bas niveaux de vancomycine mais restent sensibles à la teicoplanine (56, 123, 198, 238).

Le type VanC se distingue par une résistance intrinsèque constitutive ou inductible de bas niveau à la vancomycine (202, 263). Les souches restent sensibles à la teicoplanine et la vancomycine n'induit pas la résistance à cet antibiotique (202). Cette classe regroupe les entérocoques mobiles intrinsèquement résistants appartenant à trois espèces *E. gallinarum*, *E. casseliflavus* et *E. flavescens*.

Les neuf classes génotypiques peuvent être différenciées par hybridation ADN-ADN en conditions strictes, en utilisant des sondes spécifiques des gènes de résistance *vanA*, *vanB*, *vanD*, *vanE*, *vanL*, *vanM*, *vanN*, *vanC-1* (*E. gallinarum*), *vanC-2* (*E. casseliflavus* et *E. flavescens*). Les souches appartenant aux espèces *E. casseliflavus* et *E. flavescens* étant étroitement apparentées, leur classification en deux espèces distinctes est controversée. Une méthode plus rapide et plus simple qui est utilisée en routine est celle de la PCR multiplex qui permet d'identifier en une seule réaction les génotypes de résistance aux glycopeptides (*vanA*, *vanB* et *vanC*) ainsi que les principales espèces d'entérocoques telles que *E. faecalis*, *E. faecium* et *E. gallinarum*, *E. casseliflavus-E. flavescens* (43, 109, 218, 269). Cependant les méthodes PCR développées jusqu'à

45

présent n'incluent pas la détection des gènes *vanD*, *vanE* et *vanG* puisque ces génotypes ont été découverts récemment.

3- Mécanisme de résistance.

3.1 Type VanA.

Les gènes conférant la résistance de type VanA sont localisés sur le transposon Tn*1546* originellement détecté sur le plasmide pIP816 de la souche de *E. faecium* BM4147 ou sur des éléments génétiques étroitement apparentés à Tn*1546* (26). Ce transposon a été utilisé comme modèle pour étudier le mécanisme de résistance (Figure 5) (28). Les neuf protéines codées par Tn*1546* peuvent être classées en cinq groupes fonctionnels (Figure 5B) : transposition (ORF1 et ORF2), régulation des gènes de résistance par un système à deux composantes (VanR et VanS), synthèse d'un nouveau type de précurseur du peptidoglycane terminé par le D-lactate (VanH et VanA), hydrolyse des précurseurs terminés par un résidu D-alanine (VanX et VanY) et résistance à faible niveau à la teicoplanine (VanZ).

3.1.1. Synthèse du depsipeptide D-Ala-D-Lac : VanH et VanA

L'analyse de la séquence peptidique déduite du gène *vanA* a révélé une similitude structurale avec les D-Ala:D-Ala ligases ATP-dépendantes de *E. coli* et *Salmonella typhymurium* (112). La surexpression du gène *vanA* chez *E. coli* a permis la purification, puis la caractérisation de la protéine VanA (60). VanA présente une activité D-Ala:D-Ala ligase avec une spécificité de substrat plus large que les

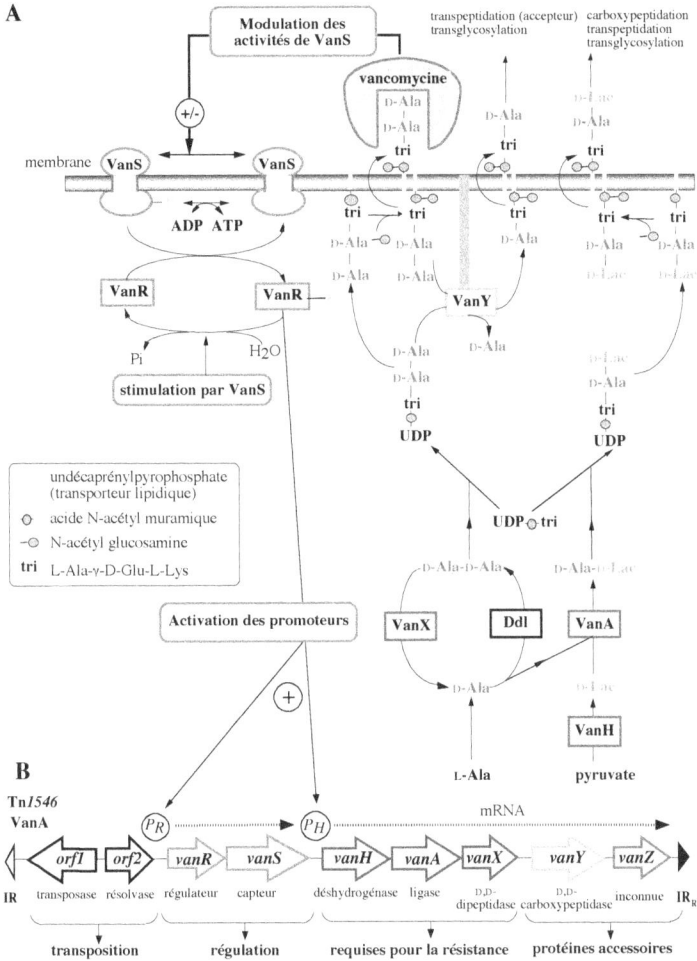

Figure 5. Représentation schématique de la fonction des protéines codées par Tn*1546*.

ligases déjà caractérisées. Cette enzyme synthétise préférentiellement des depsipeptides comprenant une D-alanine en première position et un cétoacide de configuration D en seconde position, mais synthétise aussi du dipeptide D-Ala-D-Ala avec une efficacité catalytique très faible (60).

La caractérisation de la protéine VanH a permis de déterminer la nature du substrat en seconde position. Le gène *vanH* situé en amont du gène *vanA*, code pour une déshydrogénase. Les déshydrogénases catalysent l'oxydation NAD^+-dépendante de la fonction hydroxyle de différents acides D-2-hydroxycarboxyliques (27). La purification de la protéine VanH a montré qu'elle synthétise du D-2-hydroxyacide à partir de D-2-cétoacide. Les substrats préférentiels de l'enzyme sont le pyruvate et le D-2-cétobutyrate transformés respectivement en D-lactate et D-2-hydroxybutyrate (61). De plus, il a été montré que VanA peut synthétiser du D-Ala-D-Lac ou du D-alanyl-D-2-hydroxybutyrate et que ces depsipeptides peuvent être incorporés à l'UDP-MurNAc-tripeptide par la synthétase MurF de *E. coli* (60).

L'inactivation du gène *vanH* par insertion d'une cassette entraîne le retour à la sensibilité aux glycopeptides tandis que l'addition de D-2-hydroxyacides et plus particulièrement de D-lactate dans le milieu de culture restaure l'expression de la résistance (24). Il a été mis en évidence chez des entérocoques résistants à la vancomycine, des précurseurs cytoplasmiques UDP-MurNAc-tripeptide-D-Ala-D-Lac (UDP-MurNAc-pentadepsipeptide) (157, 239).

En conclusion, la déshydrogénase VanH réduit le pyruvate en D-lactate (Figure 5) (27, 61) et VanA, apparentée aux D-Ala:D-Ala ligases mais avec une large spécificité de substrat, catalyse la formation d'une liaison ester entre la D-alanine et le D-lactate (Figure 4B) généré par VanH (60, 61, 112). Le depsipeptide D-Ala-D-Lac produit par VanA est ensuite incorporé dans les précurseurs du peptidoglycane à la place du dipeptide D-Ala-D-Ala présent chez les souches sensibles (Figure 5A) (24, 61). L'incorporation du depsipeptide conduit à la substitution du groupe NH de la liaison amide par l'atome d'oxygène de la liaison ester (Figure 4B). Cette substitution élimine l'une des cinq liaisons hydrogènes intervenant dans la fixation des glycopeptides aux précurseurs du peptidoglycane terminés par acétyl-D-Ala-D-Ala (Figure 4B). Les précurseurs terminés par le depsipeptide D-Ala-D-Lac fixent la vancomycine avec une affinité mille fois moindre et permettent ainsi la synthèse de la paroi bactérienne en présence de glycopeptides (61). La résistance aux glycopeptides est donc due à la production de précurseurs du peptidoglycane terminés par le depsipeptide D-Ala-D-Lac au lieu du dipeptide D-Ala-D-Ala. Cependant, les protéines de liaison à la pénicilline (PLPs) qui catalysent les réactions ultérieures de transpeptidation dans la voie d'assemblage du peptidoglycane peuvent montrer une activité différente sur les précurseurs terminés par D-Ala ou D-Lac. L'induction de la résistance aux glycopeptides est associée à une augmentation de la sensibilité aux β-lactamines chez certaines souches d'entérocoques (8). Il a été proposé que la PLP5 ne puisse réaliser une liaison peptidique avec les précurseurs terminés par D-Lac et que par conséquent, d'autres PLPs seraient requises pour la synthèse de la paroi. Ces PLPs étant inhibées par de plus faibles concentrations de β-lactamines que la PLP5 ceci conduit à une augmentation de la sensibilité aux β-lactamines (8).

3.1.2. Elimination du dipeptide D-Ala-D-Ala : VanX

La synthèse par la déshydrogénase VanH et la ligase VanA des précurseurs de la paroi contenant le depsipeptide n'est pas suffisante pour l'expression de la résistance aux glycopeptides (Figure 5A). La fixation du glycopeptide aux précurseurs terminés par D-Ala-D-Ala pourrait conduire à la séquestration du transporteur lipidique et par conséquent empêcher la translocation des précurseurs additionnels, incluant ceux terminés par D-Lac (Figure 5A). En effet, les souches produisant seulement VanH et VanA sont sensibles aux glycopeptides alors que les souches produisant VanH, VanA et VanX sont résistantes à ces antibiotiques (17, 25, 293). L'analyse des précurseurs cytoplasmiques du peptidoglycane a révélé que la proportion d'UDP-MurNAc-L-Ala-γ-D-Glu-L-Lys-D-Ala-D-Lac (UDP-MurNAc-penta-depsipeptide) par rapport à l'UDP-MurNAc-L-Ala-γ-D-Glu-L-Lys-D-Ala-D-Ala (UDP-MurNAc-pentapeptide) est significativement réduite en absence de VanX (293). La protéine VanX hydrolyse le D-Ala-D-Ala mais pas le D-Ala-D-Lac ou les précurseurs tardifs UDP-MurNAc-pentapeptide et UDP-MurNAc-pentadepsipeptide (Figure 5A). Le transposon Tn*1546* code donc pour une D,D-dipeptidase (VanX) qui prévient la synthèse de l'UDP-MurNAc-pentapeptide en hydrolysant le dipeptide D-Ala-D-Ala produit par la ligase de l'hôte (Figure 5) (293,

375). En conclusion, la région centrale de Tn*1546* code pour trois protéines VanH, VanA et VanX suffisantes à l'expression de la résistance aux glycopeptides par production de précurseurs du peptidoglycane terminés par le D-lactate.

3.1.3. Les protéines accessoires : VanY et VanZ

La protéine VanY, une des deux protéines qualifiées d'accessoires car non nécessaires à la résistance, est une D,D-carboxypeptidase qui hydrolyse le résidu C-terminal des précurseurs UDP-MurNAc-pentapeptide et UDP-MurNAc-pentadepsipeptide pour former de l'UDP-MurNAc-tétrapeptide (Figure 5) (17, 373). Il a été montré que la protéine VanY seule ne confère pas la résistance aux glycopeptides. En revanche, si le niveau d'expression des gènes *vanHAX* n'est pas suffisant et par conséquent l'élimination du D-Ala-D-Ala par VanX est incomplète, la protéine VanY contribue à la résistance aux glycopeptides en clivant le résidu D-Ala C-terminal des précurseurs pentapeptidiques qui est nécessaire à la fixation des glycopeptides (Figure 5A) (23). VanY montre une efficacité catalytique plus élevée pour l'hydrolyse des substrats terminés par D-Ala-D-Ala (la cible des glycopeptides) que par D-Ala-D-Lac (17).

VanY n'est pas inhibée par la pénicilline G (17, 373) et ne comporte pas les motifs conservés des PLPs (SxxK, SxN et KSG) (17). En revanche, VanY comporte deux motifs (SxHxxGxAxD et ExxH) conservés chez plusieurs métallo-enzymes incluant la D,D-dipeptidase VanX et une D,D-carboxypeptidase de *Streptomyces albus* G (17, 235). L'analyse de VanX a montré que ces résidus conservés étaient impliqués dans la catalyse et la coordination de Zn^{2+} (17). L'étude de l'activité D,D-carboxypeptidase de VanY a montré que cette protéine requiert des cations divalents tels que Zn^{2+}. Ces observations montrent que VanY est une métallo D,D-carboxypeptidase qui n'appartient pas à la famille des enzymes à sérine active qui sont inhibées par la pénicilline G. L'extrémité N-terminale de VanY qui contient un groupe d'acides aminés hydrophobes, est requise pour l'association à la membrane (Figure 5A) (17).

La délétion du domaine membranaire de VanY (VanYMΔl-45) n'entraîne pas une diminution significative de l'activité D,D-carboxypeptidase dans le cytoplasme (17). En revanche, l'accumulation d'UDP-MurNAc-tétrapeptide est plus importante chez les souches qui produisent VanYMΔl-45 que chez les souches qui produisent VanY. VanY ne contribue donc pas à la résistance aux glycopeptides en hydrolysant l'UDP-MurNAc-pentapeptide. Cette conclusion implique que VanY agit à une étape ultérieure de la synthèse du peptidoglycane. L'hydrolyse des précurseurs par VanY doit se produire avant la translocation des précurseurs à la surface de la cellule parce que cette réaction est inhibée par les glycopeptides qui ne pénètrent pas dans la cellule (290). Par conséquent, VanY hydrolyse vraisemblablement les résidus D-Ala C-terminaux des intermédiaires lipidiques I et II à la surface interne de la membrane (Figure 5A). L'ancrage membranaire de VanY, qui est nécessaire pour le phénotype de résistance, pourrait optimiser l'interaction de l'enzyme avec ces intermédiaires (17).

La deuxième protéine accessoire, VanZ, confère une résistance de faible niveau à la teicoplanine en l'absence des gènes *vanH*, *vanA*, *vanX* et *vanY* (Figure 5B) (20). L'analyse des précurseurs cytoplasmiques du peptidoglycane a révélé que la résistance à la teicoplanine due à VanZ n'implique pas l'incorporation d'un substituant de la D-alanine dans les précurseurs. La protéine VanZ ne montre aucune similarité de séquence significative avec d'autres protéines connues. Sa fonction reste inconnue.

En conclusion, Tn*1546* confère la résistance aux glycopeptides par deux mécanismes distincts : (i) résistance de haut niveau à la vancomycine et à la teicoplanine par production du depsipeptide D-Ala-D-Lac (VanH et VanA) et élimination des précurseurs terminés par D-Ala (VanX et VanY); (ii) résistance de faible niveau à la teicoplanine (VanZ) par un mécanisme inconnu qui ne fait pas intervenir une modification de l'extrémité peptidyl- D-Ala-D-Ala des précurseurs du peptidoglycane (20).

3.2. Type VanB

Le mécanisme de résistance des souches de type VanB est très similaire à celui du type VanA (Figure 5A). L'organisation et la fonctionnalité du groupe de gènes *vanB* est similaire à celui de *vanA*, mais diffère dans sa régulation puisque la vancomycine est un inducteur mais pas la teicoplanine (Figure 6 et Tableau 1). L'analyse de la séquence des gènes de résistance a révélé la présence de trois protéines $VanH_B$, VanB et $VanX_B$ fortement apparentées aux protéines VanH, VanA et VanX (67 à 76% d'acides aminés identiques) (Figure 6)

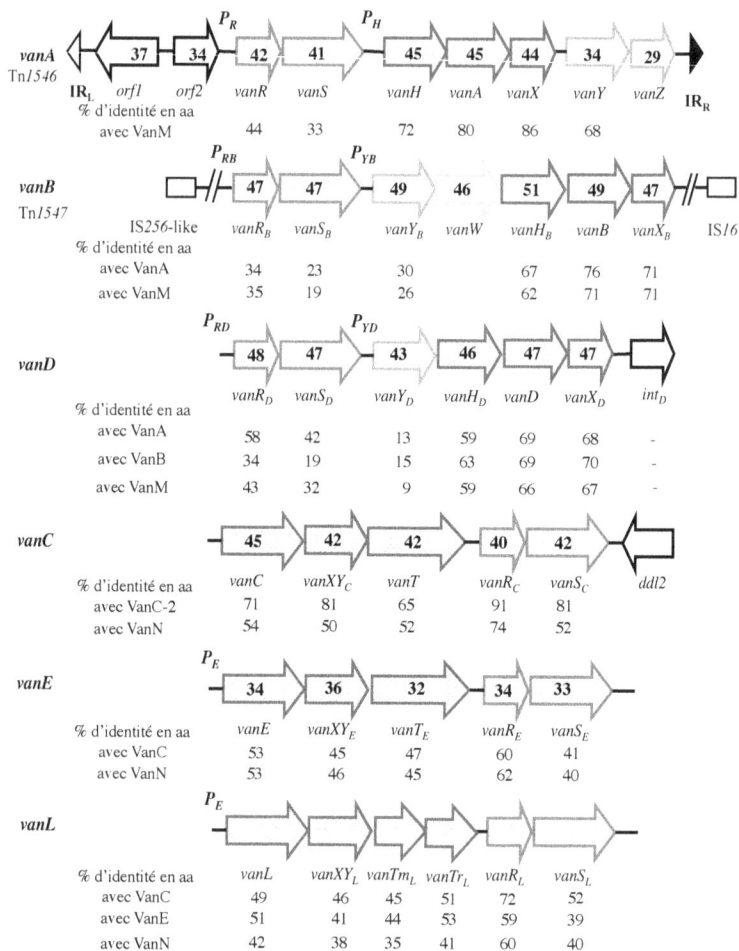

Figure 6. Comparaison des groupes de gènes *van*. Les flèches représentent les séquences codantes et indiquent la direction de la transcription. Le pourcentage de guanosine plus cytosine (% G+C) est indiqué dans les flèches. Le pourcentage d'identité en acides aminés (aa) entre les protéines déduites des souches de référence BM4147 (VanA), V583 (VanB), BM4339 (VanD), BM4174 (VanC), BM4405 (VanE), Efm-HS0661 (VanM), N06-0364 (VanL), UCN71 (VanN) est indiqué sous les flèches. Le transposon Tn*1546* (10 851 pb) porte l'opéron *vanA* et est délimité par des séquences inversées répétées imparfaites de 38 pb représentées par des triangles nommés IR_L et IR_R. Le transposon Tn*1547* (65 kb) porte le groupe de gènes *vanB* et est délimité par des séquences IS*256* et IS*16* en orientation directe (représentées par des rectangles).

54

(119). Les gènes régulateurs $vanR_BS_B$ codant pour un système régulateur à deux composantes sont plus faiblement apparentés à VanRS (34 à 23 % d'acides aminés identiques). La ligase VanB a des propriétés catalytiques similaires à celle de VanA et le même précurseur pentadepsipeptidique terminé par le D-lactate a été détecté chez les souches de type VanA et VanB (120, 240). L'efficacité catalytique de VanB pour la synthèse du depsipeptide D-Ala-D-Lac est environ 5 fois plus faible que celle de VanA pour former le même produit. La protéine $VanH_B$, apparentée à la déshydrogénase VanH, et la protéine $VanX_B$, apparentée à la D,D-dipeptidase VanX, n'ont pas été caractérisées sur le plan fonctionnel. Un gène codant pour une D,D-carboxypeptidase, $VanY_B$, faiblement apparentée à VanY (30% d'identité en acides aminés) a été localisé entre les gènes régulateurs et les gènes de résistance $vanWH_BBX_B$ ce qui diffère de la position de $vanY$ dans le transposon Tn*1546* (Figure 6) (119). La protéine VanW, dont la fonction reste inconnue, ne présente aucune similarité de séquence avec d'autres protéines connues (Figure 6). Un homologue de $vanZ$ n'a pas été détecté dans l'opéron $vanB$. Ces différences dans la composition des opérons suggèrent que des gènes d'origines différentes ont été recrutés.

Basé sur les différences de séquence dans la région intergénique $vanS_B$-$vanY_B$ et les séquences adjacentes codantes, le groupe de gènes $vanB$ peut être divisé en trois sous-types : $vanB-1$, $vanB-2$ et $vanB-3$ (82, 270). Il n'y a pas de corrélation entre le sous-type $vanB$ et le niveau de résistance à la vancomycine. La séquence du gène $vanB$ est hétérogène : *vanB-1* a été retrouvé chez la souche prototype V583 (120) et apparaît être peu fréquent, *vanB-2* présente 97,5 % d'identité avec la séquence nucléotidique de *vanB-1* et est retrouvé de façon majoritaire chez la plupart des isolats cliniques d'entérocoques résistants aux glycopeptides de type VanB (82, 136, 270), *vanB-3* présente 3,6 % de différence avec *vanB-2* et 5 % avec *vanB-1* et n'a été identifié que chez une souche isolée aux Etats-Unis (82, 270). Au niveau de la région intergénique *vanS$_B$-vanY$_B$*, le sous-type *vanB-2* diffère de *vanB-1* par 6 mutations ponctuelles et par une délétion de 5 pb alors que *vanB-3* et *vanB-1* diffèrent par 5 mutations ponctuelles dont 3 sont présentes chez *vanB-2* (82).

Les souches présentant une résistance acquise de type VanA ou VanB produisent deux ligases : la D-Ala:D-Ala ligase de l'hôte et la ligase VanA ou VanB qui synthétisent respectivement le dipeptide D-Ala-D-Ala et le depsipeptide D-Ala-D-Lac (Figure 5). Comme nous l'avons vu, le dipeptide et le depsipeptide sont incorporés de manière compétitive au tripeptide par la synthétase de l'hôte (61). Le niveau de résistance à la vancomycine et à la teicoplanine dépend des quantités relatives des deux types de précurseurs (22). Chez les souches de type VanA, une élimination presque totale du pentapeptide a conduit à une résistance de haut niveau aux glycopeptides (Tableau 1). Une élimination quasi-totale des précurseurs contenant du D-Ala-D-Ala est requise pour la résistance à la teicoplanine. Chez certaines souches de type VanB, les protéines de résistance sont synthétisées à bas niveau. La capacité de ces souches à empêcher la production d'UDP-MurNAc-pentapeptide par la synthèse de D-Ala-D-Lac et l'hydrolyse de D-Ala-D-Ala est limitée, conduisant à de faibles niveaux de résistance à la vancomycine (Tableau 1). Les niveaux de résistance à la teicoplanine observés après induction par la vancomycine sont également faibles. Les différences entre les niveaux de synthèse des protéines de résistance chez les souches de type VanA et VanB pourraient résulter en partie d'une différence dans le nombre de copies des gènes de résistance. En général, chez les souches de type VanA, les gènes de résistance sont portés par des plasmides présents à un faible nombre de copies par chromosome alors que chez les souches de type VanB, il y a seulement une copie chromosomique des gènes de résistance.

3.3. Type VanD

La résistance acquise de type VanD chez *E. faecium* est due à la synthèse des précurseurs du peptidoglycane terminés majoritairement par D-Ala-D-Lac. L'organisation de l'opéron *vanD*, localisé exclusivement sur le chromosome chez les deux souches étudiées, BM4339 (276) et BM4416 (272), est similaire à ceux de *vanA* et *vanB* (Figure 6). Les produits de ces gènes sont proches des protéines correspondantes des opérons de régulation et de résistance de *vanA* et *vanB* (65).

Seule, la D,D-carboxypeptidase $VanY_D$ appartenant à la famille des protéines de liaison à la pénicilline (PLP) à sérine active qui fixent la pénicilline G (65) est distincte des D,D-carboxypeptidases VanY et

VanY$_B$ qui ne sont pas inhibées par la pénicilline G et sont dépendantes du zinc (17). Le fait que la protéine VanY$_D$ soit accessible et fixe la pénicilline G dans les bactéries intactes indique que le site actif contenant la sérine catalytique est située à la surface externe de la membrane cytoplasmique (Figure 7) (291). L'analyse de la séquence de VanY$_D$ a permis d'identifier un seul domaine transmembranaire. De plus, aucun gène homologue à *vanZ* présent dans l'opéron *vanA* ou *vanW* dans l'opéron *vanB* n'a été trouvé dans l'opéron *vanD*. Chez *E.faecium* BM4339, l'opéron *vanD* comprend un septième cadre ouvert de lecture, *intD*, qui a été identifié en aval du gène *vanX$_D$* (Figure 6) et dont le produit putatif appartient vraisemblablement à la famille des intégrases incluant les recombinases (65). Toutefois, ce gène n'a pas été retrouvé dans l'opéron *vanD* de N97-330 (BM4416) (53) et pourrait être apparu à la suite de mouvements d'éléments génétiques portant l'opéron de résistance. Les souches de type VanD possèdent d'autres caractéristiques qui les distinguent des entérocoques de type VanA et VanB; en particulier, la résistance est exprimée constitutivement et n'est pas transférable par conjugaison à d'autres entérocoques (272, 276).

Les souches de type VanD ont une activité D,D-dipeptidase, VanX$_D$, faible malgré la présence dans cette protéine des résidus conservés impliqués dans la fixation du zinc et dans la catalyse (65). Le manque de cette activité devrait conduire à un phénotype sensible aux glycopeptides puisque ces bactéries sont incapables d'éliminer les précurseurs du peptidoglycane se terminant par D-Ala-D-Ala, la cible des glycopeptides. Cependant, chez les souches de type VanD, la voie de

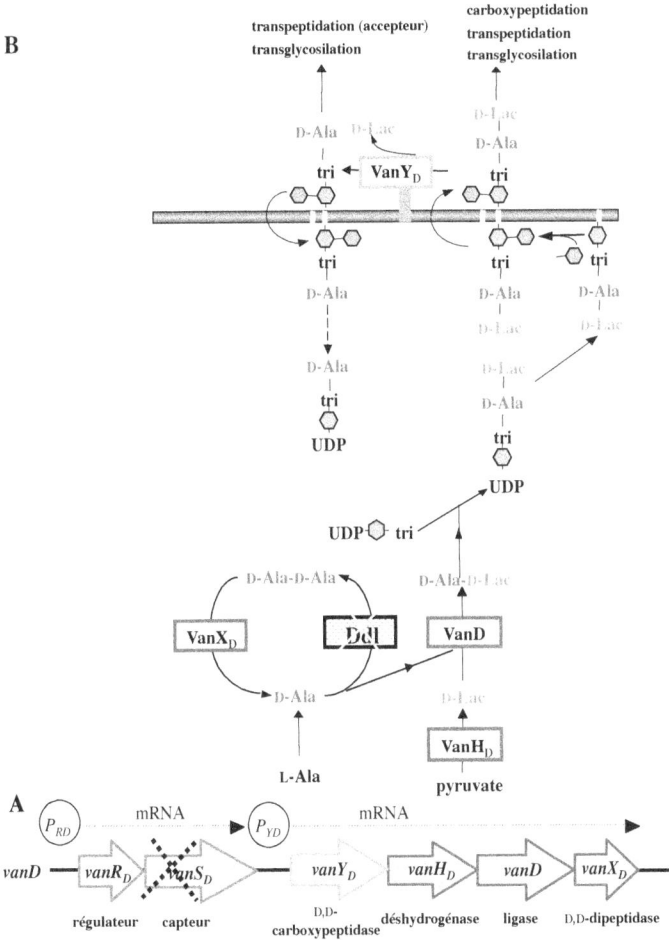

Figure 7. Résistance aux glycopeptides de type VanD. (A) Organisation de l'opéron *vanD*. Les flèches de couleur représentent les séquences codantes et indiquent la direction de la transcription. Les gènes régulateurs *vanR_DS_D* et les gènes de résistance *vanY_DH_DDX_D* sont co-transcrits à partir des promoteurs P_{RD} et P_{YD}, respectivement. La croix en jaune indiquent le changement de cadre de lecture conduisant à une protéine tronquée et probablement non fonctionnelle.

(B) Représentation schématique de la synthèse des précurseurs du peptidoglycane chez une souche de type VanD.

synthèse sensible ne fonctionne pas du fait d'une ligase D-Ala:D-Ala inactive suite à diverses mutations dans le gène *ddl* chromosomique (Figure 7). Le gène *ddl* est interrompu par une insertion de 5 pb chez BM4339 (65) ou par une insertion de séquence IS*19* (aussi dénommée IS*Efm1* (53)) chez BM4416 (272). Par conséquent, les souches devraient seulement pousser en présence de vancomycine puisqu'elles ont besoin de la voie de résistance inductible pour la synthèse des précurseurs du peptidoglycane. Cependant, ce n'est pas le cas puisqu'il n'y a pas de différence dans la nature des précurseurs du peptidoglycane produits par les cellules induites ou non induites (272, 276) indiquant que le groupe de gènes *vanD* s'exprime constitutivement dû vraisemblablement à des mutations dans le capteur $VanS_D$ comme par analogie avec les souches constitutives de type VanB (35). La souche N-97-330 (aussi désignée BM4416) présente une délétion de 1 pb à la position 670 de $VanS_D$ (numérotation correspondant à celle de la souche BM4339) qui résulte en un changement de cadre de lecture (53) probablement responsable de la synthèse d'une protéine tronquée non fonctionnelle de 233 acides aminés au lieu des 381 acides aminés chez BM4339. En ce qui concerne BM4339, il n'y a pas de comparaison possible de la séquence de $VanS_D$ avec des capteurs d'autres souches de type VanD. A cette même période, deux autres souches de type VanD, A902 (260) et 10/96A (84), ont été isolées respectivement à Boston et au Brésil, mais seul le gène *vanD* et une portion des gènes $vanH_D$ et $vanX_D$ ont été séquencés. Ces deux dernières souches, A902 et 10/96A, en plus d'autres souches de type

VanD isolées en Australie et en France feront l'objet d'une étude plus approfondie dans la deuxième partie.

3.4. Type VanM

La résistance acquise de type VanM chez *E. faecium* EfmHS0661 se caractérise par une résistance inductible de haut niveau à la vancomycine (CMI, > 256 μg/ml) et à la teicoplanine (CMI, 96 μg/ml) et est due à la synthèse de précurseurs du peptidoglycane terminés majoritairement par D-Ala-D-Lac (376). Bien que la séquence protéique de VanM est plus proche de celle de VanA (79,9 %), l'organisation du groupe de gènes *vanM* est similaire à celui de l'opéron *vanD* (Figure 6). En amont, du groupe de gènes *vanM*, une séquence d'insertion similaire à IS*1216* et codant pour une transposase est présente ce qui pourrait jouer un rôle dans la dissémination de cette résistance.

3.5. Type VanC

Les précurseurs du peptidoglycane des espèces intrinséquement résistantes à de bas niveau de vancomycine *E. gallinarum*, *E. casseliflavus* et *E. flavescens* se terminent par la D-sérine (47, 294). Le phénotype VanC est exprimé de manière constitutive ou inductible, au moins chez les souches de *E. gallinarum* (263). La substitution de la D-alanine C-terminale par une D-sérine dans des analogues des précurseurs du peptidoglycane n'altère pas la liaison hydrogène de la vancomycine avec la cible mais le remplacement du méthyl de la chaîne latérale par un méthyl hydroxyle qui entraîne un encombrement stérique et conduit à une diminution de l'affinité pour la vancomycine d'un

A

Requises pour la résistance aux glycopeptides   Régulation

	D,D-dipeptidase	sérine		
ligase	D,D-carboxypeptidase	racémase	régulateur	capteur

$vanC$ $vanXY_C$ $vanT$ $vanR_C$ $vanS_C$ $ddl2$

B

L-Ala ⟶ D-Ala ⟶ D-Ala-D-Ala ⟶ UDP-Tri-D-Ala-D-Ala

VanXY$_C$ UDP-Tri   VanXY$_C$ ⟶ UDP-Tri-D-Ala

L-Ser ⟶ D-Ser ⟶ D-Ala-D-Ser ⟶ UDP-Tri-D-Ala-D-Ser

VanT   VanC

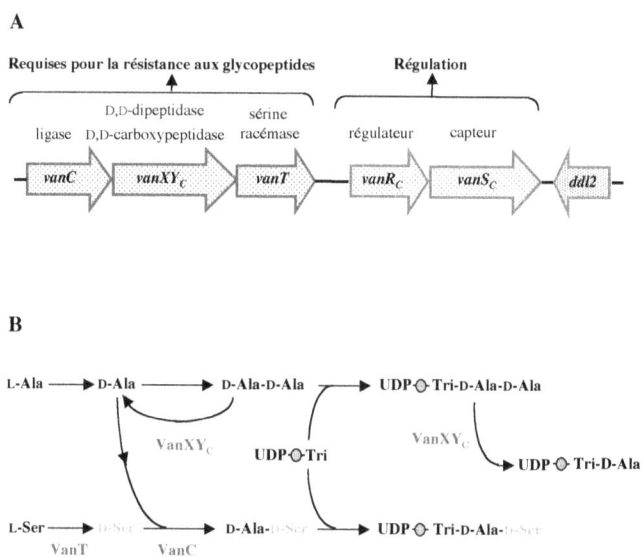

Figure 8. Résistance aux glycopeptides de type VanC. (A) Organisation du groupe de gènes *vanC*. (B) Représentation schématique de la synthèse des précurseurs du peptidoglycane chez un entérocoque de type VanC. ◇ acide *N*-acétyl muramique; Tri, L-Ala-γ-D-Glu-L-Lys.

facteur sept (Figure 4C) (47). Cette diminution modérée de l'affinité est associée à un faible niveau de résistance à la vancomycine (Tableau 1). Les souches de type VanC restent sensibles à la teicoplanine. L'incorporation de la D-sérine à l'extrémité des précurseurs du peptidoglycane de *E. gallinarum* est déterminée par la ligase VanC-1 qui synthétise le dipeptide D-alanyl-D-sérine (Figure 8) (111, 294). Des ligases apparentées à VanC-1 ont aussi été détectées chez *E. casseliflavus* et *E. flavescens* (252, 266). Ainsi, trois gènes *vanC* codant pour des ligases D-Ala:D-Ser ont été décrits : *vanC-1* chez *E. gallinarum* (111), *vanC-2* chez *E. casseliflavus* et *vanC-3* chez *E. flavescens* (252).

Chez la souche prototype *E. gallinarum* BM4174, l'opéron *vanC* est localisé sur le chromosome et n'est pas transférable. Son organisation est distincte de ceux des opérons *vanA*, *vanB* et *vanD* (Figure 6). Trois protéines sont requises pour la résistance : VanT, une sérine racémase liée à la membrane qui produit la D-sérine; VanC, une ligase qui catalyse la synthèse du dipeptide D-Ala-D-Ser, et VanXY$_C$ qui possède les deux activités D,D-dipeptidase et D,D-carboxypeptidase permettant l'hydrolyse du dipeptide D-Ala-D-Ala produit par la ligase chromosomique de l'hôte et l'élimination du D-Ala C-terminal des précurseurs pentapeptidiques du peptidoglycane (Figure 8) (12, 292). Chez *E. gallinarum* BM4174, l'inactivation du gène *vanC* entraîne la perte de la résistance et la production de précurseurs du peptidoglycane se terminant par le dipeptide D-Ala-D-Ala. La comparaison des séquences indique que la protéine VanXY$_C$ est plus étroitement

VanX et ses homologues

VanX$_B$	GYGLLLW GYRPKSAVDCFL
VanX	GYGLLLW GYRPKRAVNCFM
StoVanX	GFGLLLW GYRPQRAVDCFL
EcoVanX	GLQLVIY AYRPQQAQAMLW
MtuVanX	GQVLVFW CYRPHDVQVRMF
SynVanX	SWEILVF AYRPIAVQQFMV

VanXY$_C$

	KDIRLV GYRTEKE RRLW

VanY et ses homologues

VanY$_B$	G-VYPIVASGYRTTEK QEIM
VanY	GVSHFIINSGYRDFDE SVLY
SmuVanY	D-SSEHLISGYRSVAY EELY
BstVanY1	G-YELAAVSGYRSYDR KVIF
TpaVanY	G-VALSVGSAYRSFAY KKLF
BbuVanY	G-IEIKIKSAYRTQEY KFLF
SynVanY1	G-VRLTIISGFRSIAS DALF
SynVanY2	G-ISLVPISAFRTVTE EQLF

Figure 9. Alignement de séquence de VanXY$_C$ avec les homologues VanX et VanY.
Les acides aminés : Asp ( ) spécifique des protéines de type VanX, Gln ( ) spécifique des protéines de type VanY, and Glu (R) commun aux protéines de type VanX et VanY sont indiqués en couleur. Sto, *Streptomyces toyocaensis*; Eco, *E. coli*; Mtu, *Mycobacterium tuberculosis*; Syn, *Synechocystis* sp. PCC6803; Smu, *Streptococcus mutans*; Bst, *Bacillus subtilis*; Tpa, *Treponema pallidum*; Bbu, *Borrelia burgdorferi*.

apparentée aux protéines de type VanY que celles de type VanX mais le domaine de liaison à la membrane présent chez VanY et $VanY_B$ est absent dans $VanXY_C$. La protéine $VanXY_C$ a donc une localisation cytoplasmique et contient des séquences consensus conservées pour la fixation du zinc stabilisant la liaison du substrat et pour la catalyse de l'hydrolyse qui sont présents chez les deux types d'enzymes VanX et VanY des souches de type VanA et VanB et d'autres D,D-dipeptidases et D,D-carboxypeptidases (Figure 9) (292). La protéine $VanXY_C$ a une très faible activité dipeptidase vis-à-vis du D-Ala-D-Ser et aucune activité vis-à-vis de l'UDP-MurNAc-pentapeptide[D-Ser] (292). L'analyse des précurseurs du peptidoglycane (75 % de tétrapeptide et 25 % de pentapeptide[D-Ser]) indique que le D-Ala-D-Ala n'est pas éliminé par l'activité $VanXY_C$ et que l'activité D,D-carboxypeptidase est essentielle pour convertir le pentapeptide[D-Ala] résiduel en tétrapeptide si bien que ces précurseurs incorporés par la suite sur les intermédiaires lipidiques ne peuvent pas fixer la vancomycine (289). La structure du peptidoglycane de *E. gallinarum* contient des pentapeptides terminés par D-Ser mais pas par D-Ala, confirmant l'efficacité de $VanXY_C$ à éliminer les précurseurs terminés par acyl-D-Ala-D-Ala (145).

VanT possède une activité sérine racémase membranaire permettant la transformation du L-Ser en D-Ser et une activité alanine racémase cytoplasmique (Figure 8) (16). L'extrémité N-terminale de VanT est atypique par rapport aux autres racémases puisqu'elle comporte dix groupes d'acides aminés hydrophobes correspondant à des domaines transmembranaires. Le domaine transmembranaire de cette protéine est probablement impliqué dans la capture du L-Ser présent dans le milieu externe (15). En présence de D-Ser dans le milieu, les protéines VanC et VanXY$_C$ sont suffisantes pour conférer la résistance à la vancomycine (12). L'introduction des gènes *vanC*, *vanXY$_C$* et *vanT* sous le contrôle du promoteur P_2 chez la souche JH2-2 sensible aux glycopeptides confère la résistance à la vancomycine même en l'absence de D-Ser dans le milieu. VanT catalyserait donc la synthèse du D-Ser *in vivo*. L'expression des gènes de résistance de l'opéron *vanC* est sous contrôle d'un système régulateur à deux composantes, VanR$_C$S$_C$, localisé en aval de *vanT* alors que dans les groupes de gènes de type *vanA*, *vanB* et *vanD*, les gènes codant pour les systèmes régulateurs à deux composantes (VanRS, VanR$_B$S$_B$, ou VanR$_D$S$_D$) sont localisés en amont des gènes de résistance (Figure 6). VanR$_C$ présente respectivement 50 et 33 % d'identité avec VanR et VanR$_B$ et VanS$_C$ 40 et 24 % d'identité avec VanS et VanS$_B$ (Figure 6).

Un gène additionnel, *ddl2*, localisé en aval des gènes régulateurs *vanR$_C$S$_C$* et en direction opposée a été trouvé dans la souche BM4174 (Figure 8A) (11). Ce gène code pour une protéine qui a une similitude de structure avec les ligases D-Ala:D-Ala et présente 33 et 35 % d'identité, respectivement, avec la ligase VanC-1 et avec la Ddl de l'hôte. La fonction de la ligase Ddl2 a été caractérisée après purification : elle possède une activité ligase D-Ala:D-Ala mais pas d'activité ligase D-Ala:D-Ser (11). Son activité D-Ala:D-Ala a été confirmée *in vivo* par introduction de la Ddl2 dans une souche dépendante de la vancomycine qui est devenue capable de pousser en absence de vancomycine et de synthétiser majoritairement des précurseurs du peptidoglycane terminés par D-Ala-D-Ala en l'absence d'induction (11). Ainsi, *E. gallinarum* produit au moins trois ligases : deux pour la synthèse du D-Ala-D-Ala (Ddl et Ddl2) et une pour la synthèse du D-Ala-D-Ser (VanC). Le rôle de la ligase Ddl2 chez *E. gallinarum* n'est pas clair à moins qu'elle ne serve d'enzyme "réserve" si la ligase chromosomique de l'hôte est inactive.

Les protéines déduites de l'opéron *vanC-2* de *E. casseliflavus* montrent un fort degré d'identité (de 71 à 91 %) avec celles codées par l'opéron *vanC* (113) et celles du groupe de gènes *vanC-2* de *E. flavescens* montrent une plus forte identité avec celles de *vanC-3* de 97 à 100 % en incluant les régions intergéniques (114). Il est par conséquent difficile de distinguer *E. casseliflavus* et *E. flavescens* comme deux espèces différentes. Le mécanisme de résistance semble identique à celui décrit pour *E. gallinarum* (113, 114).

3.6. Type VanE

La résistance acquise de type VanE rapportée dans deux souches de *E. faecalis*, l'une isolée à Chicago (BM4405) (123) et l'autre au Canada (N00-410) (52), est caractérisée par une résistance de bas niveau à la vancomycine (CMI = 16 μg/ml) et une sensibilité à la teicoplanine (CMI = 0,5 μg/ml). Cette résistance est due à la synthèse de précurseurs du peptidoglycane terminés par D-Ala-D-Ser comme chez les *Enterococcus* d'espèces intrinsèquement résistantes de type VanC (123). Le groupe de gènes *vanE* a une organisation identique à celle de l'opéron *vanC* et présente un pourcentage d'identité avec les protéines

correspondantes de *E. gallinarum* BM4174 variant de 41 à 60 %
(Figure 6) (1). Les gènes régulateurs *vanR$_E$S$_E$* sont localisés en aval des
gènes de résistance comprenant en plus du gène *vanE* codant pour la
ligase de résistance, les gènes *vanXY$_E$* qui code pour une D,D-peptidase
bifonctionnelle et *vanT$_E$* codant pour une sérine racémase (Figure 6) (1,
52). Pour la souche N00-410, la séquence nucléotidique révèle, en amont
de *vanE*, la présence de six gènes *uve1* à *uve6* et en aval de *vanS$_E$*, trois
gènes : *orf65*, *int410* et *gvaA* (52).

Le mécanisme de résistance des souches de type VanE est très
similaire à celui de type VanC (Figure 8). Chez la souche prototype
BM4405, l'activité de la D,D-peptidase VanXY$_E$ détectée dans le
cytoplasme est beaucoup plus faible que celle de VanXY$_C$, mais reste
insensible à la pénicilline G comme pour VanXY$_C$, alors que l'activité de
la sérine racémase, VanT$_E$, trouvée au niveau membranaire, est au moins
10 fois plus élevée que celle de VanT (123). Ces activités corrèlent avec
la synthèse des précurseurs observée sous conditions d'induction
composée de seulement 10 % de tétrapeptide et de 90 % de
pentapeptide[D-Ser]. L'expression de la résistance à la vancomycine est
inductible dans la souche prototype BM4405 de type VanE, bien que le
capteur VanS$_E$ soit vraisemblablement inactif dû à la présence d'un
codon stop à l'extrémité 5' du gène (1). Une réaction croisée avec une
autre kinase de l'hôte pourrait expliquer l'induction de la résistance.
Trois nouvelles souches de *E. faecalis* possédant l'opéron *vanE* ont été
isolées en Australie (2). L'expression des gènes de résistance est
inductible dans deux de ces souches et constitutive dans la troisième,

probablement à cause d'une délétion de 2 pb dans le gène $vanS_E$ aboutissant à un décalage du cadre de lecture et à la synthèse d'une protéine tronquée.

3.6. Type VanG

La résistance acquise de type VanG détectée en Australie dans quatre isolats cliniques de *E. faecalis* est caractérisée par une résistance de bas niveau à la vancomycine (CMI = 16 μg/ml) et une sensibilité à la teicoplanine (238). Le groupe de gènes *vanG* est composé de 7 gènes recrutés à partir des différents opérons *van*. La deuxième partie de notre travail est consacrée à l'étude de l'organisation, de la localisation du groupe de gènes *vanG* ainsi que de la régulation de son expression.

3.7. Type VanL

La résistance acquise de type VanL détectée au Canada dans un isolat clinique de *E. feacium* se caractérise par une résistance de bas niveau à la vancomycine (CMI = 8 μg/ml) et une sensibilité à la teicoplanine (CMI = 0,5 μg/ml) (56). L'organisation du groupe de gènes *vanL* est similaire à celui des opérons *vanC*, *vanE* et *vanN* (Figure 6). Les gènes régulateurs $vanR_LS_L$ sont localisés en aval des gènes de résistance comprenant en plus du gène *vanL* codant pour la ligase de résistance, les gènes $vanXY_L$ qui code pour une D,D-peptidase bifonctionnelle et $vanT_L$ codant pour une sérine racémase. La souche de type VanL se distingue des autres souches VanC, VanE et VanG par le fait que sa sérine racémase $VanT_L$ est composée de deux gènes séparés dans la même orientation, $vanTm_L$ correspondant au domaine de fixation à la membrane et $vanTr_L$ codant pour la racémase.

3.8. Type VanN

La résistance acquise de type VanN détectée en France (Marseille) dans deux isolats cliniques de *E. faecium* est caractérisée par une résistance de bas niveau à la vancomycine (CMI = 16 μg/ml) et une sensibilité à la teicoplanine (198). Par électrophorèse, en champ pulsé les deux souches présentaient un profil identique. L'analyse de cette souche par multi-locus sequence typing (MLST) a montré qu'elle n'appartenait pas au complexe clonal 17 (CC17) regroupant les isolats de *E. faecium* adaptés au milieu hospitalier et responsables d'épidémies. Le groupe de gènes *vanN* a une organisation identique à celle de l'opéron *vanC*, *vanE* et à l'exception de la racémase, *vanL*, et présente un pourcentage d'identité avec les protéines correspondantes de *E. gallinarum* BM4174, *E. faecalis* BM4405 et *E. faecalis* N06-0364, respectivement, variant de 37 à 74 % (Figure 6) (198). Les gènes régulateurs $vanR_NS_N$ sont localisés en aval des gènes de résistance comprenant en plus du gène *vanN* codant pour la ligase de résistance, les gènes $vanXY_N$ qui code pour une D,D-peptidase bifonctionnelle et $vanT_N$ codant pour une sérine racémase. La séquence protéique de VanN présentait une plus forte identité avec celle de VanL (65 %) (Figure 6). La ligase VanN présentait tous les motifs conservés des ligases D-Ala:D-Ser et l'analyse phylogénétique a confirmé son appartenance au groupe des ligases D-Ala:D-Ser. L'analyse des précuseurs du peptidoglycane et des activités D,D-peptidases (VanXY) et racémases

(VanT) a montré que cette résistance est constitutive et due à la synthèse de précurseurs du peptidoglycane terminés par D-Ala-D-Ser (198). L'expression constitutive de la résistance est due à la présence dans le capteur VanS$_N$ de deux substitutions : P$_{156}$S, située à proximité du site d'autophosphorylation (H) et R$_{204}$Q qui pourrait jouer le même rôle que la substitution R$_{200}$L retrouvée chez une souche de *E. gallinarum* de type VanC (263).

4- Souches dépendantes des glycopeptides

Un phénomène intéressant chez certains entérocoques de type VanA et VanB est la dépendance à la vancomycine. Ces souches ne sont pas seulement résistantes à la vancomycine, ou aux deux antibiotiques, vancomycine et teicoplanine, mais elles requièrent aussi leur présence pour leur croissance. Des variants de *E. faecalis* et *E. faecium* résistants aux glycopeptides qui poussent seulement en présence de ces antibiotiques ont été isolés *in vitro* (35), en modèle animal (30), mais aussi chez des patients traités pendant de longues périodes avec de la vancomycine (98, 122, 128, 345, 369). Un mutant dépendant des glycopeptides a été obtenu aussi à partir d'une souche de *E. avium* de type VanA (300, 321). Ce sont tous des dérivés d'entérocoques de type VanA (300, 321) ou VanB (98, 128, 345, 369).

Ces souches dépendantes des glycopeptides (Vm^D) sont également capables de pousser en l'absence d'antibiotiques si ces derniers sont remplacés par le dipeptide D-Ala-D-Ala, ce qui suggère qu'ils sont incapables de produire la ligase chromosomique codée par le gène *ddl* et

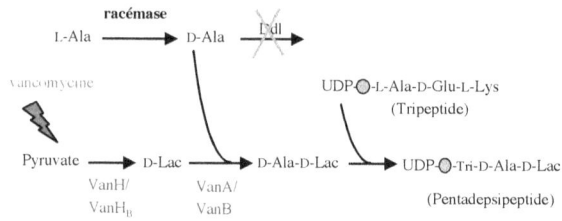

Figure 10. Représentation schématique de la synthèse des précurseurs du peptidoglycane chez une souche dépendante de la vancomycine. Du fait de l'inactivation de la ligase D-Ala:D-Ala (Ddl), la présence de vancomycine est nécessaire dans l'environnement pour induire l'expression de la voie de résistance, permettant ainsi la synthèse du peptidoglycane.

que par conséquent le dipeptide D-Ala-D-Ala n'est pas produit (Figure 10). L'absence d'une ligase fonctionnelle est due à diverses mutations. Le gène *ddl* des mutants Vm^D obtenus *in vitro* ou en clinique contient des mutations ponctuelles qui affectent un résidu conservé dans les D-Ala:D-Ala ligases des bactéries à Gram positif et négatif ainsi que dans les ligases D-Ala:D-Lac et D-Ala:D-Ser des bactéries à Gram positif résistantes aux glycopeptides (17, 35, 345). Chez d'autres mutants Vm^D, le gène *ddl* présente un codon d'arrêt de la traduction (205, 321). La nature des mutations dans le gène *ddl* indique donc une perte totale ou partielle de l'activité de la ligase D-Ala:D-Ala. Ceci est confirmé par l'analyse des précurseurs du peptidoglycane qui révèle la présence unique de pentadepsipeptide (35). En conclusion, en présence de vancomycine, l'expression des opérons *vanA* ou *vanB* est induite, suppléant au défaut de synthèse des précurseurs du peptidoglycane se terminant par la cible des glycopeptides, D-Ala-D-Ala, et permet ainsi la croissance de la bactérie (Figure 10) (35, 345).

En résumé, les mutants Vm^D ne produisent pas de ligase D-Ala:D-Ala fonctionnelle et dépendent de la ligase VanA ou VanB pour la synthèse des précurseurs du peptidoglycane (Figure 10). Les mutations dans le gène *ddl* rendent également compte de l'augmentation du niveau de résistance à la vancomycine parce que les mutants Vm^D synthétisent exclusivement des précurseurs pentadepsipeptidiques (35, 345). Puisque ces souches requièrent des conditions de croissance particulières, la prévalence des entérocoques dépendants de la vancomycine est probablement sous-estimée en routine dans les laboratoires.

La réversion vers l'indépendance à la vancomycine a été observée *in vitro* en étalant des bactéries sur un milieu dépourvu de vancomycine (35, 98, 345). L'apparition de ces révertants est due soit à des mutations dans le gène *ddl* restaurant l'activité de la ligase et le phénotype VanB, soit à des mutations dans le gène de structure du capteur VanS$_B$ permettant l'expression constitutive des gènes *van* et la résistance à la teicoplanine, soit à un nouveau mécanisme, récemment détecté chez une souche de type VanB, qui sera présenté par la suite dans la partie Résultats expérimentaux. Ces résultats suggèrent que l'interruption d'une antibiothérapie impliquant la vancomycine pourrait ne pas entraîner l'élimination des mutants Vm^D mais la sélection de révertants. Les mutants Vm^D pourraient donc constituer une première étape dans l'acquisition de la résistance à la teicoplanine. Ainsi l'émergence de la résistance à la teicoplanine chez un malade traité par la vancomycine (165) pourrait s'expliquer par l'acquisition séquentielle de la dépendance à la vancomycine pendant le traitement par cet antibiotique et de la résistance constitutive à la vancomycine et à la teicoplanine à l'arrêt du traitement.

5- Dissémination de la résistance

Les épidémies nosocomiales d'entérocoques résistants aux glycopeptides peuvent être polyclonales ou plus fréquemment monoclonales ce qui réprésente un mécanisme majeur de dissémination

(164, 259, 333). Dans les hôpitaux où la résistance est détectée dès son apparition, elle est souvent due à une seule souche (71). En revanche, si la résistance est présente dans un hôpital ou en ville depuis plusieurs mois ou années, le typage moléculaire des isolats révèle que la résistance s'est propagée à partir de plusieurs souches différentes par des plasmides ou des transposons (71).

La dissémination de la résistance résulte d'un double phénomène : transfert horizontal d'éléments génétiques mobiles (plasmides ou transposons) conférant la résistance à d'autres entérocoques (158, 160) et diffusion de clones portant les déterminants de la résistance (135). Une étude réalisée dans trente-huit hôpitaux de New York sur 361 patients durant une période de deux ans a montré que la propagation rapide des entérocoques résistants aux glycopeptides était bien due à la dissémination d'un élément génétique très mobile (129). Le fait de trouver le même matériel génétique à différentes positions sur le chromosome de souches indistinguables dans un même hôpital confirme la capacité de l'élément génétique à se mobiliser (369). La dissémination d'un clone unique a été observée dans différents centres médicaux d'une même ville ou parfois de différents Etats et une étude réalisée en 2001 a décrit la diffusion sur trois continents d'un clone épidémique portant un gène de virulence *esp* (360). Toutefois, dans la plupart des cas, les isolats d'entérocoques résistants aux glycopeptides aux Etats-Unis présentent une diversité génétique (73). La dissémination de la résistance aux glycopeptides aux Etats-Unis est dans un premier temps clonale, puis elle devient polyclonale par transfert horizontal des gènes de résistance entre différentes souches. En revanche en Europe, la dissémination des souches apparaît polyclonale avec parfois des épidémies clonales localisées dans certains services tels que ceux de transplantation (138). Avec les techniques de séquençage comme le Multilocus Sequence Typing (MLST), un groupe de clones de *E. faecium* isolés en milieu hospitalier est apparu qui pouvait être identifié et distingué des clones isolés chez les animaux et les humains porteurs sains en communauté (359, 362). Ce groupe de clones appelé complexe clonal 17 (CC17) est caractérisé par des marqueurs comme la résistance de haut niveau à l'ampicilline, la présence (non constante) de gènes de virulence *esp* et *hyl* et la résistance aux fluoroquinolones (336, 359). Les souches CC17 se sont adaptées à l'hôpital depuis plusieurs années mais n'étaient pas initialement résistantes à la vancomycine. Le modèle proposé est la dissémination de souches adaptées à l'hôpital de *E. faecium* CC17 qui ont acquis des plasmides de résistance à la vancomycine seulement récemment. L'acquisition de ces plasmides serait due à leur transfert horizontal des souches communautaires d'entérocoques résistants à la vancomycine introduites à l'hôpital lors d'admission de patients porteurs de souches CC17, mais cette hypothèse reste à confirmer.

5.1. Transposons

Les transposons peuvent être structurellement et fonctionnellement divisés en trois catégories : (i) les transposons non conjugatifs appartenant à la famille Tn*3* tel que Tn*1546* (VanA); (ii) les transposons composites tel que Tn*1547* (VanB); (iii) les transposons conjugatifs type Tn*916*/Tn*1545*, Tn*5382* ou Tn*1549*. Les éléments appartenant aux deux premiers groupes possèdent à leurs extrémités des séquences inversées répétées plus ou moins parfaites et leur intégration génère une duplication en orientation directe d'une courte séquence de l'ADN cible. Les transposons conjugatifs sont capables de transférer d'une bactérie à une autre par un mécanisme apparenté à la conjugaison, sans induire de duplication de la séquence cible lors de leur intégration mais présentent aussi à leurs extrémités des séquences inversées répétées plus ou moins parfaites (75), et requièrent un contact étroit entre la cellule donatrice et la cellule réceptrice. Ces transposons sont ubiquitaires dans les genres *Enterococcus* et *Streptococcus* et largement répandus parmi les bactéries à Gram positif.

Transposons conjugatifs. Le transposon conjugatif transfère par un mécanisme impliquant successivement trois étapes (Figure 11) : l'excision de la molécule donatrice, la formation d'un intermédiaire circulaire et l'insertion au niveau de la cible de la molécule réceptrice (314, 340). La migration peut être soit intracellulaire avec une fréquence de l'ordre de 10^{-5} par cellule donatrice, soit intercellulaire avec une fréquence plus faible de l'ordre 10^{-6} à 10^{-8}. Cette fréquence de transfert dépend des souches donatrice et réceptrice mais aussi de la localisation du transposon sur le chromosome (68, 280). Il a été montré que l'excision est nécessaire à l'expression des fonctions de transfert (69).

Chez les bactéries à Gram positif, l'excision de Tn*916*-Tn*1545* requiert deux gènes, un codant pour l'excisionase (Xis-Tn) et le second pour l'intégrase (Int-Tn) (282, 314). L'excision consiste en une coupure décalée : une au niveau de l'extrémité du transposon et l'autre à

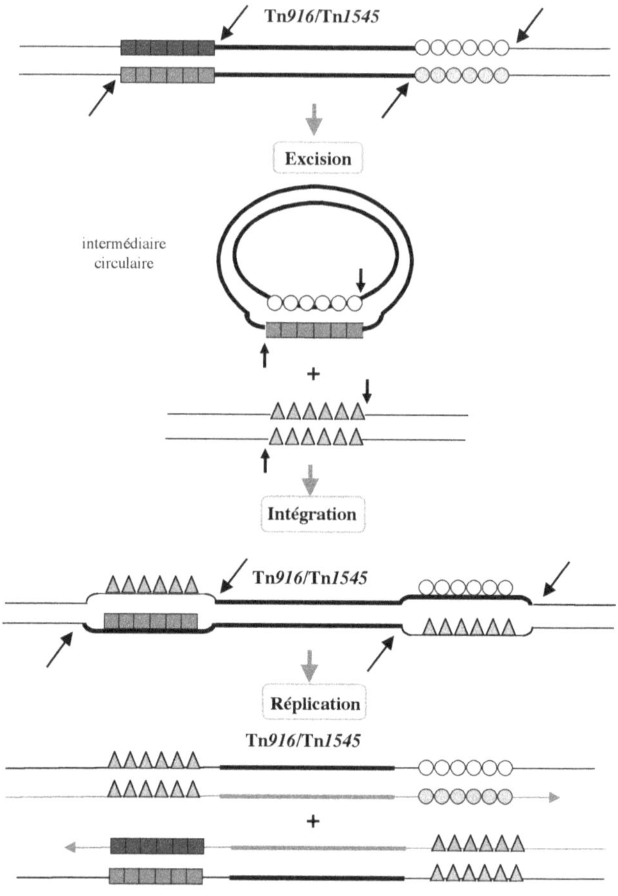

Figure 11. Modèle d'excision et intégration du transposon. Les renflements indiquent des zones non appariées.

l'extrémité de la séquence de chevauchement (6 pb dans la cible), sur chacun des brins (Figure 11) (282, 314). L'excisionase se fixe aux deux extrémités du transposon, et une fois fixée, induirait une courbure de l'ADN permettant à l'intégrase de se fixer (303). L'excision du transposon réalisée par Int-Tn et stimulée par Xis-Tn produit, comme pour le bactériophage λ, des brins 5' sortants terminés par un résidu hydroxyle (331). Ce système a été décrit pour toutes les recombinases de la famille des intégrases où la coupure se fait grâce à un résidu conservé, la tyrosine, du complexe ADN-protéine (331). Lors de l'excision, la séquence cible peut être ou non restaurée (Figure 11) (340). Après excision du transposon, il y a formation de l'intermédiaire circulaire grâce à un phénomène de recombinaison non homologue entre les deux séquences de chevauchement du transposon (283, 314). La séquence présente dans l'ADN avant l'insertion du transposon et la séquence de chevauchement de 6 pb qui est apportée par le transposon lors de son intégration ne sont pas toujours identiques et cette dernière peut rester intégrée au niveau de la séquence cible (Figure 11) (314). Par conséquent, la séquence de jonction entre les deux extrémités, encore appelée séquence de recouvrement, n'est pas toujours complémentaire et a une taille de 6 pb mais peut parfois atteindre 7 pb (282, 314). L'intermédiaire circulaire peut être détecté par une réaction de PCR à travers les extrémités jointes du transposon suivi d'une électrophorèse en gel d'agarose (283, 314). Lorsque l'excision est rare, l'intermédiaire ne peut être détecté que par PCR en deux étapes successives (226). L'intermédiaire circulaire peut interagir avec une nouvelle séquence cible pour transposer de façon intracellulaire ou conjuguer, il peut cependant être perdu lors de la division cellulaire (132). L'intégrase interagit avec l'intermédiaire circulaire et avec le site d'insertion dans la séquence cible permettant ainsi une superposition des deux séquences recombinantes (217). Il a été proposé que le clivage et le transfert des brins s'effectuent de façon simultanée à chaque extrémité de la région de superposition (341). Quand le transposon s'intègre, les séquences associées et les séquences cibles sont de nouveau clivées de manière décalée (6 pb ou 7 pb) et liées les unes aux autres (Figure 11). Deux nouvelles zones de non-appariement apparaissent entre les séquences cibles et les séquences associées apportées par le transposon et la réplication de l'ADN pourra restaurer l'appariement. Comme les séquences associées ne sont ni complémentaires entre elles ni de la séquence cible, l'insertion de Tn*916* ou des transposons apparentés n'engendre pas de duplication du site cible.

5.2 Classe *vanA*

Chez la plupart des souches de type VanA, les gènes de résistance sont portés par des plasmides qui diffèrent par leurs propriétés de transfert (auto-transférables et plus rarement mobilisables par conjugaison; production de phéromones), par leur profil de restriction et par le phénotype de résistance qu'ils confèrent à la souche hôte en plus de la résistance aux glycopeptides (110, 160, 199). Chez certaines souches, la présence de plasmides conférant la résistance aux glycopeptides n'a pas été détectée, bien que cette résistance soit transférable par conjugaison. Dans une souche de *E. faecium*, il a été montré que les gènes de résistance étaient portés par un élément génétique mobile chromosomique de 12,3 kilobases (kb) nommé Tn*5482* (159). L'ensemble de ces observations indiquent que la dissémination de la résistance n'est pas toujours due à l'épidémie d'une souche ou d'un plasmide. L'étude de la souche prototype VanA, *E. faecium* BM4147, a révélé que les gènes de résistance étaient localisés sur le transposon Tn*1546* porté par le plasmide pIP816 de 34 kb (26, 199). Cet élément transposable de 10 851 pb est délimité par des séquences inversées répétées de 38 paires de bases et code pour deux protéines, ORF1 et ORF2, qui sont respectivement apparentées aux transposases et aux résolvases des transposons de la famille de Tn*3* (Figure 5B) (26). Des expériences de conduction plasmidique réalisées chez *Escherichia coli* ont montré que la transposition de Tn*1546* était réplicative et générait une duplication de cinq paires de bases de la séquence cible. Des éléments génétiques étroitement apparentés à Tn*1546* ont été détectés dans différents environnements génétiques. Ces éléments étaient flanqués par des répétitions de cinq paires de bases en orientation directe indiquant que la transposition joue un rôle dans la dissémination de la résistance aux glycopeptides chez les souches isolées en clinique.

Les éléments apparentés à Tn*1546* sont très conservés, à l'exception de la présence de séquences d'insertion qui ont transposé dans les régions intergéniques non essentielles pour l'expression de la résistance aux glycopeptides (Figure 5B). Le haut degré de conservation des séquences dans le groupe de gènes *vanRSHAX*, bien que les isolats soient géographiquement et épidémiologiquement non apparentés, suggère que la diversification des éléments VanA s'est produite suite au transfert d'un progéniteur de l'élément de Tn*1546* aux entérocoques. Seulement quelques mutations ponctuelles ont été identifiées dans le groupe de gènes *vanA* (163, 361) avec une unique mutation reportée dans le gène *vanA* (163). Plus commun est un changement de G en T dans *vanX* à la position 8234 de Tn*1546* (183). Une plus grande diversité a été trouvée en amont du gène *vanR* ou en aval de *vanX* avec la présence de délétions, de réarrangements et de séquences d'insertion dans les gènes non essentiels (*orf1*, *orf2*, *vanY* et *vanZ*) et dans les régions intergéniques (261, 361). L'IS*1251* a été trouvée dans la région intergénique entre *vanS* et *vanH*, spécifiquement dans les éléments VanA des souches isolées aux Etats-Unis (160), mais occasionnellement dans des isolats en Irlande et en Norvège (324). Des éléments moins fréquemment détectés sont l'IS*1542* trouvée dans des souches isolées au Royaume-Uni (86, 368) et l'IS*1476* dans le gène *vanY* chez des souches isolées au Canada (220). Au contraire l'IS*1216V* apparaît ubiquitaire, puisque des insertions ont été trouvées dans la région intergénique *vanX-vanY*, en amont de *vanR*, dans l'*orf2* (261) et dans *vanS* (85) et est combinée avec l'élément IS*3* à l'extrémité gauche de Tn*1546* (159, 203, 261, 311, 361). Les sites multiples d'insertion suggèrent que Tn*1546* est activement mobile et indiquent que le mouvement d'IS est vraisemblablement crucial dans l'évolution des éléments génétiques de type VanA. Le transfert de plasmides conjugatifs, qui ont acquis Tn*1546* ou des éléments fortement apparentés par transposition, apparaît donc responsable de la dissémination de la résistance aux glycopeptides chez les entérocoques de type VanA (19, 26).

La résistance de haut niveau aux glycopeptides est répandue surtout chez des souches de *E. faecium* et de *E. faecalis* et plus rarement chez d'autres espèces d'entérocoques (Tableau 1) *E. avium* (300), *E. durans* (70, 151, 337), *E. mundtii*, *E. raffinosus* (73). Ce phénotype a aussi été retrouvé chez des souches atypiques de *E. gallinarum* et de *E. casseliflavus* (46, 108). Ces souches hébergent une partie du groupe de gènes *vanA* (*vanRSHAX*) en plus du groupe de gènes *vanC*.

Bien que le phénotype VanA soit apparemment plus fréquemment trouvé dans le genre *Enterococcus*, la dissémination de ce type de résistance à d'autres bactéries pathogènes pour l'homme est à craindre du fait de la mobilité des gènes de résistance par transposition et par conjugaison. En effet, il est largement établi que les gènes de résistance aux antibiotiques des entérocoques peuvent être transférés dans des conditions naturelles à une grande variété d'espèces bactériennes comme cela a été montré *in vitro* par conjugaison pour *Bacillus thurigiensis*, *Listeria monocytogenes*, *Streptococcus* spp. et *Staphylococcus* spp. (45, 199, 200, 254). De plus, il n'existe pas de barrière à l'expression hétérospécifique de la résistance à haut niveau chez les bactéries à Gram positif. Nous verrons dans un paragraphe présenté plus loin que le transfert des gènes de résistance des glycopeptides à de nombreuses espèces observé *in vitro*, s'est réalisé aussi *in vivo*.

5.3 Classe *vanB*

Les groupes de gènes apparentés à la classe *vanB* peuvent être portés par des éléments conjugatifs de grande taille (90 à 250 kb) qui transfèrent de chromosome à chromosome (286). Chez une souche les gènes de résistance sont portés par un transposon composite Tn*1547* (64 kb) flanqué par deux séquences d'insertion appartenant à la famille IS*256* et IS*16* (Figure 6) (285). Cet élément est interne à un élément conjugatif de 240 kb. Chez certaines souches, les gènes de la résistance de type VanB sont localisés sur des plasmides transférables par conjugaison (370). La mobilité des gènes de résistance implique donc le transfert d'éléments conjugatifs entre souches d'entérocoques et la transposition de réplicon à réplicon dans la même souche (285, 287).

La dissémination de la résistance VanB résulte le plus souvent du transfert d'opérons *vanB-2* portés par des transposons conjugatifs apparentés à Tn*916* (81, 82, 237, 296). Deux éléments très proches désignés Tn*5382* (64) et Tn*1549* (131) ont été caractérisés aux Etats-Unis et en Europe. Chez les souches de *E. faecium* aux Etats-Unis, Tn*5382* est inséré immédiatement en aval du gène *pbp5* de la protéine de liaison à la pénicilline de faible affinité (161). Au Royaume-Uni et en Irlande, le groupe de gènes *vanB-2* a été trouvé dans des isolats d'entérocoques non apparentés et été associé aux éléments de type Tn*5382*, bien que le lien au gène *pbp5* n'ait pas été démontré (237). Chez deux souches provenant du Royaume-Uni et conférant une résistance de type *vanB-2* portée par un plasmide (371), le transposon Tn*1549* apparenté à Tn*5382* a été trouvé inséré dans le gène *traE1* ou le gène *uvrB* présents sur des plasmides apparentés à pAD1 (131). L'étude de l'association du génotype *vanB-2* avec le transposon Tn*1549* chez des souches d'entérocoques de phénotype VanB isolées en France montre que la dissémination est polyclonale (342). La localisation de Tn*1549* est soit plasmidique, avec un plasmide apparenté ou non au plasmide pAD1, soit chromosomique (342). Une étude réalisée dans l'Etat de l'Ohio aux Etats-Unis a également montré que la résistance de type VanB était polyclonale (104).

Le groupe de gènes de type *vanB-1* est associé au transposon Tn*1547* (Figure 6) mais pas avec les éléments de type Tn*5382* (285). En revanche, récemment la séquence chromosomique complète de *E. faecalis* V583, souche prototype de type VanB et de sous-type *vanB-1*, indique que plus d'un quart du génome est constitué d'ADN probablement mobile ou exogène et que l'opéron *vanB* fait partie d'un élément mobile encore inconnu qui contient cinquante-trois gènes incluant des séquences de Tn*1549* et est flanqué par des gènes présents dans Tn*916*, qui pourraient avoir joué un rôle dans l'acquisition de cet élément (271).

Les séquences d'insertion semblent s'intégrer moins fréquemment dans le groupe de gènes *vanB* que dans les éléments VanA. L'IS*Enfa200* a été identifiée dans la région intergénique entre les gènes $vanS_B$ et $vanY_B$ chez certaines souches de *E. faecium* isolées aux Etats-Unis et hébergeant le groupe de gènes *vanB-2* (81).

La résistance de type VanB est présente essentiellement chez des souches de *E. faecium* et de *E. faecalis*, mais elle a aussi été détecté bien que plus rarement chez d'autres espèces d'entérocoques telles que *E. gallinarum* (323) et chez *E. durans* (182).

5.4. Classe *vanC*

Le transfert par conjugaison de la résistance de type VanC n'a pas été obtenu. Les gènes de résistance *vanC-1* (*E. gallinarum*), *vanC-2* (*E. casseliflavus*) ou *vanC-3* (*E. flavescens*) sont ubiquitaires chez les souches appartenant aux trois espèces d'entérocoques intrinsèquement résistantes à de faibles niveaux de vancomycine (111, 252). Ces observations suggèrent que ces gènes sont localisés dans le chromosome et ne sont pas portés par des éléments génétiques mobiles (202).

Le degré de similitude entre le groupe de gènes *vanE* et *vanC* (Figure 6) suggère fortement que l'émergence de la résistance de type VanE chez *E. faecalis* pourrait être due à l'acquisition d'un opéron chromosomique de type VanC (1). Cela représente le premier exemple d'émergence de la résistance due à l'acquisition d'un opéron chromosomique entier par un transfert horizontal dont le mécanisme reste encore inconnu. Un cadre ouvert de lecture, en aval du gène *vanS$_E$* chez *E. faecalis* N00-410, a une homologie avec les gènes de certaines intégrases suggérant qu'il pourrait avoir été impliqué dans l'acquisition de l'opéron *vanE* (52).

5.5. Classe *vanN*

Le transfert de la résistance de type VanN a été obtenu par conjugaison de la souche *E. faecium* UCN71, résistante à bas niveau à la vancomycine, à une autre souche de *E. faecium,* sensible aux glycopeptides (198). C'est le premier transfert de résistance à la vancomycine de type D-Ala-D-Ser observé chez *E. faecium*.

6. Résistance aux glycopeptides chez d'autres bactéries à Gram positif

Les bactéries lactiques, incluant certaines espèces appartenant aux genres *Lactobacillus*, *Lactococcus*, *Leuconostoc*, et *Pediococcus* sont intrinsèquement résistantes à de haut niveaux de vancomycine et de teicoplanine par synthèse de précurseurs du peptidoglycane se terminant exclusivement par D-Lac comme démontré chez *Lactobacillus casei*, *Leuconostoc mesenteroides* et *Pediococcus pentosaceus* (47, 156). Ce sont des pathogènes opportunistes rarement responsables d'infections. Ils contiennent une ligase qui catalyse la formation de D-Ala-D-Lac mais ne produisent pas de D-Ala-D-Ala (133). La résistance aux glycopeptides a été rapportée chez des isolats cliniques de *Erysipelothrix rhusiopathiae*, un organisme qui peut infecter des humains qui ont été exposés à des animaux ou contaminés par des produits d'origine animale (139).

Des homologues du gène *vanA* ont été décrits chez les souches de *Oerskavia turbata* et *Arcanobacterium haemolyticum* résistantes à la vancomycine (279). Ces souches sont naturellement sensibles à la vancomycine. Le groupe de gènes *vanA* a aussi été trouvé chez un isolat clinique de *Bacillus circulans* (209).

Au laboratoire, le transfert par conjugaison des gènes de résistance à la vancomycine des entérocoques à d'autres cocci à Gram positif a été obtenu chez des entérocoques de groupe A ou viridans et chez *L. monocytogenes* (45, 200). Le transfert des gènes de résistance à

S. aureus, conduisant à un haut niveau de résistance à la vancomycine, a été obtenu *in vitro* (254) et en modèle animal. Mais, plus important, ce transfert s'est également produit *in vivo*. Jusqu'en 1999, le génotype *vanB* prédominait aux Etats-Unis mais après l'apparition des isolats de type VanA leur nombre a rapidement augmenté représentant 45 % des souches à la fin 2002 (259). Cette évolution vers la résistance de type VanA a son importance puisque le groupe de gènes *vanA* confère une résistance de haut niveau aux glycopeptides et c'est lui qui a transféré de *E. faecalis* à *S. aureus*. En effet, depuis 2001, dix *S. aureus* résistants à la méticilline (SARM) ont été isolés aux Etats-Unis (Michigan, Pennsylvanie et New-York) et étaient résistants à la vancomycine et à la teicoplanine à haut niveau pour huit souches (MI-VRSA1 et VRSA-5 à VRSA-11) et à un niveau modéré pour les deux autres souches (PA-VRSA et NY-VRSA) après acquisition du groupe de gènes *vanA* (188, 319, 332, 356). Chez les souches MI-VRSA, PA-VRSA et NY-VRSA, le transposon Tn*1546* était porté par un plasmide (125, 332, 356). Chez le même patient, ont été isolées en plus de la souche MI-VRSA-1 résistante à haut niveau à la vancomycine, une souche de *E. faecalis* correspondant à la donatrice et une souche sensible de *S. aureus* (SARM) considérée comme la réceptrice (125, 319, 356). La souche de *E. faecalis* héberge un plasmide conjugatif pAM830 contenant une copie du transposon Tn*1546* (125). La souche SARM sensible à la vancomycine héberge aussi un plasmide de 47 kb sans la copie de Tn*1546*, nommé pAM829 (356). Chez la souche MI-VRSA-1 est retrouvé le plasmide pAM829 avec une copie de Tn*1546*, nommé pLW1043 (356). Le plasmide pAM830 de *E. faecalis* s'est comporté comme un vecteur suicide délivrant Tn*1546* dans le plasmide pAM829 (Figure 12). L'analyse des séquences nucléotidiques des jonctions de Tn*1546* et du plasmide pLW1043 a indiqué que le transposon était flanqué par une duplication de 5 pb de la cible de l'ADN de pAM829 (273). Ces duplications de 5 pb sont caractéristiques des transposons de la famille de Tn*3* à laquelle Tn*1546* appartient. Cette observation confirme que Tn*1546* de *E. faecalis* a transposé dans pAM829 de la souche SARM (Figure 12A). Le transposon de la souche MI-VRSA-1 isolée au Michigan est identique à Tn*1546* prototype. Un procédé en deux étapes a été impliqué dans le transfert : la conjugaison suivie d'une intégration de l'ADN entrant dans le génome du nouvel hôte, dans ce cas particulier il s'agit du plasmide résident pAM829 (Figure 12B). Dans la souche PA-VRSA, la résistance est due à l'acquisition d'un grand plasmide d'environ 120 kb provenant d'un entérocoque (Figure 12A). Le transposon de la souche PA-VRSA isolée en Pennsylvanie présente trois modifications par rapport à Tn*1546* (26) : une délétion entraînant l'élimination de la région de l'*orf1*, un élément de 809 pb apparenté à IS*1216V* est inséré en amont de l'*orf2* et un élément en direction opposée de 1499 pb apparenté à IS*1251* s'est inséré dans la région intergénique *vanS-vanH* (74). Ces différences indiquent que les deux isolats MI-VRSA-1 et PA-VRSA sont le résultat d'événements génétiques indépendants. L'expression de l'opéron *vanA* est élevée et similaire dans les deux souches. Le bas niveau de résistance à la vancomycine de PA-VRSA est probablement dû à l'instabilité de l'élément génétique,

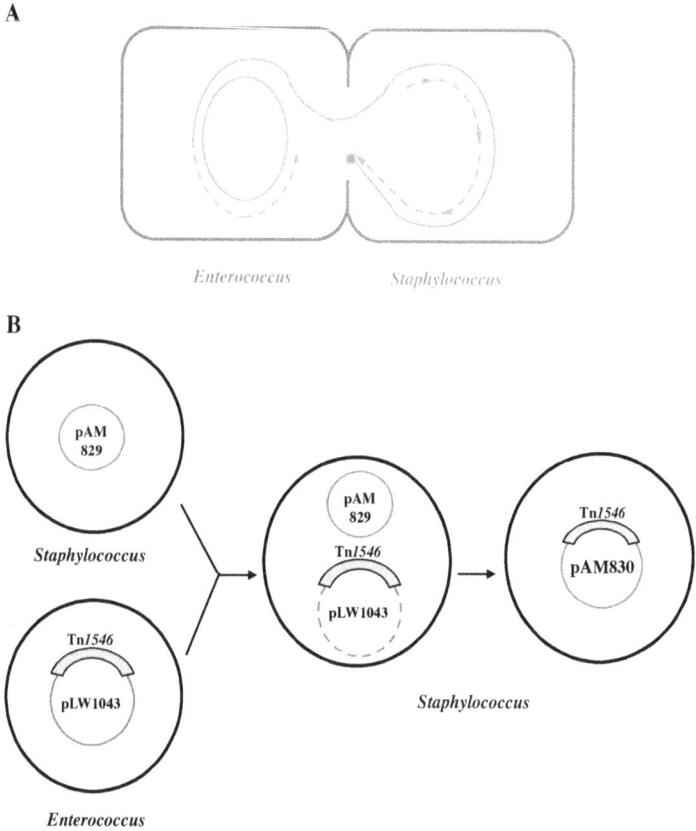

Figure 12. Mécanismes proposés pour le transfert du groupe de gènes *vanA* de *Enterococcus* à *Staphylococcus aureus*. (A) Transfert de l'ADN plasmidique par conjugaison. A gauche, la bactérie donatrice, à droite, la bactérie réceptrice. Les chromosomes ne sont pas représentés. Après une coupure simple brin, un brin de l'ADN plasmidique est transferé (5'-3') de la donatrice à la réceptrice. Durant ce processus, le brin complémentaire de l'ADN partant est synthétisé dans la réceptrice pendant que le brin complémentaire de l'ADN restant est synthétisé dans la donatrice. Après le transfert conjugatif, chaque cellule contient une copie du plasmide et peut ainsi agir comme une donatrice. (B) Transfert en deux étapes : conjugaison suivie par une intégration de l'opéron *vanA* de *E. faecalis* à *S. aureus*. pAM829 est un plasmide résident. pLW1043 est le plasmide portant le transposon Tn*1546* chez *E. faecalis* et pAM830 le plasmide portant Tn*1546* chez *S. aureus* après transfert.

plasmide ou transposon, portant l'opéron *vanA* associée à un long délai d'induction par la vancomycine à la différence de la souche MI-VRSA (273). L'étude des souches, NY-VRSA et VRSA-5, a montré que la souche NY-VRSA se comporte comme   PA-VRSA et VRSA-5 comme MI-VRSA-1 (275). Deux isolats cliniques VRSA-7 (248) et VRSA-9 (241) ont montré une résistance partiellement dépendante de la vancomycine caractérisée par une meilleure pousse à proximité du disque de la vancomycine. Ces souches synthétisées principalement des précurseurs terminés par D-Ala-D-Lac, même en l'absence de glycopeptides. Des substitutions $N_{308}K$, qui affecte un résidu critique du site actif de la ligase D-Ala-D-Ala de VRSA-7 (248) et $Q_{260}K$ et $A_{283}E$ chez VRSA-9 (241), entraînent respectivement une diminution de 1000 fois et 200 fois de l'activité enzymatique comparé à l'activité de la ligase Ddl sauvage et la différence d'activité corrèle avec les niveaux de dépendance de la vancomycine (241, 248). Deux facteurs sont responsables pour la faible pousse de ces souches en l'absence d'inducteur : la faible expression des gènes de résistance même en l'absence de vancomycine due à une régulation par le système à deux composantes VanRS moins stricte pour l'opéron *vanA* que pour l'opéron *vanB* combiné à un effet de dosage de gènes due à la localisation du groupe de gènes *vanA* sur un plasmide multicopie.

Un groupe de gènes *van*, désigné *vanF*, a été trouvé chez le biopesticide *Paenibacillus popilliae* résistant à la vancomycine (268). Cet opéron est composé de cinq gènes codant pour des homologues de VanY, VanZ, VanH, VanA, et VanX (268). L'orientation et l'alignement des gènes essentiels pour la résistance ($vanH/vanH_F$, $vanA/vanF$ et $vanX/vanX_F$) sont identiques chez VanF et VanA. Plus récemment des homologues de VanH, VanA et VanX ont aussi été retrouvés dans les espèces *P. thiaminolyticus* et *P. apirius* (147).

Une séquence apparentée au gène *vanB* a été détectée chez *Streptococcus gallolyticus* (identifié comme *S. bovis*) dans un hôpital français (281). Plus récemment, plusieurs bactéries anaérobies du genre *Clostridium innocuum*, *C. symbosium*, *C. hatewayi*, *C. bolteae* ou *Eggerthella lenta* portant le gène *vanB* ont été isolées dans des selles de patients (33, 328). Chez une souche de *Clostridium bolteae*, un transposon apparenté à Tn*5382* portant le groupe de gènes *vanB* a été mis en évidence (100) ainsi que chez *Streptococcus gallolyticus* et *S. lutetensis* (83). La présence du locus de résistance *vanB* chez des bactéries à Gram positif aérobies et anaérobies indiquent que ce déterminant est capable de transfert inter-générique. Un gène plus homologue à *vanB* (de 59 à 62 %) qu'à *vanA* a été détecté chez des souches de *Rhodococcus* résistants aux glycopeptides (147).

Chez des bactéries anaérobies de la flore intestinale humaine, a été caractérisé un groupe de gènes *vanD* composé des protéines régulatrices $VanR_DS_D$ et des protéines de résistance $VanY_DH_DDX_D$ présentant une identité comprise entre 97 et 100 % avec celles de la souche BM4339 de type VanD (101). Un gène int_D avec 99 % d'identité à celui de la souche de *E. faecium* BM4339 a été trouvé associé au groupe de gènes *vanD* (65, 101).

Clostridium innocuum appartient à la flore intestinale humaine et est une espèce responsable d'infections humaines telles que endocardites, bactériémies et septicémies. Or, un certain nombre de *C. innocuum* se sont révélés intrinsèquement résistants à bas niveau à la vancomycine dus à la synthèse de précurseurs terminés par D-Ala-D-Ser et de faible affinité pour la vancomycine (87, 247). Deux gènes adjacents sur le chromosome ont été identifiés l'un codant pour une ligase Ddl*C.innocuum* homologue aux ligases D-Ala:D-Ala, D-Ala:D-Lac ou D-Ala:D-Ser mais présentant un plus haut degré d'identité avec la ligase D-Ala:D-Ser (VanG) et l'autre codant pour une racémase dite "classique" comparativement à celles trouvées chez les entérocoques de type VanC ou VanE qui elles présentent un domaine membranaire (87).

IV- Régulation de l'expression de la résistance

Comme nous l'avons vue, la résistance aux glycopeptides chez les entérocoques est due à l'acquisition d'éléments génétiques qui confèrent la résistance par des mécanismes similaires impliquant la synthèse de protéines apparentées (Figure 6) conduisant à la production de précurseurs du peptidoglycane terminés soit par D-Ala-D-Lac (VanA, VanB, VanD et VanM) (Figure 5), soit par D-Ala-D-sérine (VanC, VanE, VanL et VanN) (Figure 8) pour lesquels les glycopeptides présentent une faible affinité. La synthèse de ces protéines est régulée au niveau transcriptionnel par des systèmes régulateurs à deux composantes composés d'une histidine kinase membranaire (VanS, $VanS_B$, $VanS_D$, $VanS_M$, $VanS_E$, $VanS_C$, $VanS_G$, $VanS_L$ ou $VanS_N$) et d'un régulateur cytoplasmique (VanR, $VanR_B$, $VanR_D$, $VanR_M$, $VanR_E$, $VanR_C$, $VanR_G$, $VanR_L$ ou $VanR_N$) qui agit en tant qu'activateur transcriptionnel. Ces systèmes activent la transcription des gènes de résistance en réponse à la présence de glycopeptides dans le milieu de culture. L'expression de la résistance est inductible à de hauts niveaux à la vancomycine et à la teicoplanine (VanA et VanM), à des niveaux variables de vancomycine (VanB), constitutive à des niveaux modérés à la vancomycine et à la teicoplanine (VanD) et inductible ou constitutive à de bas niveau de vancomycine (VanE, VanL, VanN et VanC) (Tableau 1). Dans les opérons *vanA*, *vanB*, *vanD*, *vanM* et *vanG*, les gènes codant pour un système régulateur à deux composantes (*vanRS*, $vanR_BS_B$, $vanR_DS_D$, $vanR_MS_M$, $vanR_GS_G$) sont présents en amont des gènes de structure pour les protéines de résistance, alors que dans les groupes de gènes *vanC*, *vanE*, *vanL* et *vanN*, $vanR_C S_C$, $vanR_E S_E$, $vanR_L S_L$ et $vanR_N S_N$ sont respectivement localisés en aval (Figure 6).

Nous considérerons d'abord la structure et la fonction des capteurs et des régulateurs des systèmes à deux composantes à propos des systèmes régulateurs PhoB-PhoR et OmpR-EnvZ de *E. coli* qui ont été plus particulièrement étudiés et sont étroitement apparentés aux systèmes de type VanR-VanS. Chez les entérocoques, le système VanRS des souches de type VanA a été le plus étudié. Nous développerons donc les connaissances acquises dans ce système pour aborder ensuite le système $VanR_B S_B$ responsables de changements de spécificité d'induction et d'expression de l'opéron *vanB* suite à des mutations dans le capteur $VanS_B$. Enfin, les systèmes à deux composantes des autres types Van moins étudiés seront présentés.

1. Systèmes régulateurs à deux composantes

Ce type de système est largement utilisé chez les bactéries pour coupler un signal de l'environnement à une réponse adaptative spécifique qui implique le plus souvent l'activation ou la répression de la transcription de gènes cibles. Ces systèmes à deux composantes comprennent deux protéines (Figure 13) : un capteur généralement associé à la membrane cytoplasmique qui permet le transfert directionnel de l'information de l'environnement vers l'intérieur de la cellule et module l'activité d'un régulateur cytoplasmique qui intervient comme activateur ou répresseur transcriptionnel (141, 168, 267, 329). La première composante est une kinase généralement constituée d'un

95

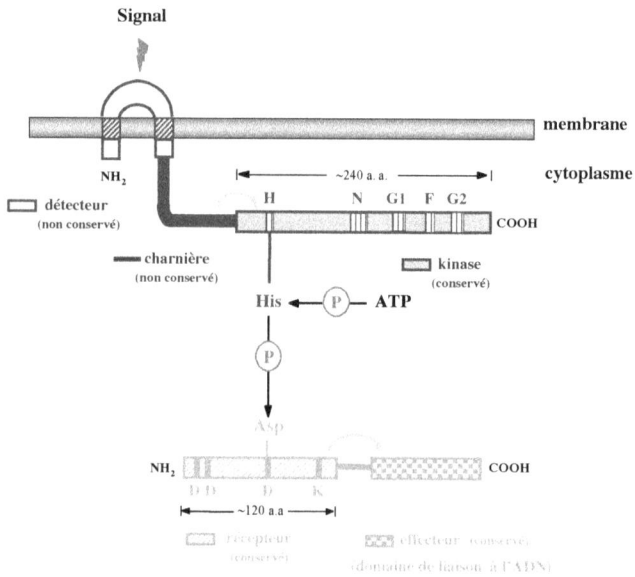

Figure 13. Structure des capteurs et des régulateurs des systèmes à deux composantes.
Le capteur (bleu) est composé d'un domaine détecteur comprenant deux segments
transmembranaires (▨) et d'un domaine kinase avec cinq motifs conservés. Le domaine
charnière lie les deux domaines. Le régulateur (vert) présente un domaine récepteur
comprenant les résidus requis pour la phosphorylation et le domaine effecteur.

domaine membranaire détecteur impliqué dans la reconnaissance du signal et qui module l'activité du domaine kinase cytoplasmique en réponse à ce signal conduisant à l'autophosphorylation d'un résidu histidine de ce domaine (Figure 13). Cette réaction est réversible. Le groupement phosphate est ensuite transféré à un résidu aspartate du domaine récepteur du régulateur qui constitue la deuxième composante et permet l'activation du domaine effecteur C-terminal qui comprend un domaine de liaison à l'ADN (Figure 13). Le capteur est aussi très fréquemment impliqué dans la déphosphorylation du régulateur. Ainsi, le niveau de transcription des gènes cibles dépend du niveau de phosphorylation du régulateur qui est contrôlé par les activités kinase et phosphatase du capteur en réponse à un signal de l'environnement (94).

1.1. Les capteurs

La plupart des capteurs sont constitués d'un domaine détecteur N-terminal, qui reçoit les informations de l'environnement, et d'un domaine cytoplasmique C-terminal ayant une activité kinase (Figure 13). Les domaines détecteurs de capteurs reconnaissant des signaux différents ne présentent pas de similitude en acides aminés (267). Cependant, leur topologie membranaire est souvent similaire. Ils comprennent généralement deux segments transmembranaires délimitant un segment périplasmique. Le domaine kinase comprend approximativement 240 acides aminés avec cinq motifs conservés (H, N, G1, F et G2) (267). La partie proximale de ce domaine contient le motif H caractérisé par la présence du résidu histidine qui est le site d'autophosphorylation (Figure 13) (115, 297). Les autres motifs N, G1, F et G2 localisés dans la

97

région distale forment le centre catalytique des capteurs (Figure 13) (267). Les motifs G1 et G2 ressemblent aux régions riches en glycine des domaines de liaison aux nucléotides et pourraient donc être impliqués dans la fixation de l'ATP (302). La fonction des motifs N et F demeure inconnu. Les domaines détecteur et kinase sont liés par un domaine charnière qui pourrait avoir un rôle dans la propagation des changements conformationnels entre les deux domaines pendant la signalisation (Figure 13) (267).

1.2. Les régulateurs

Les régulateurs cytoplasmiques sont également constitués de deux domaines : un domaine récepteur N-terminal et un domaine effecteur C-terminal (Figure 13) (141). Les domaines récepteurs contiennent environ 120 acides aminés très conservés. Quatre résidus sont essentiels pour la phosphorylation des régulateurs: deux aspartates, localisés en N-terminal, une lysine, en C-terminal, et un aspartate central qui est le site de phosphorylation (58, 307, 329, 372). Deux observations indiquent que la réaction de transfert du groupement phosphate du capteur au régulateur est catalysée par le régulateur. D'une part, un fragment de 18 kDa de la kinase CheA contenant le résidu histidine phosphorylé est suffisant pour la phosphorylation des régulateurs CheY et CheB bien que ce fragment ne contienne pas les motifs N, G1, F et G2 (166). D'autre part, plusieurs régulateurs sont capables d'utiliser des petites molécules, telles que l'acétylphosphate, le carbamyl phosphate, le phosphoramidate et l'imidazole phosphate, comme substrats pour leur autophosphorylation *in vitro* (219, 236).

Les régulateurs possèdent une activité autophosphatase. Le temps de demi-vie ($t_{1/2}$) des régulateurs phosphorylés est très variable *in vitro* et peut aller de quelques secondes (CheY-phosphate et CheB-phosphate) (130, 166) jusqu'à plusieurs heures (OmpR-phosphate, 90 min) (178) et (SpoOF-phosphate, 180 min) (379). La déphosphorylation des régulateurs est dans certains cas stimulée par le capteur correspondant (329). Les régulateurs sont classés sur la base des similarités dans les domaines effecteurs (267). Le domaine effecteur possède des fonctions de liaison à l'ADN ou d'autres types de fonctions régulatrices qui aboutissent au contrôle transcriptionnel d'un ou plusieurs gènes cibles, ce qui est le cas pour les protéines OmpR, NtrC et PhoB. Les domaines récepteur et effecteur des régulateurs sont liés par un domaine charnière dont la flexibilité régit la transmission des signaux du récepteur vers l'effecteur (Figure 13) (233, 349).

1.3. Un exemple : l'activation du régulateur OmpR par phosphorylation

La phosphorylation du régulateur est nécessaire à l'activation des gènes cibles (168). Le régulateur phosphorylé se fixe à des promoteurs spécifiques. Le système à deux composantes OmpR-EnvZ contrôle la production des porines OmpF et OmpC en fonction de l'osmolarité du milieu de culture. Quatre approches expérimentales détaillées ci-dessous ont permis d'établir l'importance de la phosphorylation de OmpR pour l'expression des gènes *ompF* et *ompC*.

Certaines mutations dans le gène *envZ* ont entraîné une perte de l'activité kinase mais pas de l'activité phosphatase du capteur entraînant une abolition totale de la transcription des gènes *ompF* et *ompC* (305). Ces résultats impliquent que les gènes *ompF* et *ompC* ne peuvent pas être transcrits si OmpR-phosphate est éliminé par l'activité phosphatase du capteur modifié.

L'expression du gène *ompC* est induite par une forte osmolarité du milieu de culture. Le niveau de phosphorylation de OmpR a été mesuré *in vivo* en conditions de faible ou de forte osmolarité (126). Une augmentation de la concentration de OmpR-phosphate était associée à une augmentation du niveau de transcription de *ompC* en condition d'induction. La transcription de *ompF* était stimulée par de faibles concentrations de OmpR-phosphate et réprimée à de fortes concentrations.

La transcription des gènes *ompF* et *ompC* a aussi été analysée *in vitro* en utilisant l'ARN polymérase de *E. coli* purifiée (5). La forme phosphorylée de EnvZ a été purifiée et incubée en concentrations variables avec une concentration fixe de OmpR. Cette approche a permis d'obtenir un taux de phosphorylation de OmpR variant de 0 à 40 %. Les résultats obtenus ont montré que la transcription des gènes *ompF* et *ompC* était stimulée par OmpR-phosphate mais pas par OmpR.

Finalement, l'analyse des expériences de retard sur gel et de protection contre la digestion par la DNase I a révélé que la phosphorylation de OmpR augmente l'affinité pour l'ADN de la région régulatrice des promoteurs de *ompF* et de *ompC* (7). Il a été montré que OmpR se fixe à l'ADN sous forme de dimère (174). Les régions régulatrices en amont de *ompC* et *ompF* contiennent chacune trois sites de fixation pour OmpR compris entre −101 et −35 pour *ompC* (221) et de −107 à −39 pour *ompF* (174) et un site de plus en ce qui concerne la région régulatrice de *ompF* compris entre −384 et −351 et qui est requis pour la répression (175).

2. Système régulateur VanR-VanS

2.1. Similarités structurales de VanS et VanR avec les autres systèmes à deux composantes

La séquence primaire du domaine N-terminal de VanS correspondant aux 125 premiers acides aminés ne présente pas de similarité avec les domaines détecteurs des capteurs ou d'autres protéines connues (Figure 13). Cette région de VanS contient deux groupes d'acides aminés hydrophobes qui pourraient correspondre à deux segments transmembranaires (25). Cette observation suggère que VanS ait la même topologie membranaire que les capteurs qui reconnaissent et transmettent des signaux provenant de l'environnement comme EnvZ et PhoR (168, 299). Les domaines détecteur et kinase seraient liés par un domaine charnière comprenant approximativement 35 acides aminés. Le domaine C-terminal de VanS est apparenté au domaine kinase des capteurs et contient les cinq motifs (H, N, G1, F et G2) très conservés (Figure 13). Le résidu histidine en position 164 est aligné avec ceux correspondant au site d'autophosphorylation d'autres kinases (168). Le remplacement de cette histidine (H) par une glutamine (Q) abolit l'autophosphorylation des capteurs et par conséquent le transfert du groupement phosphate aux régulateurs (172). Cependant, les capteurs mutés conservent leur activité phosphatase. Il a été montré pour VanS, que la substitution de l'histidine en position 164 en glutamine ($H_{164}Q$) entraînait une perte de l'activité kinase suggérant qu'il s'agit bien du site d'autophosphorylation (150). $VanS_{H164Q}$ empêchait l'activation de la transcription en l'absence de glycopeptides indiquant que la protéine agissait comme une phosphatase mais aussi en présence de glycopeptides, suggérant que l'activité phosphatase de cette protéine n'est pas contrôlée négativement par les antibiotiques (18). Le contrôle négatif de VanR par $VanS_{H164Q}$ a confirmé que la forme phosphorylée du régulateur est responsable de l'activation de la transcription.

VanR est constitué d'un domaine effecteur N-terminal contenant un résidu aspartate conservé en position 53 qui pourrait correspondre au site de phosphorylation ainsi que les trois autres résidus conservés requis pour l'activité de la phosphorylation et d'un domaine C-terminal de fixation à l'ADN marquant l'appartenance de VanR à la sous-classe des régulateurs OmpR et PhoB (Figure 13) (25, 372). Les régulateurs appartenant à cette sous-classe activent l'initiation de la transcription de promoteurs reconnus par la forme majeure de l'ARN polymérase holoenzyme, correspondant à $E\sigma^{70}$ chez *E. coli*.

2.2. Réactions de transfert du groupement phosphate catalysées *in vitro* par VanS et VanR

Une protéine de fusion composée du domaine kinase de VanS et de la protéine de liaison au maltose (MBP-VanS) a été purifiée. MBP-VanS catalyse une réaction réversible d'autophosphorylation ATP-dépendante au niveau d'un résidu histidine (Figure 14) (372). VanS phosphorylée

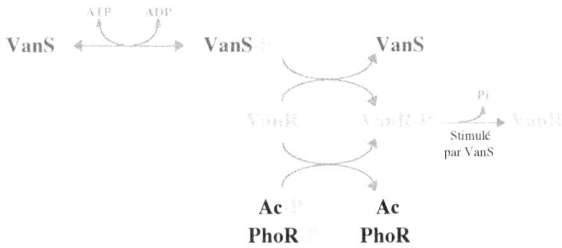

Figure 14. Réactions de transfert de groupement phosphate catalysées par VanS et VanR *in vitro.* VanR-P, VanR-phosphate; VanS-P, VanS-phosphate; Ac-P, acétylphosphate; Ac, Acétate; PhoR-P, PhoR-phosphate.

transfère son groupement phosphate d'un résidu histidine à un résidu aspartate de la protéine VanR purifiée. En l'absence de VanS, la déphosphorylation de la protéine VanR présente un temps de demi-vie très long (10 à 12 heures) (372) par rapport aux régulateurs apparentés tels que OmpR (90 min), CheY (6 à 15 s) et NtrC (4 min). MBP-VanS accélère la déphosphorylation de VanR-phosphate avec un temps de demi-vie six fois plus faible (de 120 à 140 min). VanS est capable de stimuler la déphosphorylation de VanR sans co-facteur montrant que VanS a une activité phosphatase.

2.3. Phosphorylation de VanR en l'absence de VanS

Au moins deux voies alternatives peuvent conduire à la phosphorylation de VanR et à l'activation de la transcription en l'absence de VanS. VanR-phosphate peut être généré par une réaction d'autophosphorylation utilisant l'acétylphosphate comme substrat ou par une réaction de *trans*-phosphorylation impliquant une kinase hétérologue codée par le chromosome de l'hôte (Figure 14). Ces deux voies ont été étudiées dans le système VanR-VanS (150, 372). *In vitro*, VanR catalyse sa propre phosphorylation en utilisant l'acétylphosphate comme substrat (372). *In vivo*, des fusions transcriptionnelles ont été réalisées chez *E. coli* (150). Les résultats ont montré que VanR pouvait être activé si la concentration intracellulaire d'acétylphosphate était élevée. La kinase PhoR du système régulateur PhoB-PhoR, contrôlant la production de plusieurs protéines impliquées dans l'assimilation du phosphate inorganique, permettait également l'activation de VanR (Figure 14). La forme phosphorylée de VanR est donc très vraisemblablement la forme active du régulateur comme démontré pour OmpR.

Ces deux voies d'activation de VanR ne s'excluent pas mutuellement. Ainsi, pour le système PhoB-PhoR, il a été montré que le régulateur PhoB pouvait être phosphorylé par trois voies distinctes. L'activation du régulateur n'est abolie que chez un triple mutant ne produisant pas la kinase homologue PhoR, la kinase hétérologue CreC et les protéines AckA et Pta permettant la synthèse de l'acétylphosphate (351). Les études portant sur l'activation de PhoB par l'acétylphosphate ont montré que cette activation ne faisait pas intervenir une réaction d'autophosphorylation catalysée par le régulateur mais une réaction de *trans*-phosphorylation catalysée par une ou plusieurs kinases hétérologues dont l'activité était stimulée par l'acétylphosphate (193).

L'activation des régulateurs par des kinases hétérologues est un phénomène général (168, 352). Cependant ces réactions croisées sont souvent peu efficaces. *In vitro*, des études cinétiques ont été réalisées pour comparer les réactions de transfert du groupement phosphate de VanS à VanR ou de VanS phosphate au régulateur hétérologue PhoB (124). Ces analyses ont permis de déterminer la constante apparente de Michaelis-Menten pour VanR ($K_m = 3,6 \ \mu$M) et PhoB ($K_m = 100 \ \mu$M). La constante de pseudo premier ordre de transfert du groupement phosphate (k_{xfer}) était de 96 min^{-1} pour VanR et de 0,2 min^{-1} pour PhoB. L'ensemble de ces résultats montre que le système homologue VanR-VanS est 10^4 fois plus efficace que le système hétérologue PhoB-VanS. Les régulateurs ArcA, OmpR et CreC ne sont pas phosphorylés par VanS *in vitro* bien que ces régulateurs appartiennent à la même sous-classe que VanR (124). En revanche, PhoB-phosphate n'était pas déphosphorylé par VanS. Cette observation est compatible avec la notion que des interactions entre la kinase et le régulateur partenaire sont régulées alors que des interactions non-partenaires ne sont en général pas régulées (351). En effet, les activités kinase et phosphatase sont toutes les deux nécessaires pour obtenir une modulation de l'activité du régulateur en réponse à un signal.

Le système à deux composantes VanR-VanS peut potentiellement être confronté à une grande variété de kinases chez différents hôtes, puisque le groupe de gènes *van* est porté par un élément génétique mobile. Une analyse bio-informatique réalisée récemment à partir de la séquence entière du génome de *E. faecalis* V583 a révélé la présence de dix-sept systèmes à deux composantes composés d'un capteur de type histidine kinase et d'un régulateur (152, 153). Trois systèmes HK-RR05, HK-RR09 et HK-RR13 apparaissent comme étant plus spécifiques du genre *Enterococcus* (152). Un système à deux composantes CroRS (correspondant à HK-RR05) a été identifié comme pouvant jouer un rôle dans la résistance à la vancomycine (77, 153). Un mutant du régulateur CroR s'est révélé plus sensible à la vancomycine malgré la présence du groupe de gènes *vanB* dans la souche V583 de type VanB (153). Le système CroRS pourrait jouer en fait un rôle dans la régulation de la synthèse de la paroi, car il est impliqué avec un grand nombre d'antibiotiques agissant sur la paroi. Une déphosphorylation et une phosphorylation efficaces pourraient être nécessaires pour obtenir une régulation efficace chez différentes espèces bactériennes.

3. Activation des promoteurs P_R et P_H *in vivo* et *in vitro*

3.1. Régulation *in vivo* par le système à deux composantes VanR-VanS

La réalisation de fusions transcriptionnelles avec un gène indicateur *cat* d'une chloramphénicol acétyltransférase a montré que le système VanR-VanS est nécessaire à l'activation de la transcription des gènes de résistance aux glycopeptides (25). Les gènes *vanH*, *vanA* et *vanX* sont co-transcrits à partir du promoteur P_H situé dans la région intergénique *vanS-vanH* (Figures 5 et 13A). Ce promoteur est inductible par la vancomycine et la teicoplanine (19). Le site d'initiation de la transcription a été localisé par analyse de l'extrémité 5' des ARN messagers isolés *in vivo* (25). L'insertion-inactivation du gène *vanR* a aboli l'initiation de la transcription au niveau du promoteur P_H et l'expression de la résistance. VanR est donc un activateur transcriptionnel nécessaire à la transcription des gènes de résistance. Un promoteur dénommé P_R localisé en amont du gène *vanR* requiert également le régulateur VanR pour son activation (Figure 15A) (19).

Des souches de *E. faecalis* contenant une copie chromosomique des gènes *vanR* et *vanS* ou du gène *vanR* seul ont été construites afin d'étudier la trans-activation de fusions des promoteurs P_R et P_H avec un gène indicateur *cat* portées par des plasmides (Figure 15C) (19). Ces

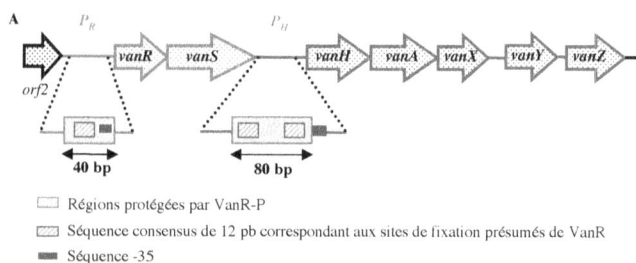

A

orf2

P_R vanR   vanS P_H vanH   vanA   vanX   vanY   vanZ

40 bp   80 bp

▭ Régions protégées par VanR-P

▨ Séquence consensus de 12 pb correspondant aux sites de fixation présumés de VanR

▬ Séquence -35

B   Fixation *in vitro* de VanR et de VanR-P aux promoteurs (CE$_{50}$ µM)

	P_R	P_H
VanR-P	1,6	0,04
VanR	100	20

C   Activation des promoteurs *in vivo*

Protéine régulatrice	Activité de P_R et P_H
VanR et VanS	inductible
VanR	constitutif
Aucune	inactif

Figure 15. Activation des promoteurs P_R et P_H *in vivo* et *in vitro*. (A) Structure et localisation de P_R et P_H. *In vitro*, VanR-phosphate (VanR-P) protège des régions de 40 pb (P_R) et de 80 pb (P_H) contre la digestion par la DNase I (Holman *et al.* 1994). Ces régions contiennent une ou deux séquences de 12 pb qui pourraient correspondre aux sites de fixation de VanR. (B) Estimation de l'affinité de VanR et VanR-P pour l'ADN des régions promotrices P_R et P_H. Les concentrations effectives permettant de saturer à 50% (CE$_{50}$) l'ADN des promoteurs ont été déterminées par les expériences de retard sur gel. (C) Activité des promoteurs P_R et P_H *in vivo*. Elle a été estimée à l'aide de fusions transcriptionnelles avec un gène indicateur *cat* chez des souches hébergeant une copie chromosomique des gènes *vanR* et *vanS*, *vanR* seul ou aucun gène de régulation. Les promoteurs P_R et P_H ont des forces similaires et sont régulés de la même manière.

108

promoteurs sont inactifs en l'absence des gènes *vanR* et *vanS*, inductibles par les glycopeptides en présence de ces gènes et constitutivement activés par VanR en absence de VanS. Par conséquent, ces promoteurs sont régulés de manière similaire et présentent des forces semblables. La transcription inductible des gènes *vanR* et *vanS* a plusieurs implications. L'induction conduit à une augmentation du niveau de synthèse des protéines régulatrices VanR et VanS. Une boucle d'amplification résulte de la fixation de VanR-phosphate au promoteur P_R qui augmente le niveau de transcription des gènes *vanR* et *vanS* (Figure 5) (18, 19). La régulation des gènes de résistance dépend donc non seulement d'une modulation des concentrations relatives des formes phosphorylées et non phosphorylées de VanR mais également d'une modulation de la concentration absolue du régulateur (Figure 5).

3.2. Interactions *in vitro* de VanR et VanR-phosphate avec P_H et P_R

Des expériences de retard sur gel ont été réalisées avec les fragments portant les régions régulatrices des promoteurs P_R et P_H (Figure 15). La protéine VanR purifiée ou sa forme phosphorylée (VanR-P) se fixe à la région intergénique *vanS-vanH* en amont du site d'initiation de la transcription du promoteur P_H (169). VanR et VanR-P se fixent également à la région intergénique *ORF2-VanR* comprenant le promoteur P_R (169). L'analyse de ces expériences a montré que la phosphorylation de VanR augmente l'affinité de cette protéine pour l'ADN des promoteurs P_R et P_H (Figure 5).

Les expériences de protection contre la digestion par la DNase I ont été réalisées avec des fragments d'ADN portant les régions des promoteurs P_R ou P_H (169). Pour le promoteur P_H, VanR et la forme phosphorylée de VanR protègent une région similaire de 80 pb (Figure 15A). Pour le promoteur P_R, VanR protège seulement une région de 20 pb et la phosphorylation étend cette région à 40 pb (Figure 15A). La région régulatrice du promoteur P_H protégée par VanR comporte deux séquences consensus de 12 pb qui pourraient correspondre à deux sites de fixation du régulateur. La région régulatrice du promoteur P_R contient une seule séquence consensus de 12 pb.

La technique de retard sur gel a montré que l'affinité de VanR est plus forte pour le promoteur P_H que pour le promoteur P_R (5 fois) et la phosphorylation accroît cette différence (40 fois) (Figure 15B) (169). Une fixation coopérative de VanR-P aux deux séquences consensus présentes dans la région régulatrice de P_H pourrait rendre compte de cette différence. Une situation analogue a été rapportée pour la fixation de OmpR (173). Dans ce cas, l'augmentation de l'affinité pour la région régulatrice de *ompF* liée à la phosphorylation de OmpR est principalement due à une augmentation de la coopérativité.

En conclusion, les études de l'interaction de VanR avec les promoteurs P_R et P_H *in vitro* a révélé de nombreuses différences structurales entre les deux promoteurs qui impliquent que P_R et P_H pourraient être régulés de manière différente. VanR-P est probablement un activateur du promoteur P_H mais le chevauchement entre les séquences consensus -35, le site présumé de la fixation de l'ARN polymérase et la fixation de VanR indique une possible répression de P_R par VanR-P (169). En revanche, l'analyse des fusions transcriptionnelles n'a pas révélé de différences significatives de la force ou de la régulation de ces promoteurs *in vivo* (18, 19).

3.3. Rôle de VanS et régulation des gènes *vanR* et *vanS*

Le rôle de la protéine VanS a été étudié dans un premier temps en clonant le groupe de gènes *vanRSHAX* sur un vecteur plasmidique multicopie et en inactivant le gène *vanS* (25). Dans ce système la régulation des gènes de résistance a été modifiée car la surproduction de VanR conduit à une transcription constitutive des gènes de résistance indépendante de VanS. Par conséquent, pour déterminer le rôle de VanS dans la modulation de l'activité de VanR *in vivo*, le gène *vanS* de transposons apparentés à Tn*1546* portés par des plasmides naturels a été inactivé par recombinaison homologue (19). Cette approche a été choisie pour ne pas modifier le nombre de copies des gènes régulateurs par chromosome et l'environnement des gènes *van*. L'inactivation a été réalisée par insertion du gène indicateur *cat* codant pour une chloramphénicol acétyltransférase afin d'étudier la régulation de la transcription du gène *vanS*. Le niveau d'expression de l'opéron *vanHAX* a été évalué en déterminant l'activité D,D-dipeptidase de VanX. La transcription du gène *vanS* et de l'opéron *vanHAX* est inductible par les glycopeptides chez une souche hébergeant à la fois *vanS* et une copie de ce gène inactivée par insertion du gène indicateur *cat* (19). En revanche ces gènes sont transcrits de manière constitutive en l'absence d'une copie fonctionnelle de *vanS* et le niveau de transcription correspond au niveau maximal d'induction chez les souches produisant VanS (19).

L'ensemble de ces résultats montre que la fixation de VanR sur le promoteur P_R conduit à une augmentation de la synthèse de VanR et VanS (Figure 16A). En effet, les gènes *vanR-vanS* forment très vraisemblablement un opéron sous contrôle du promoteur P_R qui est inductible par les glycopeptides (18, 19). Ce type de boucle d'amplification a également été identifié avec le régulateur PhoB (146). Ces résultats indiquent également que VanS contrôle de manière négative l'activation des promoteurs P_R et P_H par VanR en absence de glycopeptides (Figure 16B) et que VanS n'est pas requise pour l'activation maximale des promoteurs (19). VanS paraît donc uniquement requise pour prévenir la transcription des gènes de résistance en l'absence de glycopeptide (Figure 16B). La déphosphorylation de VanR-phosphate par VanS est très vraisemblablement responsable de ce contrôle négatif. En effet, comme mentionné ci-dessus, la protéine VanS stimule *in vitro* la déphosphorylation de VanR-phosphate (372).

La constitutivité des souches qui produisent seulement VanR conduit à des niveaux de transcription similaires à ceux obtenus chez les souches produisant VanR et VanS après induction à un niveau maximum par de fortes concentrations de glycopeptides (19). *In vivo*, la phosphorylation inefficace des régulateurs par des kinases hétérologues se traduit généralement par une expression constitutive de faible niveau. Il est donc surprenant que l'activation de VanR en l'absence de VanS conduise à une transcription maximale des gènes de résistance. Par analogie avec d'autres systèmes à deux composantes, deux voies pourraient conduire à la phosphorylation de VanR et à l'activation de la

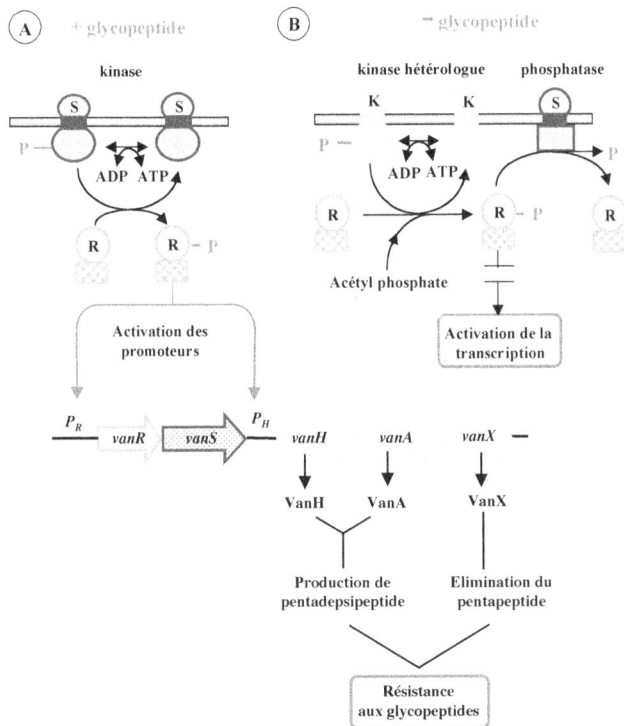

Figure 16. Modèle pour le contrôle positif (phosphorylation) et négatif (déphosphorylation) de VanR par VanS. Activité kinase (A) et phosphatase (B) de VanS. K, kinase hétérologue.

transcription en l'absence de VanS (Figure 16). D'une part, VanR pourrait être activé par une kinase hétérologue codée par le chromosome de l'hôte indépendamment de l'acétylphosphate (Figure 14). Il est peu probable que cette voie alternative soit très efficace. D'autre part, la faible activité autophosphatase de VanR (372) associée à la boucle d'amplification résultant de l'activation de P_R par VanR pourrait conduire à une accumulation significative de VanR-phosphate et à une activation constitutive de haut niveau des promoteurs P_R et P_H en l'absence de VanS (18, 19).

3.4. Récapitulatif du système de régulation par VanR-VanS

En l'absence de glycopeptides, VanR est phosphorylée par des kinases hétérologues mais VanR-phosphate ne s'accumule pas car VanS agit comme une phosphatase (Figure 16B). En présence de glycopeptides, l'induction de la résistance pourrait impliquer la séquence d'événements suivante (Figure 16A): (i) le domaine détecteur de VanS perçoit la présence de glycopeptides et l'activité kinase du domaine cytoplasmique est stimulée. (ii) Le résidu histidine en position 164 de VanS est autophosphorylé. (iii) Le groupement phosphate est transféré au résidu aspartate en position 53 du régulateur VanR. (iv) Le promoteur P_R est activé conduisant à une augmentation de la synthèse de VanRS et à l'activation de haut niveau du promoteur P_H. (v) Les protéines de résistance sont synthétisées à hauts niveaux. (vi) Les précurseurs pentadepsipeptidiques sont produits et les précurseurs pentapeptidiques sont éliminés.

4- Système régulateur VanR$_B$-VanS$_B$

4.1. Structure

L'expression du groupe de gènes responsables de la résistance acquise de type VanB est régulée par un système à deux composantes VanR$_B$-VanS$_B$ (Figure 6) (119). La partie N-terminale de VanR$_B$ présente une similarité structurale avec les domaines récepteurs des régulateurs (Figure 13). Les résidus conservés incluent le site présumé de phosphorylation (D53). Comme VanR, le régulateur VanR$_B$ appartient à la sous-classe OmpR-PhoB. L'identité en acides aminés entre VanR$_B$ et VanR (34 %) n'est pas beaucoup plus élevée qu'entre VanR$_B$ et d'autres régulateurs comme OmpR (27 %) et PhoB (31 %) de *E. coli* (119).

La protéine VanS$_B$ présente un domaine kinase C-terminal typique, le résidu histidine en position 233 étant le site présumé d'autophosphorylation (Figure 13) (119). Le remplacement de l'histidine en position 233 de VanS$_B$ par une glutamine (Q) a aboli l'autophosphorylation de VanS$_B$, mais pas son activité phosphatase comme pour le système VanRS (18). Les niveaux d'identité en acides aminés entre les domaines C-terminaux de VanS$_B$ et VanS (23 %), VanS$_B$ et EnvZ (22 %) ou VanS$_B$ et PhoR (26 %) sont similaires (119). La séquence primaire du domaine N-terminal de VanS$_B$ ne présente pas de similarité avec d'autres protéines connues, incluant VanS. Cependant, la topologie membranaire du domaine détecteur de VanS$_B$ et de VanS pourrait être similaire, ces protéines contenant deux groupes d'acides aminés hydrophobes en position N-terminale. Les domaines N-terminaux de VanS et VanS$_B$ n'étant pas apparentés, cela suggère que ces

115

protéines détectent la présence de vancomycine et teicoplanine (VanS) ou de vancomycine seulement (VanS$_B$) par des mécanismes différents.

4.2. Régulation *in vivo*

L'analyse de fusions transcriptionnelles avec le gène indicateur *cat* a montré que la région intergénique *vanS$_B$-vanY$_B$* contient un promoteur (P_{YB}) qui est activé par le système régulateur VanR$_B$-VanS$_B$ en présence de vancomycine mais pas de teicoplanine (119). Ce promoteur permet très probablement la transcription d'un opéron contenant les gènes de résistance *vanY$_B$WH$_B$BX$_B$*. Le système VanR$_B$S$_B$ contrôle la transcription des gènes régulateurs *vanR$_B$S$_B$* et les gènes de résistance *vanY$_B$WH$_B$BX$_B$* à partir des promoteurs P_{RB} et P_{YB} respectifs (Figure 6) selon les résultats obtenus *in vivo* chez *E. coli* à partir de fusions transcriptionnelles avec le gène indicateur *lacZ* (322). Chez *E. faecalis*, le niveau de phosphorylation de VanR$_B$ est régulé par les activités kinase et phosphatase du capteur VanS$_B$ comme dans le système VanRS (18, 35). En l'absence de glycopeptide, VanS$_B$ agit comme une phosphatase et en présence de vancomycine VanS$_B$ agit comme une kinase (Figure 16) mais l'activité phosphatase est inhibée (18). Le régulateur VanR$_B$ peut aussi être activé par des kinases hétérologues codées par le chromosome de l'hôte en l'absence de VanS$_B$ (36, 322). Il a été montré que VanS pouvait phosphoryler VanR$_B$ (18). L'expression du groupe de gènes *vanB* est inductible par la vancomycine seulement chez les souches sauvages de type VanB et devient inductible par la vancomycine, la teicoplanine et la moénomycine chez les mutants présentant un capteur VanS$_B$ non fonctionnel (18).

4.3. Acquisition de la résistance à la teicoplanine par les entérocoques de type VanB

Les entérocoques hébergeant les opérons de la classe *vanB* restent sensibles à la teicoplanine puisque cet antibiotique n'est pas un inducteur. Cependant, des mutations dans le gène $vanS_B$ obtenues en modèle animal *in vivo* (30) ou *in vitro*, après sélection sur la teicoplanine conduisent à trois classes phénotypiques (expression constitutive ou inductible par la teicoplanine des gènes de résistance ou expression hétérogène) dues à des modifications différentes des fonctions de $VanS_B$ (Figure 17) (35). Des mutations conduisant à la résistance à la teicoplanine confèrent aussi un bas niveau de résistance à l'oritavancine (21). Des dérivés de souches de type VanB résistants à la teicoplanine ont été isolés chez des patients suite à un traitement par la vancomycine (165) ou par la teicoplanine (189) mais leur étude n'a pas été approfondie.

4.3.1. Phénotype inductible

Des substitutions d'acides aminés dans le domaine détecteur de $VanS_B$ conduisent à l'expression inductible de la résistance par la vancomycine et la teicoplanine (Figure 17) (35). Une minorité de substitutions est localisée entre les deux segments trans-membranaires présumés de $VanS_B$ (Figure 17). Cette portion du capteur est localisée à la surface externe de la membrane et pourrait par conséquent interagir directement avec les ligands, tels que les glycopeptides, qui ne pénètrent pas dans le cytoplasme. La majorité des substitutions est localisée dans la région charnière qui connecte le domaine associé à la membrane au

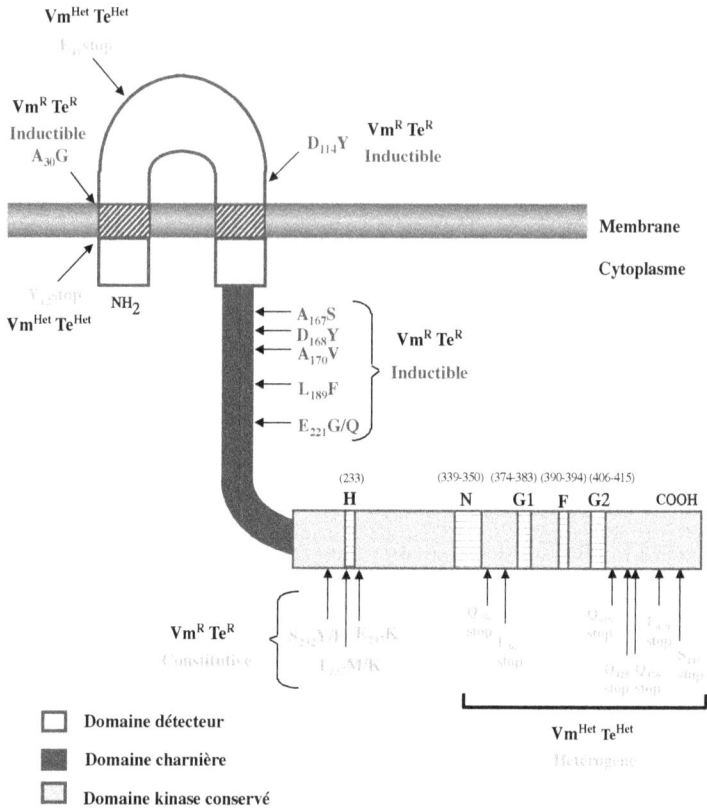

Figure 17. Représentation schématique du capteur VanS$_B$ et localisation des substitutions d'acides aminés détectées chez les mutants résistants à la teicoplanine. Le site histidine (H) et les domaines N, G1, F et G2 se réfèrent aux motifs conservés présents chez les protéines kinases histidine. Les chiffres au-dessus des motifs correspondent à leur position en acides aminés dans la séquence de VanS$_B$. Le domaine détecteur associé à la membrane (blanc) contenant les segments transmembranaires (bleu hachuré), le domaine charnière (bleu foncé) et le domaine kinase cytoplasmique (bleu clair) sont représentés. Les substitutions d'acides aminés chez les mutants inductibles Vm^{R}Te^R (bleu), constitutifs Vm^{R}Te^R (vert) et hétérogènes Vm^{Het}Te^{Het} (orange) sont indiquées. Het, hétérogène; R, résistant.

118

domaine catalytique cytoplasmique (Figure 17). Le domaine N-terminal de $VanS_B$ est impliqué dans la reconnaissance du signal et dans le changement de spécificité qui permet l'induction de l'expression des gènes de résistance par la teicoplanine mais pas par la moénomycine (18, 34) C'est la première mise en évidence d'une extension de la spécificité d'induction pour un système de régulation à deux composantes. En effet, les substitutions dans les domaines détecteur ou charnière du capteur sont associées à une perte de fonction pour les systèmes de régulation OmpR-EnvZ (162, 265, 305, 334, 353), BvgA-BvgS (225, 243), NarL-NarX (76), CpxR-CpxA (288) et VirG-VirA (105). En particulier des substitutions dans les régions transmembranaires et dans le domaine charnière de l'osmocapteur EnvZ conduisent à une perte de l'activité phosphatase (305) ou de l'activité kinase (265). Ces mutants présentent un phénotype constitutif ou non-inductible.

L'absence d'homologie significative entre les domaines détecteurs de VanS et de $VanS_B$ indique que ces deux capteurs ne détectent pas la présence des glycopeptides par le même mécanisme. L'expression de la résistance de type VanA est inductible par les glycopeptides et la moénomycine qui inhibent la réaction de transglycosylation par des mécanismes différents et ne sont pas structurellement apparentés (Figure 18) (34, 154). Il est vraisemblable que l'induction résulte de l'inhibition de la réaction de transglycosylation plutôt que d'une interaction directe entre VanS et les antibiotiques.

L'induction n'est pas déclenchée par les inhibiteurs des réactions précédant (ramoplanine) ou suivant (bacitracine et pénicilline G) la

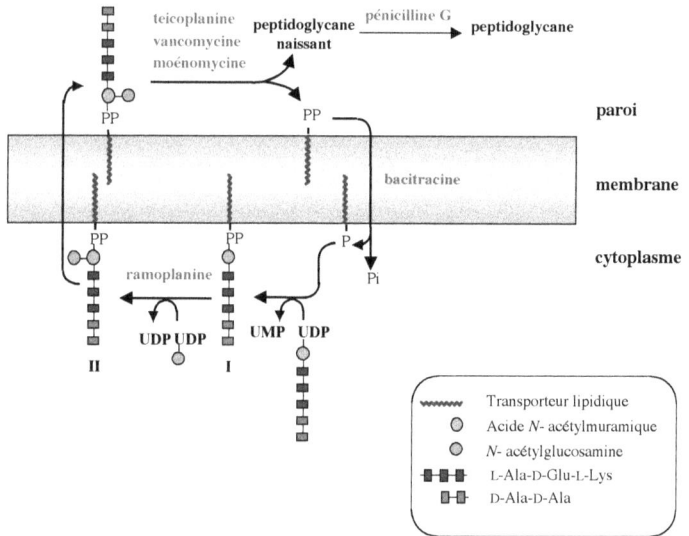

Figure 18. Mode d'action des inhibiteurs de la synthèse du peptidoglycane.

réaction de transglycosylation (Figure 18) (34, 154). Cette spécificité restreinte suggère donc que l'accumulation du lipide intermédiaire II, résultant de l'inhibition de la transglycosylation, peut être le signal reconnu par le capteur VanS.

Pour la résistance de type VanB, l'argumentation inverse indique que le capteur $VanS_B$ pourrait être stimulé par une interaction directe avec la vancomycine plutôt que par un signal dépendant de l'inhibition de la synthèse de la paroi par l'antibiotique. En effet, l'expression de la résistance de type VanB est inductible seulement par la vancomycine et les substitutions d'acides aminés dans le domaine détecteur de $VanS_B$ permettent une induction par la teicoplanine mais pas par la moénomycine (18, 36). Une interaction directe entre $VanS_B$ et les glycopeptides ne peut impliquer que les résidus localisés dans la région extracellulaire du capteur parce que les glycopeptides ne pénètrent pas dans la cellule. Ces substitutions pourraient affecter directement le site de fixation de l'antibiotique entraînant une augmentation de l'affinité du capteur pour la teicoplanine. Une explication possible pour les substitutions dans le domaine charnière serait la suivante. Le capteur sauvage fixe la teicoplanine (interaction directe avec l'antibiotique) mais cette fixation est improductive parce que le domaine charnière ne propage pas le signal. En revanche, les substitutions dans le domaine charnière permettent la transduction du signal et l'activation du domaine kinase.

4.3.2. Phénotype constitutif

Dans les capteurs sauvages de type VanS, cinq motifs (H, N, G1, F et G2) du domaine kinase sont très conservés (Figure 17). Le motif H est responsable des activités d'autophosphorylation et kinase/phosphatase. Les motifs G1 et G2 permettent la fixation de l'ATP. Des mutations responsables de l'expression constitutive du groupe de gènes *vanB* conduisent à la substitution d'acides aminés à deux positions spécifiques ($S_{232}Y$ et $T_{237}M/K$) localisées au voisinage immédiat de l'histidine en position 233, qui correspond au site présumé de phosphorylation de $VanS_B$ (Figure 17) (35). L'expression constitutive des gènes *van* est plus probablement due à la perte d'un contrôle négatif impliquant la déphosphorylation du régulateur $VanR_B$ par $VanS_B$, puisque des substitutions similaires affectant des résidus homologues des capteurs apparentés à $VanS_B$ empêchent l'activité phosphatase mais pas l'activité kinase de ces protéines (Figure 16). Ces résultats confirment que, comme pour les entérocoques de type VanA, la déphosphorylation de $VanR_B$ par $VanS_B$ est requise pour empêcher la transcription des gènes de résistance et indiquent que l'activité phosphatase est régulée négativement par la vancomycine (18).

4.3.3. Phénotype hétérogène

Les mutants hétérogènes hébergent probablement des allèles nuls de $VanS_B$ puisque les mutations introduisent des codons de terminaison de la traduction à différentes positions du gène *vanS_B* (Figure 17) (36). L'antibiogramme par diffusion a révélé la présence de zones d'inhibition contenant des colonies résistantes qui apparaissent en 48 h (30, 36).

5- Systèmes régulateurs des autres types Van

5.1. Type VanD

L'opéron *vanD* est transcrit sous forme de deux messagers contenant la région régulatrice $vanR_D$ et $vanS_D$ d'une part et la région des gènes de résistance $vanY_D$, $vanH_D$, $vanD$, $vanX_D$ et int_D d'autre part (Figure 7) (66). Deux régions promotrices ont été identifiées dans l'opéron *vanD* chez *E. faecium* BM4339. Le promoteur P_{RD} contrôle la transcription des gènes de régulation $vanR_D$ et $vanS_D$, tandis que les cinq autres gènes sont co-transcrits à partir du promoteur P_{YD}. Le système de régulation $VanR_D$-$VanS_D$ pourrait être responsable de la transcription des gènes de résistance à partir du promoteur P_{YD}.

5.2. Type VanC

Les plus hauts pourcentages d'identité de $VanR_C$ et $VanS_C$ sont avec VanR et VanS (50 et 40 % respectivement) et $VanR_C$ contient le même nombre d'acides aminés que VanR suggérant que le même type de système régulateur est présent chez les différents types Van (Figure 6). Par conséquent, il est possible que le type VanC ait évolué par la fusion d'un système régulateur provenant d'une souche de type VanA, VanB ou VanD avec les trois gènes essentiels pour la résistance qui proviennent d'autres sources. A la différence des types VanA, VanB et VanD, les gènes régulateurs sont localisés en aval des gènes de résistance (Figure 6). L'étude de la transcription de l'opéron *vanC* dans deux isolats qui expriment la résistance à la vancomycine de manière constitutive (BM4174) ou inductible (SC1) a révélé que l'opéron *vanC* est transcrit à partir d'un seul promoteur et est fortement régulé chez l'isolat ayant une résistance inductible (263). Les isolats de *E. gallinarum* sont résistants de manière constitutive ou inductible (263). Des substitutions d'acides aminés dans VanS ou VanS$_B$ sont responsables de l'expression constitutive de l'opéron (19, 35). La comparaison des séquences déduites du gène *vanS$_C$* codant pour le capteur entre les isolats présentant une expression inductible ou constitutive a révélé pour les isolats constitutifs des mutations localisées dans le domaine X ou dans la région entre les domaines F et G2 du capteur VanS$_C$ (263). La région X est un motif nouvellement identifié dans des capteurs tels que EnvZ et NtrB situé à environ 40 acides aminés en amont de l'histidine impliquée dans l'autophosphorylation (171). Cette région est faiblement conservée parmi tous les capteurs. Une mutation dans cette région diminue l'activité phosphatase comme montré pour EnvZ (171). Ces substitutions dans le domaine X ou dans la région entre les domaines F et G2 du capteur VanS$_C$ pourraient être responsables de l'expression constitutive de ces isolats. Le groupe de gènes *vanC* de la souche prototype de *E. gallinarum* BM4174 s'exprime constitutivement dû probablement à une mutation ponctuelle G$_{320}$S dans le domaine G2 de VanS$_C$ (263).

5.3. Types VanE et VanN

Il a été montré comme pour VanC que les cinq gènes de l'opéron *vanE*, chez *E. faecalis* BM4405 et d'autres souches de type VanE, et que les cinq gènes de l'opéron *vanN*, chez *E. faecium* UCN71 sont co-transcrits respectivement à partir d'un seul promoteur P_E et P_N présent respectivement en amont de *vanE* et *vanN* (1, 2, 198). Les gènes

124

régulateurs $vanR_ES_E$ et $vanR_NS_N$ sont localisés respectivement en aval des gènes de résistance $vanEXY_ET_E$ et $vanNXY_NT_N$ (Figure 6).

V- Origine des gènes de résistance.

Les ligases VanA et VanB des entérocoques résistants à la vancomycine sont étroitement apparentées (76 % d'identité en acides aminés). Il n'y a pas d'homologie entre les gènes *vanA* ou *vanB* et l'ADN des entérocoques sensibles aux glycopeptides (Figure 19) (110, 287). Ceci indique que la résistance a son origine dans un ou plusieurs autres genres bactériens. La composition en bases G+C des gènes formant les opérons *vanA* et *vanB* (43 et 48 % respectivement) est plus élevée que celle de l'ADN chromosomique de *E. faecium* (39 %) ou *E. faecalis* (38 %) (26, 119). De plus, la composition en bases diffère grandement à l'intérieur d'un même opéron (de 29 % à 45 % pour l'opéron *vanA* et 46 à 51 % pour l'opéron *vanB*). Ces données révèlent que les gènes de résistance aux glycopeptides ont une origine exogène et que les opérons peuvent être composés de gènes provenant de sources diverses. Comme déjà mentionné, plusieurs espèces intrinsèquement résistantes à la vancomycine, telles que *Pediococcus sp.*, *Leuconostoc sp.*, et certains lactobacilles, produisent également des précurseurs qui se terminent par D-Lac (47, 156) et pourraient potentiellement être la source des ligases de résistance. L'analyse des gènes codant pour des ligases D-Ala:D-Lac chez les souches de *Leuconostoc mesenteroides*, *Lactobacillus plantarum, Lactobacillus salivarius*, et *Lactobacillus confusus* indique que les enzymes de ces espèces naturellement résistantes aux glycopeptides sont plus étroitement apparentées entre elles (47 à 63 % d'identité en acides aminés) qu'aux ligases D-Ala:D-Ala des espèces sensibles aux glycopeptides telles que *Lactobacillus leichmanii* (133).

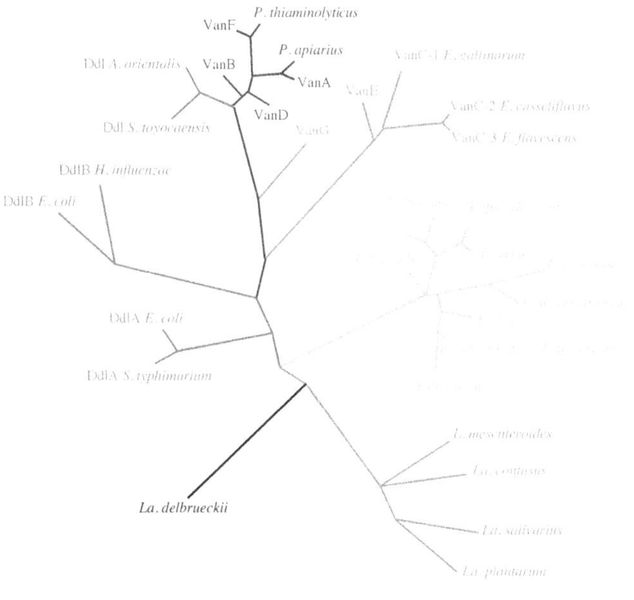

Figure 19. Arbre phylogénétique dérivé de l'alignement des ligases D-Ala:D-Ala et des enzymes apparentées.

Cependant les ligases D-Ala:D-Lac trouvées dans ces organismes sont faiblement apparentées aux ligases VanA, VanB et VanD comme démontré par l'arbre phylogénétique basé sur l'alignement des séquences déduites des ligases D-Ala:D-Ala et des enzymes apparentées (Figure 19). De plus, les sondes pour les gènes *vanA* et *vanB* n'hybrident pas avec l'ADN des bactéries lactiques intrinsèquement résistantes aux glycopeptides (110, 287). Les niveaux d'identité entre VanA, les D-Ala:D-Lac ligases d'espèces naturellement résistantes aux glycopeptides (*Leuconostoc mesenteroides* et lactobacilles) (133) et les D-Ala:D-Ala ligases des entérocoques (118) sont très faibles (26 à 32 %). Les protéines VanA et VanB ne dérivent donc pas des D-Ala:D-Lac ligases des bactéries à Gram positif naturellement résistantes aux glycopeptides ou des D-Ala:D-Ala ligases des entérocoques (Figure 19) (118, 133).

Les organismes producteurs de glycopeptides (*Streptomyces toyocaensis* NRRL15009, producteur de A4793; *Amycolatopsis orientalis* C392.2, producteur de vancomycine; *A. orientalis* 18098, producteur de chloro-érémomycine; *A. orientalis* sous-espèce de Lurida, producteur de ristocétine et *A. coloradensis* sous-espèce de Labeda producteur de teicoplanine-avoparcine) représentent une source potentielle pour les gènes de résistance (Figure 19). Ils possèdent deux ligases : la première synthétise le dipeptide D-Ala-D-Ala et la seconde (DdlM chez *S. toyocaensis* NRRL15009 et DdlN chez *A. orientalis* C392.2) catalyse la formation du depsipeptide D-Ala-D-Lac (228). Les ligases D-Ala:D-Lac (DdlN, DdlM et les autres) présentent une forte identité (>60 %) avec les ligases VanA et VanB et sont flanquées d'homologues de la déshydrogénase VanH et de la D,D-dipeptidase VanX (228, 229, 230, 231). La position relative des gènes correspondants est la même que dans Tn*1546* (*vanHAX*). Ces résultats indiquent que le mécanisme de résistance aux glycopeptides est le même chez les souches cliniques et chez les organismes producteurs de glycopeptides. Ces observations sont compatibles avec l'hypothèse que les souches cliniques d'entérocoques ont probablement acquis les gènes de résistance des organismes produisant les glycopeptides. Le groupe de gènes de *S. toyocaensis* NRRL15009 possède les gènes $vanR_{St}$ et $vanS_{St}$, homologues de *vanR* et *vanS*, qui codent pour un système régulateur à deux composantes (278). Chez les entérocoques résistants à la vancomycine, ces gènes sont à proximité de l'opéron *vanHAX* alors que chez *S. toyocaensis*, ils sont séparés par approximativement 20 kb. Cependant, le % en G+C des gènes $vanR_{St}$, $vanS_{St}$, $vanH_{St}$, *ddlM*, *ddlN* et $vanX_{St}$ chez les organismes *S. toyocaensis* et *A. orientalis* (228, 229, 230, 278) est plus élevé (60 %) que ceux de *vanA*, *vanB* et *vanD* suggérant que l'acquisition des gènes de résistance par les entérocoques n'est probablement pas un événement récent.

Un autre groupe apparenté aux gènes *vanHAX* sur la base des séquences déduites en acides aminés et du contenu en G+C a été trouvé dans le biopesticide *P. popilliae* résistant à la vancomycine (268) et dans *P. apiarius* et *P. thiaminolyticus* isolées du sol (147, 148). L'opéron *vanF* de *P. popilliae* est composé de cinq gènes ($vanY_F$, $vanZ_F$, $vanH_F$, *vanF* et $vanX_F$) codant pour des homologues de *vanY*, *vanZ*, *vanH*, *vanA* et *vanX* et les gènes essentiels pour la résistance (*vanH$_F$*, *vanF* et *vanX$_F$*) sont organisés et orientés comme dans les souches de type *vanA* (268). A l'opposé de l'opéron *vanF*, les deux opérons de *P. apiarius* et *P. thiaminolyticus* sont plus étroitement apparentés au groupe de gènes *vanA* sur la base du pourcentage d'identité et de l'organisation et du fait que la ressemblance s'étend jusqu'aux gènes régulateurs et ne se limite pas aux gènes de résistance. L'opéron *vanA$_{PT}$* de *P. thiaminolyticus* est composé des gènes de résistance *vanHAXYZ* précédés des gènes régulateurs *vanR* et *vanS* (148). Le pourcentage d'identité avec l'opéron *vanA* de BM4147 est compris entre 83 et 94 %, sauf pour *vanZ* (40 %). Des homologues des ORF1 (transposase) et ORF2 (résolvase) sont présentes comme chez la souche prototype BM4147 de type VanA. En ce qui concerne l'opéron *vanA$_{PA}$* de *P. apiarius*, il possède en plus des gènes régulateurs *vanRS* et des gènes de résistance *vanHAXY* dont le pourcentage d'identité avec l'opéron *vanA* est compris entre 79 et 94 %, un gène *vanW$_{PA}$* (75 %) présent entre *vanRS* et *vanHAXY* comme dans tous les opérons *vanB* (148). La présence d'opérons *van* dans *Paenibacillus* spp. pourrait les protéger des glycopeptides produits par les actinomycètes du sol. L'évolution de ces groupes de gènes homologues à l'opéron *vanA* n'est pas claire. Ils pourraient avoir un ancêtre commun ou ceux de *Paenibacillus* spp. pourraient être le progéniteur des opérons acquis par les entérocoques (Figure 19). Alternativement, *Paenibacillus* pourrait être un hôte intermédiaire entre les progéniteurs authentiques de la résistance aux glycopeptides, les microorganismes producteurs et les entérocoques considérés comme des receveurs.

L'identification d'un groupe de gènes *vanB* porté par un transposon apparenté à Tn*5382*/Tn*1549* chez *Clostridium* spp. qui sont des commensaux du tube digestif de l'homme (100, 328) suggère qu'ils pourraient être un réservoir de l'opéron *vanB* de résistance à la vancomycine. Les bactéries anaérobies pourraient également jouer un rôle d'intermédiaire pour le transfert de la résistance de type VanB des producteurs de glycopeptides aux entérocoques qui constituent la majorité des bactéries présentes dans le tube digestif mais aussi dans le sol. D'ailleurs récemment a été mis en évidence le transfert entre différents genres du transposon apparenté à Tn*1549*/Tn*5382* portant l'opéron *vanB2* de *C. symbosium* à *E. faecium* ou *E. faecalis* aussi bien *in vitro* qu'*in vivo* dans le modèle de la souris (197).

Aucun des producteurs de glycopeptides ne synthétise de précurseurs du peptidoglycane se terminant par D-Ala-D-Ser suggérant que l'origine de la résistance de type VanC et VanE est différente de celle de VanA, B et D. Les opérons *vanC* et *vanE* ont un haut degré d'identité (41 à 60 %). La résistance de type VanE chez *E. faecalis* pourrait être due à l'acquisition d'un opéron chromosomique à partir d'une autre espèce de *Enterococcus* naturellement résistante à de faibles concentrations de vancomycine, tels que *E. gallinarum* ou *E. casseliflavus*/*E. flavescens* (1).

RESULTATS EXPERIMENTAUX

Présentation du travail de thèse

Chez les entérocoques, la synthèse de précurseurs pentadepsipeptidiques et l'élimination des précurseurs pentapeptidiques par trois protéines (une déshydrogénase, une ligase et une D,D-dipeptidase) sont nécessaires et suffisantes pour la résistance acquise à la vancomycine et à la teicoplanine (17, 22). La synthèse de ces protéines est régulée au niveau transcriptionnel par des systèmes régulateurs à deux composantes (25, 65, 119). La spécificité d'induction de ces systèmes détermine l'expression de la résistance à certains glycopeptides ou à l'ensemble de ces antibiotiques (Tableau 1). Ainsi, chez les entérocoques de type VanA le système régulateur VanRS active la transcription des gènes de résistance en réponse à la présence de vancomycine et de teicoplanine dans le milieu (22, 25). En revanche, les entérocoques de type VanB restent sensibles à la teicoplanine parce que cet antibiotique n'est pas un inducteur (22). La sélection pour la résistance à la teicoplanine chez ce type de souches permet d'obtenir des mutations qui altèrent la régulation de l'expression des gènes de résistance (30, 35). La résistance acquise de type VanD se caractérise par la synthèse constitutive de précurseurs du peptidoglycane terminés majoritairement par D-Ala-D-Lac et confère une résistance à des niveaux modérés à la vancomycine et à la teicoplanine (272, 276). En revanche, les souches de type VanE et les entérocoques intrinsèquement résistants de type VanC sont caractérisés par une résistance inductible ou constitutive à de bas niveau à la vancomycine par synthèse de

133

précurseurs modifiés terminés par D-Ala-D-Ser et une sensibilité à la teicoplanine (2, 123, 202, 263).

Dans la littérature, plusieurs classes de mutations dans les systèmes régulateurs à deux composantes ont été décrites (127, 265, 267, 298, 329). Ces mutations affectent, le plus souvent, les réactions de transfert de groupement phosphate incluant l'autophosphorylation du capteur et la phosphorylation ou la déphosphorylation du régulateur. Certaines mutations entraînent une perte ou une diminution de l'activité kinase du capteur mais pas de l'activité phosphatase (171, 172, 305). Chez ce type de mutant, l'expression des gènes cibles est réduite ou abolie quelles que soient les conditions d'induction. Des substitutions dans le régulateur peuvent aussi conduire à ce phénotype si elles diminuent l'efficacité de la phosphorylation (58). D'autre part, certaines mutations dans le gène de structure du capteur conduisent à la perte de l'activité phosphatase mais pas de l'activité kinase (171, 250). Ces mutations sont responsables de l'expression constitutive des gènes cibles. Un phénotype constitutif peut aussi être associé à des substitutions dans le régulateur qui diminuent l'efficacité de la déphosphorylation du régulateur par le capteur (6). L'autre modification dans le mode de régulation qui n'a été décrit que pour le système $VanR_BS_B$ est le changement de spécificité d'induction permettant l'induction par la teicoplanine (35).

Le but de ce travail a été de caractériser des souches d'entérocoques de type VanB, VanD et VanG présentant une modification de l'expression de la résistance aux glycopeptides, d'étudier leur régulation au niveau des gènes régulateurs et de résistance et d'identifier les mutations responsables de ces changements de phénotype. Des modifications dans le mode de régulation peuvent être à priori envisagées par analogie avec d'autres systèmes à deux composantes étudiés précédemment.

Dans un premier temps, nous avons comparé l'opéron *vanB* et les protéines régulatrices VanR$_B$S$_B$ chez un isolat clinique de phénotype VanB et chez un dérivé ayant acquis la résistance à la teicoplanine. Des études biochimiques ont été réalisées afin d'élucider le mécanisme des réactions de transfert du phosphate du capteur VanS$_B$ au régulateur VanR$_B$, d'analyser la régulation transcriptionnelle des gènes régulateurs et des gènes de résistance et de comparer les sites de fixation de VanR$_B$ et de VanR$_B$ phosphorylée (VanR$_B$-P) aux régions promotrices P_{RB} et P_{YB}. Nous avons aussi comparé l'opéron *vanB*, la D-Ala:D-Ala ligase et l'expression transcriptionnelle des gènes de régulation et des gènes de résistance d'un isolat clinique de type VanB devenu successivement dépendant de la vancomycine pour sa croissance puis résistant constitutive à la vancomycine chez le même malade. Nous avons ensuite étudié l'organisation et la régulation de l'expression de la résistance chez des isolats cliniques de *E. faecium* de type VanD, et pour la première fois, de *E. faecalis* et de *E. avium*. L'étude de ces souches de type VanB et VanD a permis d'identifier de nouvelles mutations responsables de l'expression constitutive des gènes de résistance due à des substitutions soit dans le capteur et, pour la première fois, dans le régulateur pour des souches de type Van ou par un nouveau mécanisme qui consiste en une atténuation de la terminaison de transcription des gènes de régulation

$vanR_BS_B$. Dans un troisième temps, nous avons étudié quatre souches de *E. faecalis* de type VanG. Le groupe de gènes *vanG*, les régions flanquantes et sa régulation transcriptionnelle ont été plus particulièrement caractérisés chez un des isolats cliniques ainsi que le transfert de la résistance à une autre souche de *E. faecalis* par conjugaison.

L'émergence récente de la résistance de type VanA chez *S. aureus* et des nouveaux types de résistance VanD, VanE, VanG, VanL, VanM et VanN chez *Enterococcus* ainsi que l'élucidation de ces nouvelles souches de type VanB, VanD et VanG, nous a conduit à mettre au point une PCR multiplex permettant d'identifier les différents génotypes de résistance (*vanA*, *vanB*, *vanC*, *vanD*, *vanE* et *vanG*) et les principales espèces d'entérocoques et de staphylocoques.

Ces travaux ont donné lieu à huit publications présentées dans la partie des résultats expérimentaux.

I. Régulation de l'expression de la résistance de type VanB
(Publications n°90, n°89 et n°306)

La résistance acquise aux glycopeptides par production de précurseurs du peptidoglycane terminés par le depsipeptide D-Ala-D-Lac est due à deux classes principales d'opérons apparentés, $vanA$ et $vanB$. L'organisation et la fonction des groupes de gènes $vanA$ et $vanB$ sont similaires mais leur régulation diffère. L'opéron $vanB$ contient les gènes de résistance $vanY_B WH_B BX_B$, les trois derniers codent respectivement pour une déshydrogénase ($VanH_B$) qui réduit le pyruvate en D-Lac, une ligase (VanB) qui synthétise le depsipeptide D-Ala-D-Lac et une D,D-dipeptidase ($VanX_B$) qui hydrolyse le dipeptide D-Ala-D-Ala synthétisé par la ligase Ddl de l'hôte (119). La D,D-carboxypeptidase $VanY_B$ contribue à la résistance à la vancomycine en hydrolysant le résidu D-Ala C-terminal des précurseurs du peptidoglycane, si l'élimination du D-Ala-D-Ala par $VanX_B$ est incomplète (17). La protéine VanW, dont la fonction reste inconnue, ne présente aucune similarité de séquence avec d'autres protéines connues. L'opéron $vanB$ comprend aussi les gènes régulateurs $vanR_B S_B$ qui codent pour un système régulateur à deux composantes (119).

Les trois protéines de résistance ($VanH_B$, VanB et $VanX_B$) ont un haut niveau d'identité en acides aminés (67 à 76 %) avec les protéines correspondantes à celles de l'opéron $vanA$, alors que les protéines $VanY_B$, $VanR_B$ et $VanS_B$ sont faiblement apparentées à VanY, VanR et VanS avec un pourcentage d'identité respectivement de 30, 34 et 23 %. Il a été montré *in vitro* pour VanS qu'elle possédait les deux activités kinase et phosphatase vis-à-vis de VanR (372) et un ensemble d'évidences génétiques indique que c'est vraisemblablement le cas également pour $VanS_B$ (18, 35, 94), bien que cela n'ait pas été démontré biochimiquement ce qui va être présenté dans cette partie. En condition d'induction, le capteur agit tout d'abord comme une kinase, conduisant à la phosphorylation du régulateur et à l'activation des promoteurs P_R et P_{RB} permettant la transcription des gènes régulateurs (*vanRS*, $vanR_BS_B$) et à l'activation des promoteurs P_H ou P_{YB} pour la transcription des gènes de résistance (*vanHAX*, $vanY_BWH_BBX_B$) (Figure 16, Introduction). Puisque VanS est requise pour la régulation négative des promoteurs P_R et P_H en l'absence des glycopeptides, l'activité phosphatase est supposée prédominer en l'absence d'induction, empêchant l'accumulation de la forme phosphorylée du régulateur (Figure 16) (18, 19).

A la différence du système VanRS, le système $VanR_BS_B$ conduit à l'activation du promoteur P_{YB} seulement en présence de vancomycine et l'absence d'induction par la teicoplanine explique la sensibilité des souches de type VanB à cet antibiotique (22, 119). En revanche, des mutations dans le gène capteur $vanS_B$ ont été obtenues *in vitro*, après sélection sur un milieu contenant de la vancomycine ou de la teicoplanine qui ont conduit à une expression constitutive ou inductible par la teicoplanine des gènes de résistance (35, 94), et *in vivo* en modèle animal (30). Des dérivés de souches de type VanB résistants à la teicoplanine ont été isolés chez deux patients suite à un traitement par la vancomycine (165) ou à la teicoplanine (189) mais les isolats n'ont pas été plus étudiés.

1. Caractérisation et organisation des opérons de *E. faecium* BM4524 et BM4525 de type VanB

E. faecium BM4524 de type VanB, isolée en Australie à partir d'une hémoculture, était résistante à la vancomycine (CMI = 512 μg/ml) et sensible à la teicoplanine (CMI = 2 μg/ml). La souche *E. faecium* BM4525, isolée deux semaines plus tard du même patient, était résistante à de hauts niveaux à la vancomycine (CMI = 1024 μg/ml) et à la teicoplanine (CMI = 4096 μg/ml) (Publication n°90). Le profil de restriction par *Sma*I des deux souches analysé par électrophorèse en champ pulsé était indistinguable indiquant que ces souches sont apparentées. Le génotype de résistance de BM4524 et BM4525 a été déterminé par amplification avec des oligodéoxynucléotides spécifiques des gènes *vanA* et *vanB* qui sont les plus fréquemment détectés. De manière surprenante, le génotype des deux souches était *vanB* qui confère habituellement la résistance à des niveaux variables de vancomycine mais pas à la teicoplanine. L'absence des autres gènes de résistance *vanC*, *vanD* et *vanE* a été vérifiée par amplification avec des oligodéoxynucléotides spécifiques.

A partir des différences de séquence dans le gène *vanB*, la région intergénique et les séquences codantes adjacentes, le groupe de gènes *vanB* peut être divisé en trois sous-types : *vanB-1, vanB-2* et *vanB-3* (82, 270). L'opéron *vanB* de BM4524 et de BM4525 était de sous-type *vanB-2* (Figure 20). Dans les deux souches le groupe de gènes *vanB* a

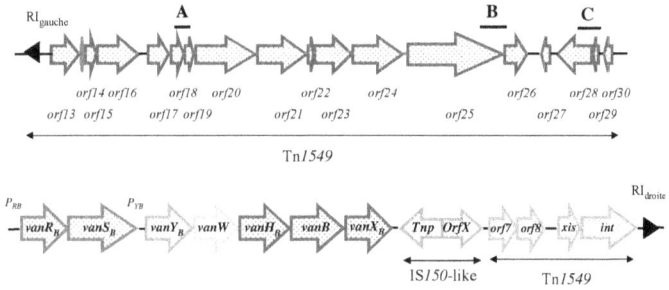

Figure 20. Organisation similaire à Tn*1549* chez *E. faecium* BM4524. Représentation schématique du groupe de gènes *vanB2* ainsi que de l'extrémité droite du transposon (en bas) et de la partie gauche (en haut). La présence des fragments dénotés A, B, C a été vérifiée chez les souches BM4524 et BM4525. Les flèches représentent les cadres ouverts de lecture et indiquent la direction de la transcription. Les répétitions inversées (RI) imparfaites gauche et droite aux extrémités sont indiquées par des triangles noirs.

été localisé sur un fragment chromosomique d'environ 600 kb par électrophorèse en champ pulsé à partir de l'ADN total restreint par l'enzyme I-*Ceu*I (210) suivi d'hybridations successives avec les sondes internes et spécifiques de *rrs* (ARN16S) (143) et de *vanB*. Les tentatives de transfert de la résistance à la vancomycine de BM4525 à des souches de *E. faecalis* ou *E. faecium* par conjugaison sur filtre ont été sans succès.

L'organisation chromosomique du groupe de gènes *vanB* et des régions flanquantes, déterminée par cartographie par amplification était identique à celle du transposon Tn*1549* à l'exception d'une séquence d'insertion (IS*Efa4*) de 1,418 kb en aval de *vanX_B* qui présentait 56 % d'identité avec l'ORFB de IS*150* de *E. coli* (Figure 20). Cette séquence d'insertion a récemment été décrite comme étant présente dans plusieurs souches de *E. faecium* de type *vanB-2* (204).

2. Fonctionnalité de la ligase D-Ala:D-Ala de *E. faecium* BM4525

Pour expliquer le haut niveau inhabituel de résistance aux glycopeptides de la souche BM4525, le gène *ddl* chromosomique de BM4524 et de BM4525 a été amplifié par PCR et sa séquence déterminée. Le gène *ddl* de BM4525 avait une insertion de deux pb à l'extrémité 3' responsable d'un changement de cadre de lecture conduisant à la synthèse d'une ligase D-Ala:D-Ala tronquée de 330 acides aminés au lieu de 358. L'absence d'activité de la ligase D-Ala:D-Ala a été confirmée par la détermination de la nature et du pourcentage des précurseurs du peptidoglycane produits par les deux

141

Tableau 2. CMI des glycopeptides et précurseurs cytoplasmiques du peptidoglycane synthétisés par *E. faecium* BM4524 et BM4525

E. faecium	CMI (μg ml^{-1})[a]			% de précurseurs du peptidoglycane[b]			
	Vm	Te	Concentration de Vm	tripeptide	UDP-MurNAc-tétrapeptide	pentapeptide	pentadepsipeptide
BM4524	512	2	0 μg ml^{-1}	4	16	80	<1
			4 μg ml^{-1}	5	15	15	65
BM4525	1024	4096	0 μg ml^{-1}	<1	<1	<1	100
			4 μg ml^{-1}	<1	<1	<1	100

[a] Les CMI ont été déterminées par la méthode de Steers et coll. (305). Te, teicoplanine, Vm, vancomycine.
[b] La synthèse du peptidoglycane a été inhibée par l'addition de ramoplanine aux cultures pendant 15 mn.

Tableau 3. Activités D,D-dipeptidase (VanX) and D,D-carboxypeptidase (VanY) dans les extraits de *E. faecium* BM4524 et BM4525

E. faecium	D,D-peptidase	Fraction	Activité D,D-peptidase (nmol min^{-1}mg^{-1})[a]			
			Concentration de glycopeptides (μg ml^{-1})			
			NI	Vm 64	Te 1	Te 64
BM4524	VanX[b]	cytoplasmique	1,5 ($\pm$0,4)	146 ($\pm$24)	2 ($\pm$0,5)	NA
	VanY[c]	membranaire	8 ($\pm$3)	54 ($\pm$4)	5 ($\pm$2)	NA
		cytoplasmique	4 ($\pm$1)	40 ($\pm$6)	5 ($\pm$1)	NA
BM4525	VanX[b]	cytoplasmique	164 ($\pm$9)	192 ($\pm$32)	149 ($\pm$34)	129 ($\pm$33)
	VanY[c]	membranaire	53 ($\pm$6)	112 ($\pm$14)	56 ($\pm$6)	17 ($\pm$3)
		cytoplasmique	20 ($\pm$3)	38 ($\pm$2)	25 ($\pm$4)	22 ($\pm$4)

[a] Les résultats correspondent aux moyennes ($\pm$ déviations standards) obtenues à partir d'au moins trois extraits réalisés indépendamment.
[b] L'activité D,D-dipeptidase a été mesurée dans les surnageants après centrifugation à 100.000 g des bactéries lysées.
[c] L'activité D,D-carboxypeptidase a été mesurée dans les surnageants et dans les fractions membranaires resuspendues après centrifugation à 100.000 g pendant 45 mn.

NA, non applicable; NI, non induit; Te, teicoplanine; Vm, vancomycine.

souches (Tableau 2). Quand *E. faecium* BM4524 était cultivée en l'absence de vancomycine, l'UDP-MurNAc-pentapeptide était le précurseur majoritaire (80 %), alors qu'après addition de vancomycine au milieu de culture, l'UDP-MurNAc-pentadepsipeptide était le principal précurseur produit (65 %). Au contraire, *E. faecium* BM4525 synthétisait exclusivement de l'UDP-MurNAc-pentadepsipeptide (100 %) même en l'absence d'induction ce qui indique que la synthèse du peptidoglycane était constitutive et utilisait seulement la voie de résistance. La synthèse des précurseurs terminés par D-Ala-D-Lac et l'élimination quasi totale des précurseurs contenant le D-Ala-D-Ala sont nécessaires et suffisantes pour la résistance de haut niveau à la vancomycine et à la teicoplanine (22). Ainsi, la résistance augmentée aux glycopeptides chez la souche BM4525 était associée à la synthèse accrue d'UDP-MurNAc-pentadepsipeptide au détriment de l'UDP-MurNAc-pentapeptide, suite à l'altération de l'activité de la ligase D-Ala:D-Ala de l'hôte et probablement de la régulation des gènes de résistance.

3. Expression de l'opéron *vanB* chez BM4524 et BM4525

La régulation de l'expression des gènes de résistance a été étudiée par analyse des activités D,D-dipeptidase (VanX$_B$) et D,D-carboxypeptidase (VanY$_B$) à partir des bactéries cultivées en l'absence ou en présence de vancomycine ou de teicoplanine à diverses concentrations (Tableau 3). La détermination de l'activité D,D-dipeptidase fournit une estimation directe de la capacité d'une souche à hydrolyser le D-Ala-D-Ala et aussi une estimation indirecte de

143

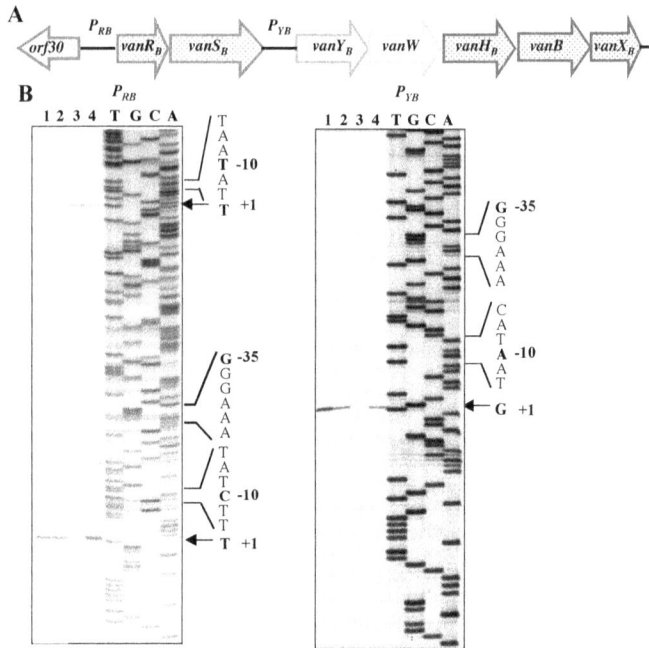

Figure 21. Représentation schématique du groupe de gènes *vanB* de la souche BM4524 (A) et identification des sites d'initiation de la transcription des souches BM4524 (Vm^R Te^S) et BM4525 (Vm^R Te^R) (B). (A) Les flèches représentent les séquences codantes et indiquent la direction de la transcription. (B) Identification par analyse d'extension d'amorce des sites d'initiation de la transcription des gènes régulateurs *vanR_B* et *vanS_B* et des gènes de résistance *vanY_B*, *vanW*, *vanH_B*, *vanB* et *vanX_B*. Le panneau de gauche représente les produits d'élongation d'amorce obtenus avec le déoxynucléotide PRB et 25 μg d'ARN de la souche BM4525 cultivée en l'absence (voie 1) ou en présence (voie 2) de vancomycine et de la souche BM4524 cultivée en l'absence (voie 3) ou en présence (voie 4) de vancomycine. Les voies notées T, G, C et A représentent les réactions de séquençage réalisées avec la même amorce (PRB). Les sites d'initiation de la transcription correspondant au +1 et les séquences promotrices présumées des gènes *vanR_B* et *vanS_B* sont indiqués à droite de la photo. Le panneau de droite correspond aux produits d'élongation d'amorce obtenus avec le déoxynucléotide PYB et 25 μg d'ARN total de la souche BM4525 cultivée en l'absence (voie 1) ou en présence (voie 2) de vancomycine et pour la souche BM4524 cultivée en l'absence (voie 3) ou en présence (voie 4) de vancomycine. Les voies T, G, C et A représentent les réactions de séquençage réalisées avec la même amorce (PYB). Le site d'initiation de la transcription correspondant au +1 et les séquences promotrices présumées pour les gènes *vanY_B*, *vanW*, *vanH_B*, *vanB* et *vanX_B* sont indiqués à droite de la photo.

144

la synthèse du D-Ala-D-Lac, puisque les gènes de résistance sont co-régulés au niveau transcriptionnel. Chez BM4524, la synthèse des D,D-peptidases (VanX$_B$ et VanY$_B$) étaient inductibles par la vancomycine seulement, alors qu'elle était constitutive chez BM4525 (Tableau 3).

L'expression de l'opéron *vanB* a également été étudiée par extension d'amorce en présence ou en l'absence de vancomycine dans le milieu de culture (Figure 21). L'opéron *vanB* était exprimé chez BM4524 seulement en présence de vancomycine alors que, chez BM4525, il était exprimé dans les deux cas confirmant que l'expression de la résistance aux glycopeptides était inductible chez BM4524 et constitutive chez BM4525. L'analyse par extension d'amorce a montré que, pour les deux souches, la transcription débutait à 13 pb du codon d'initiation de *vanR$_B$* et à 48 pb du codon d'initiation de *vanY$_B$* et le positionnement et la composition des motifs −10 et −35 étaient identiques (Figure 21B).

4. Comparaison des séquences des capteurs VanS$_B$ de BM4524 et de BM4525

Les souches de type VanB avec une ligase D-Ala:D-Ala non fonctionnelle requièrent la vancomycine pour pousser puisque la synthèse de la paroi bactérienne ne peut s'effectuer qu'après induction. Or, la souche BM4525 est capable de pousser en l'absence de glycopeptides. Chez les souches de type VanB, l'acquisition de la résistance à la teicoplanine peut résulter de mutations dans le gène capteur *vanS$_B$* qui conduit à une expression inductible ou constitutive des

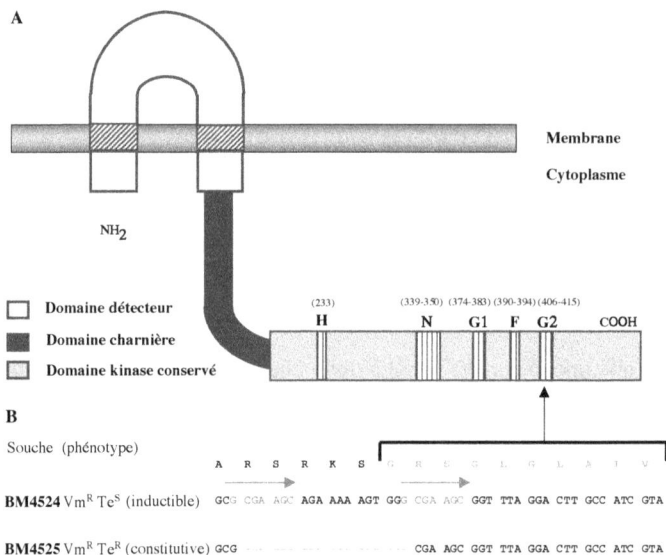

Figure 22. Représentation schématique des capteurs VanS$_B$ de *E. faecium* BM4524 et BM4525. (A) Le domaine détecteur associé à la membrane (blanc) contenant les segments transmembranaires (bleu hachuré), le domaine charnière (bleu foncé) et le domaine kinase cytoplasmique (bleu clair) sont indiqués. Les motifs conservés H, N, G1, F et G2 sont indiqués par des rectangles avec des rayures verticales. Les nombres entre parenthèses se réfèrent aux positions des acides aminés dans les motifs conservés du domaine kinase. Le résidu histidine à la position 233 est le site d'autophosphorylation présumé. (B) Alignement partiel des séquences du domaine G2 de fixation de l'ATP et en amont des gènes *vanS$_B$* de BM4524 et BM4525. Les acides aminés en vert correspondent au domaine G2. La délétion de 18 pb qui chevauche le domaine G2 de VanS$_{BΔ}$ dans BM4525 est indiquée par des tirets oranges et les répétitions en tandem de sept nucléotides sont indiquées par des flèches rouges au-dessus de la séquence. R, résistant; S, sensible; Te, teicoplanine; Vm, vancomycine.

146

gènes de résistance (Figure 17, introduction) (35). Les substitutions dans le domaine associé à la membrane de $VanS_B$ peuvent permettre l'induction par la teicoplanine. Les substitutions localisées au voisinage immédiat de l'histidine en position 233, qui correspond au site présumé de phosphorylation de $VanS_B$, sont associées à un phénotype constitutif et affectent un résidu conservé connu comme étant critique pour l'activité phosphatase des capteurs apparentés (6, 377).

L'analyse de la séquence de l'opéron *vanB* de BM4525, en comparaison de celle de BM4524, a révélé une délétion de 18 pb dans le gène *$vanS_B$* désigné *$vanS_{B\Delta}$* (Figure 22), les autres gènes (*$vanR_B$*, *$vanY_B$*, *$vanH_B$*, *vanB* et *$vanX_B$*) présentaient 98 à 100 % d'identité en acides aminés avec les protéines correspondantes de Tn*1549*. La délétion de six acides aminés (RSRKSG) en position 405 à 410 chevauchant partiellement le domaine conservé G2 de liaison à l'ATP du capteur $VanS_{B\Delta}$ pourrait être responsable de l'expression constitutive des gènes de résistance (Figure 22). L'analyse de la séquence a indiqué que la délétion s'était produite entre deux répétitions directes en tandem de sept pb, séparées par onze pb (Figure 22).

5. Purification de $VanS_B$ de JH2-2/268-10 et de $VanS_{B\Delta}$ et $VanR_B$ de BM4525

Pour déterminer si la délétion de 18 pb dans $VanS_{B\Delta}$ peut affecter les réactions d'autophosphorylation, de transfert du phosphate du capteur au régulateur ou l'activité phosphatase du capteur, la protéine $VanR_B$ de BM4525 et les domaines cytoplasmiques solubles des protéines $VanS_{B\Delta}$

A

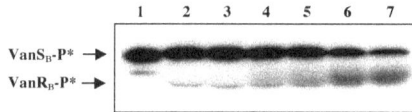

B

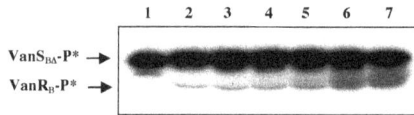

Figure 23. Autophosphorylation de VanS$_B$ et VanS$_{BA}$ et transfert du phosphate à VanR$_B$.
VanS$_B$ (A) et VanS$_{BA}$ (B) purifiées ont été incubées avec du [γ^{32}P]-ATP pendant 1 heure à température ambiante pour tester l'autophosphorylation (voies 1). Après marquage de VanS$_B$ et VanS$_{BA}$, VanR$_B$ purifiée a été ajoutée. Les échantillons ont été prélevés à différents temps (voies 2: 30 s, voies 3: 1 mn, voies 4: 5 mn, voies 5: 10 mn, voies 6: 20 mn et voies 7: 30 mn), la réaction a été arrêtée en ajoutant une solution stop contenant du β-mercaptoéthanol et les tubes ont été immédiatement plongés dans la carboglace. Les échantillons ont été séparés sur gel SDS-PAGE (15 %). Le transfert de la radioactivité à VanR$_B$ a été révélée par autoradiographie.

148

de BM4525 et VanS$_B$ de *E. faecalis* JH2-2/268-10 (souche de type VanB hébergeant le transposon Tn*1549*) (131) ont été surproduites chez *E. coli* avec un vecteur d'expression contenant six résidus histidine et purifiées. Les protéines VanS$_B$, VanS$_{B\Delta}$ et VanR$_B$ ont été purifiées en une seule étape en utilisant une colonne qui contient une résine chargée en ions nickel et un gradient d'imidazole (30 à 500 mM) pour l'élution. L'analyse par SDS-PAGE a révélé une pureté supérieure à 95 % pour les trois protéines (Figure 4 de la Publication n°90).

6. Conséquences de la délétion dans le capteur VanS$_{B\Delta}$ de BM4525

L'autophosphorylation de VanS$_B$ et VanS$_{B\Delta}$ a été réalisée par incubation des protéines purifiées avec de l'ATP-[γ^{32}P] et étudiée en gel SDS-PAGE suivie d'une autoradiographie (Figure 23). Pour étudier le transfert du capteur au régulateur, le régulateur purifié VanR$_B$ a été incubé durant des temps variants de 0 à 30 min en présence de VanS$_B$ ou VanS$_{B\Delta}$ phosphorylées avec de l'ATP-[γ^{32}P]. L'autophosphorylation *in vitro* des histidines kinases VanS$_B$ et VanS$_{B\Delta}$ et le transfert du phosphate au régulateur VanR$_B$ n'étaient pas significativement différents (Figure 23).

Pour obtenir une plus grande quantité du régulateur phosphorylé, VanR$_B$ purifiée a été incubée en présence d'acétylphosphate marqué au [^{32}P]. La phosphorylation de VanR$_B$ est lente, atteignant un équilibre approximativement après 60 min. Les activités phosphatase de VanS$_B$ et VanS$_{B\Delta}$ ont été comparées en déterminant l'hydrolyse de VanR$_B$ phosphorylée à différents temps en présence ou en l'absence des capteurs kinases (Figure 24). VanR$_B$ phosphorylée seule était très stable avec un

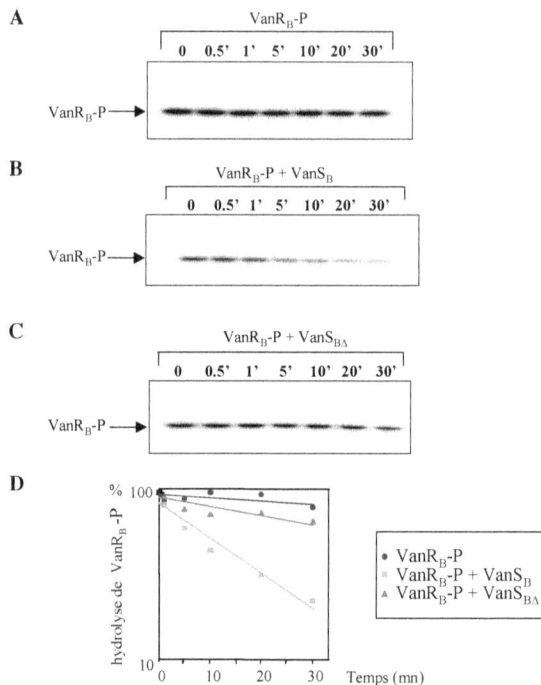

Figure 24. Phosphorylation de VanR$_B$ par l'acétylphosphate [^{32}P] et l'hydrolyse par VanS$_B$ de BM4524 ou VanS$_{BΔ}$ de BM4525. VanR$_B$ purifiée a été incubée avec l'acétylphosphate marqué au [γ^{32}P]-ATP (acétylphosphate [^{32}P]) pendant 1 h à température ambiante (temps 0). L'excès d'acétylphosphate [^{32}P] non fixé a été éliminé en utilisant une colonne Quick-Spin contenant une résine Sephadex G-50. VanR$_B$ phosphorylée (VanR$_B$-P) a ensuite été incubée à température ambiante seule (A) ou après l'addition de VanS$_B$ (B) ou de VanS$_{BΔ}$ (C). Les échantillons ont été prélevés aux temps indiqués (en mn), la réaction a été arrêtée en ajoutant une solution stop contenant du β-mercaptoéthanol et les tubes ont été immédiatement plongés dans la carboglace. Les échantillons ont été séparés sur gel SDS-PAGE (15 %) et révélés par autoradiographie. (D) Détermination de la demie-vie de VanR$_B$ seule ou en présence de VanS$_B$ ou de VanS$_{BΔ}$.

temps de demi-vie de 150 min (Figure 24D). L'addition de $VanS_B$ a accéléré l'hydrolyse de $VanR_B$ phosphorylée avec un temps de demi-vie de 14 min alors que l'addition de $VanS_{B\Delta}$ a conduit à un temps de demi-vie de 60 min (Figure 24D). Ces résultats montrent que $VanS_{B\Delta}$ était déficiente en activité phosphatase conduisant à l'accumulation de $VanR_B$ phosphorylée et par conséquent à une expression constitutive des gènes de résistance chez BM4525. La résistance accrue aux glycopeptides chez BM4525 est donc due à la combinaison 1°) d'une mutation avec un changement de cadre de lecture conduisant à la perte de l'activité de la ligase Ddl chromosmique et à la synthèse constitutive de précurseurs du peptidoglycane terminés par D-Ala-D-Lac, 2°) à la perte de l'activité phosphatase $VanS_B$ par délétion de six acides aminés qui chevauchent partiellement le domaine conservé G2 impliqué dans la liaison à l'ATP.

L'isolat clinique BM4524 résistant à la vancomycine héberge un groupe de gènes *vanB* chromosomique qui comprend les gènes régulateurs *vanR$_B$* et *vanS$_B$* et les gènes de résistance *vanY$_B$*, *vanW*, *vanH$_B$*, *vanB* et *vanX$_B$* qui sont respectivement co-transcrits de manière inductible par la vancomycine à partir des promoteurs P_{RB} et P_{YB}. Nous avons montré que la kinase VanS$_B$ s'autophosphoryle et transfère son groupement phosphate à un résidu aspartate de la protéine VanR$_B$. VanR$_B$ peut également catalyser sa propre phosphorylation en utilisant l'acétylphosphate comme substrat (Publication n°90). La régulation transcriptionnelle des gènes régulateurs et des gènes de résistance et la comparaison des sites de fixation de VanR$_B$ et de VanR$_B$ phosphorylée (VanR$_B$-P) aux promoteurs P_{RB} et P_{YB} restent à étudier pour le système VanR$_B$S$_B$ (Publication n°89).

7. Identification du site d'initiation de la transcription du groupe de gènes *vanB* chez BM4524

L'analyse par extension d'amorce a permis d'identifier le site d'initiation de la transcription des promoteurs P_{RB} et P_{YB} de BM4524 et d'en déduire le positionnement des motifs -35 et -10 (Figures 21 et 25). Ces régions présentent des similarités avec les séquences consensus des promoteurs reconnus par la forme majeure de l'ARN polymérase, GGGAAA N16 TATCTT pour P_{RB} et GGGAAA N16 CATAAT pour P_{YB} bien que la séquence -35 soit pauvrement conservée, du fait que les promoteurs sont régulés positivement (Figure 25). Il est à noter qu'un second site de démarrage de la transcription a été détecté en présence ou

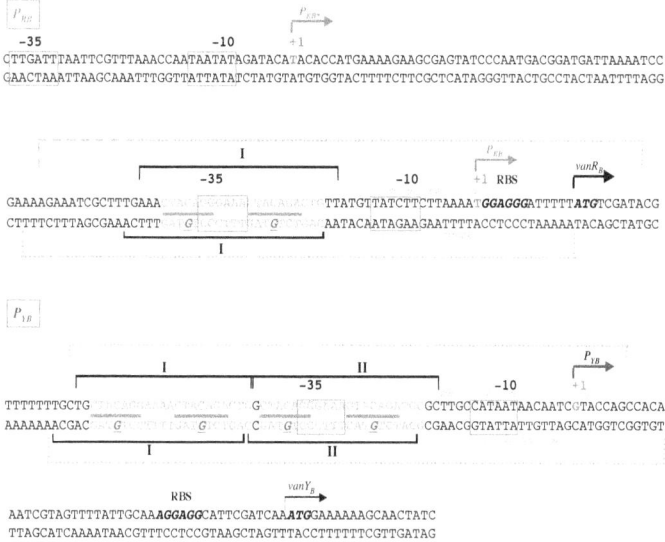

Figure 25. Séquence des régions promotrices P_{RB} et P_{YB}. Le site d'initiation de la transcription (+1) est en rouge et les séquences –10 et –35 sont encadrées en rouge. Le site de démarrage de la traduction est en italique et le site de fixation au ribosome est en gras et en italique. Les régions protégées par VanR$_B$ et VanR$_B$-P du clivage par la DNase I sont délimitées par des crochets noirs et les répétitions directes conservées de 7 nucléotides sont soulignées en bleu. Le site de fixation consensus de 21 pb est indiqué en orange. Les guanines protégées de la méthylation sont en violet. Les thymines réactives dans la bulle de transcription sont indiquées par des astérisques verts. Les régions protégées par VanR$_B$ et VanR$_B$-P du clivage par la DNase I en présence de l'ARN polymérase sont délimitées par des crochets verts. Le crochet vert en pointillés plus larges pour le promteur P_{RB} indique la région présumée protégée par le αCTD de l'ARN polymérase.

153

en l'absence de vancomycine à 120 nucléotides en amont du codon d'initiation de la translation de *vanR$_B$* (Figures 21B et 25). Ce second promoteur, appelé P_{RB}*, était composé des motifs -35 (TTGATT) et -10 (TAATAT) séparés par 17 pb qui correspondaient aux séquences de reconnaissance de σ^{70}. Deux séquences apparentées CTACAGG(A/G)AAA(C/G)TACAGA(C/T)(T/G)(G/C) ont été localisées en amont du promoteur P_{YB} : la première est comprise entre -42 et -62 et la seconde entre -20 et -40 pb et contient la région –35 (Figure 25). Le promoteur P_{RB} était associé à une seule séquence CTACAGGGAAACTACAGACTG localisée entre -20 et -40 pb qui incluait aussi la région –35 (Figure 25). Par conséquent, une séquence consensus de reconnaissance par VanR$_B$ constituée de deux répétitions directes de 7 nucléotides séparées par 4 nucléotides [5' CTACAGG-N4-(C/G)TACAGA 3'] a pu être définie.

8. Surproduction et purification du régulateur VanR$_B$ de *E. faecium* BM4524

VanR$_B$ a été purifiée à l'aide d'un système permettant d'obtenir une protéine intacte sans la présence d'une queue de six histidines. Le gène *vanR$_B$* a été cloné dans le vecteur d'expression pTYB (New England Biolabs, beverly, MD) sous le contrôle du promoteur inductible du bactériophage T7 en créant une fusion de l'intéine et du domaine de fixation à la chitine déjà présents sur le vecteur avec l'extrémité C-terminale de VanR$_B$. La purification de VanR$_B$ a été obtenue en une seule étape après passage sur une colonne chargée avec de la chitine.

L'analyse par SDS-PAGE a révélé une pureté supérieure à 95 % (voir Figure 4 de la publication n°89). Les réactions de phosphorylation *in vitro* de $VanR_B$ par $VanS_B$ purifiée ont été réalisées confirmant qu'il y avait bien transfert du phosphate du capteur ($VanS_B$) au régulateur $VanR_B$ et qu'ainsi $VanR_B$ était fonctionnelle.

9. $VanR_B$ et $VanR_B$-P se fixent spécifiquement aux régions promotrices P_{RB} et P_{YB}

Pour déterminer si les régions promotrices P_{RB} et P_{YB} sont reconnues par $VanR_B$ purifiée, des expériences de retard sur gel ont été réalisées. L'acétylphosphate a été utilisé comme substrat ce qui permet de phosphoryler $VanR_B$ ($VanR_B$-P) en l'absence du capteur qui pourrait interagir lors de l'étude de la fixation de $VanR_B$-P aux promoteurs. Les régions promotrices contenant une seule répétition directe de 7 pb pour P_{RB} et deux copies pour P_{YB} ont été marquées au [γ^{32}ATP] et incubées en présence de concentrations croissantes de $VanR_B$ ou de $VanR_B$-P purifiées (Figure 26). $VanR_B$-P se fixait à la région intergénique $vanS_B$-$vanY_B$ en amont du site d'initiation de la transcription du promoteur P_{YB} et également à la région intergénique *ORF30-VanR_B* comprenant le promoteur P_{RB} mais avec une affinité plus forte que $VanR_B$ (Figure 21).

Pour déterminer plus précisément les sites de fixation de $VanR_B$ la technique de protection contre la digestion par la DNase I a été réalisée sur les deux brins des fragments d'ADN qui portent les régions promotrices. $VanR_B$ et $VanR_B$-P protégeaient les mêmes régions bien définies, mais la phosphorylation de $VanR_B$ bien que pas essentielle pour

155

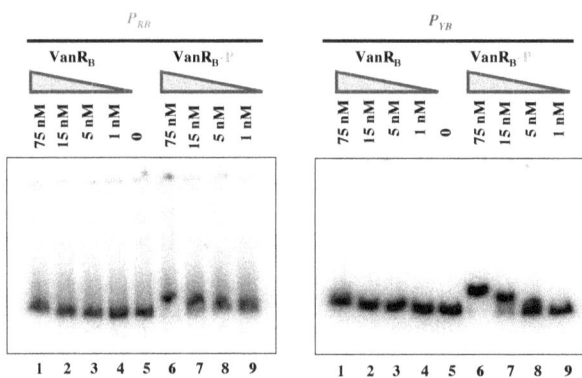

Figure 26. Affinité de VanR$_B$ et VanR$_B$-P pour les régions promotrices P_{RB} et P_{YB} par retard sur gel. Les régions promotrices P_{RB} et P_{YB} ont été complexées avec des concentrations croissantes de VanR$_B$ ou VanR$_B$ phosphorylée (VanR$_B$-P) et séparées sur un gel natif d'acrylamide à 7,5%.

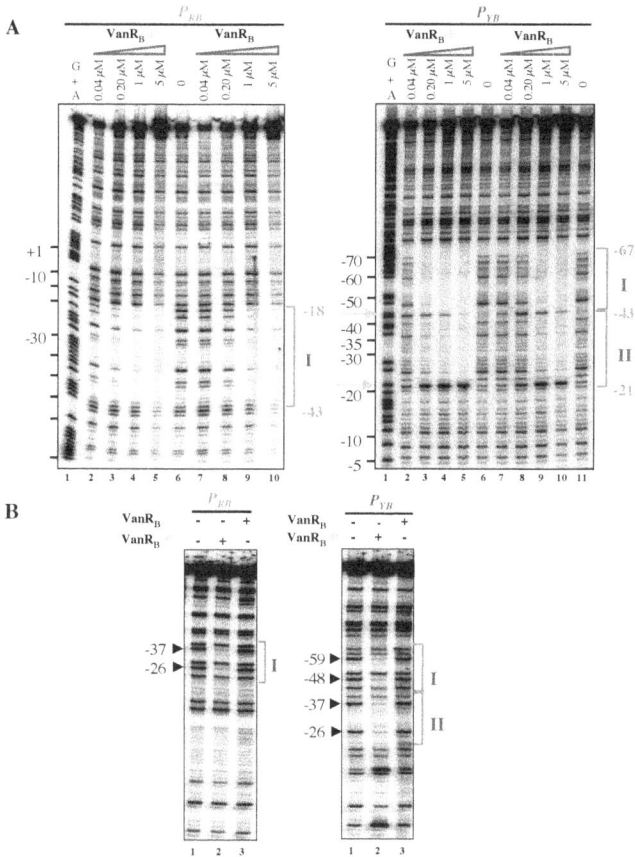

Figure 27. Fixation de VanR$_B$ et VanR$_B$ phosphorylée (VanR$_B$-P) aux promoteurs P_{RB} et P_{YB}. (A) Analyse d'empreintes à la DNase I. Les crochets indiquent les régions protégées du clivage par la DNase I de VanR$_B$ ou VanR$_B$-P. Les coordonnées de protection relatives au site d'initiation de la transcription sont indiquées à droite. Les sites hypersensibles sont indiqués par des flèches vertes. La voie 1 correspond à un marqueur de taille obtenu par réaction de séquence des A+G selon Maxam et Gilbert en utilisant l'ADN correspondant. (B) Protection de la méthylation par VanR$_B$ et VanR$_B$-P. Les guanines protégées de la méthylation sont marquées par des flèches. Les crochets indiquent les régions protégées du clivage par la DNase I de VanR$_B$ ou VanR$_B$-P

157

sa fixation, augmentait l'affinité de cette protéine pour P_{YB} et pour P_{RB} (Figure 27). $VanR_B$ et $VanR_B$-P se fixaient à un seul site centré à -32.5 en amont du site d'initiation de la transcription du promoteur P_{RB} et à deux sites centrés à -33.5 et -55.5 en amont du promoteur P_{YB}. Par conséquent, la région promotrice P_{YB} présentait deux sites de fixation avec des affinités différentes pour $VanR_B$ et $VanR_B$-P alors qu'il n'y avait qu'un seul site de fixation dans P_{RB} (Figure 27A). $VanR_B$-P se fixait avec une plus grande affinité au site I qu'au site II de P_{YB} ou qu'au site I de P_{RB} pour lesquels les affinités étaient similaires (Figure 27A). La région protégée par $VanR_B$ et $VanR_B$-P de P_{YB} (environ 47 pb) était environ le double de celle de P_{RB} (environ 25 pb) (Figure 25). Le site proximal de fixation de $VanR_B$ chevauchait la région -35 des promoteurs. La comparaison des régions protégées de P_{RB} et de P_{YB} a révélé qu'elles contenaient chacune des répétitions directes de 7 nucléotides en tandem présumées être les sites cibles de $VanR_B$ (Figure 25). La plus haute affinité de $VanR_B$ pour P_{YB} par rapport à P_{RB} pourrait être due au fait que P_{YB} possède deux répétitions directes de 7 nucléotides, qui permettraient une fixation coopérative du régulateur aux deux sites adjacents. La fixation de $VanR_B$ et $VanR_B$-P à haute concentration a révélé l'apparition de sites hypersensibles à la DNase I sur le brin matrice en aval du bord de la région protégée suggérant que la fixation de $VanR_B$ crée une distorsion de l'ADN au niveau de ces sites (Figure 27A).

Les guanines sur le brin matrice (-26, -37 pour P_{RB} et -26, -37, -48 et -59 pour P_{YB}) étaient protégées de la méthylation par le diméthylsulfate suite à la fixation de $VanR_B$-P, mais pas de $VanR_B$ dans le grand sillon de

158

l'ADN (Figure 27B). La phosphorylation augmente donc la stabilité du complexe promoteur et activateur dans le cas de VanR$_B$ puisque la protection des deux guanines dans chaque site réflète les contacts intimes avec la protéine et est seulement observée en présence du régulateur phosphorylé.

10. Conséquence de la phosphorylation de VanR$_B$ sur sa conformation

L'effet de l'acétylphosphate sur l'oligomérisation de VanR$_B$ a été étudié par chromatographie d'exclusion (Superdex 75). Le volume d'élution de VanR$_B$ correspondait à une masse moléculaire de 28 kDa proche de celle de 26 kDa déterminée par analyse en gel SDS-PAGE ce qui correspond à un état monomérique (Figure 28). Après incubation avec l'acétylphosphate un second pic est apparu avec une masse moléculaire apparente de 47 kDa qui pourrait correspondre à un dimère (Figure 28). La dimérisation de VanR$_B$ était donc induite par la phosphorylation ce qui peut expliquer que VanR$_B$-P se fixait avec une plus grande affinité que VanR$_B$ sur ces cibles et apparaissait plus efficace que VanR$_B$ dans la formation du complexe ouvert au niveau des promoteurs P_{RB} et P_{YB}.

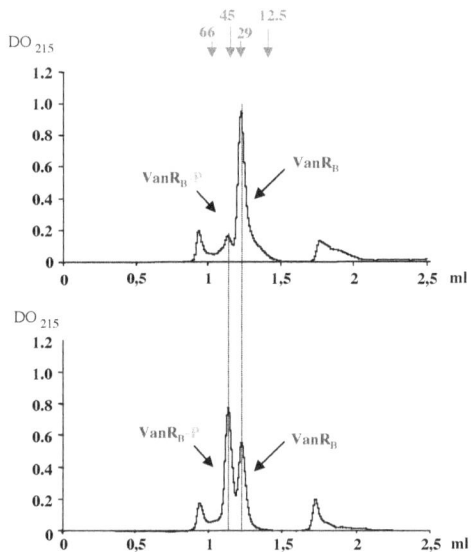

Figure 28. Conséquences de la phosphorylation de VanR$_B$ par l'acétylphosphate. Profils d'élution de VanR$_B$ (100 μM) non phosphorylé (en haut) et phosphorylé par l'acétylphosphate (25 mM) (en bas) après chromatographie d'exclusion sur une colonne Superdex 75 PC installée sur un système SMART et équilibrée avec du Tris (20 mM) et du NaCl (200 mM). Les flèches rouges en haut indiquent les volumes d'élution des marqueurs de masse moléculaire (compris entre 12,5 et 66 kDa) qui ont été utilisés pour standardiser la colonne. Les pics correspondant aux formes monomérique (VanR$_B$) et dimérique (VanR$_B$-P) présumées de VanR$_B$ sont indiqués.

160

11. Les conditions de recrutement de l'ARN polymérase aux promoteurs P_{RB} et P_{YB}

Des expériences réalisées avec des fusions transcriptionnelles ont montré que le régulon *vanB* pouvait être exprimé chez *E. coli* sous le contrôle de VanR$_B$ (119, 322). L'ARN polymérase de *E. coli* (contenant le facteur σ^{70}) a donc été utilisée pour les essais de la transcription. Pour analyser en détail la fixation de l'ARN polymérase et du régulateur aux régions promotrices, des expériences de protection contre la digestion par la DNase I ont été réalisées (Figure 29). Suite à l'addition de l'ARN polymérase, il y avait une fixation coopérative de l'enzyme et de VanR$_B$ à P_{RB} et P_{YB}. En l'absence du régulateur, l'ARN polymérase de *E. coli* était capable de se fixer à P_{RB} mais pas à P_{YB}. Une différence significative dans le profil et dans la taille de la protection a été observée pour la région promotrice P_{RB} quand l'ARN polymérase a été ajoutée. L'empreinte avec l'ARN polymérase seule ou associée à VanR$_B$ ou VanR$_B$-P s'étendait des positions -56 à +22 sur le brin non matrice au lieu de   -43 à -18 quand VanR$_B$-P était présente seule (Figure 29A). La protection était moins efficace en l'absence de VanR$_B$-P. De plus les bandes hypersensibles à la DNase I, qui ont été trouvées dans les régions -24 et -35 de P_{RB} en présence de l'ARN polymérase seule, disparaissent avec l'addition de VanR$_B$-P, pendant que les autres bandes dans la région -45 restaient visibles. Par conséquent, les profils des régions protégées étaient différents suggérant que VanR$_B$-P induit un changement de conformation dans le complexe ARN polymérase-promoteur P_{RB}. Dans le cas du promoteur de résistance P_{YB}, seule VanR$_B$-P était capable de

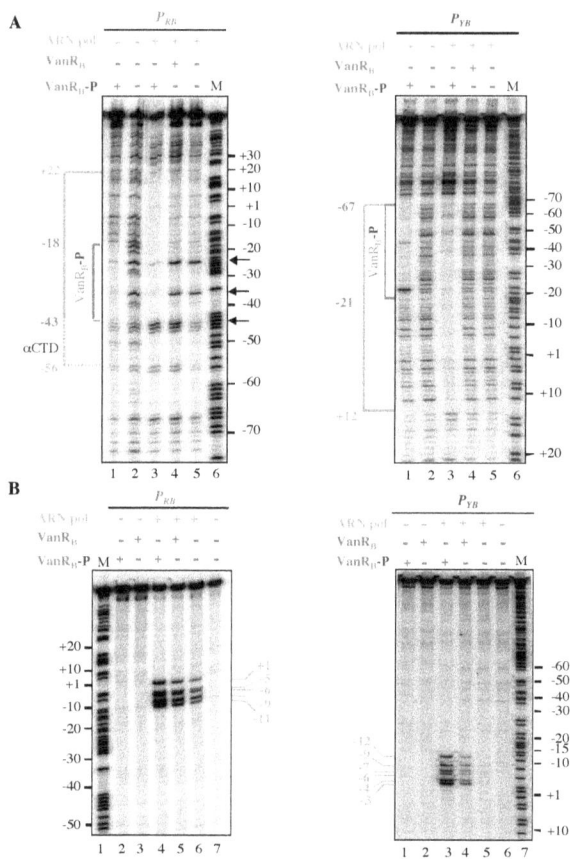

Figure 29. Fixation de VanR$_B$ et VanR$_B$-P aux promoteurs P_{RB} et P_{YB} en présence de l'ARN polymérase.
(A) Analyse d'empreintes à la DNase I en présence de l'ARN polymérase (ARN pol). Les crochets indiquent les régions protégées du clivage par la DNase I de VanR$_B$-P (voie 1), ou des complexes VanR$_B$-P/ARN pol (voie 3) et VanR$_B$/ARN pol (voie 4) ou de l'ARN polymérase seule (voie 5) et les coordonnées de protection relatives au site de démarrage de la transcription sont indiquées en vert. Les sites hypersensibles sont indiqués par des flèches. M, marqueur de taille obtenu par réaction de séquence des A+G selon Maxam et Gilbert en utilisant l'ADN correspondant. (B) Etude de la réactivité au permanganate de potassium des régions promotrices P_{RB} et P_{YB}. Les positions des thymines réactives dans la bulle de transcription sont indiquées en orange. Les tailles du marqueur sont notées à gauche pour P_{RB} et à droite pour P_{YB}.

162

recruter l'ARN polymérase au promoteur conduisant à une empreinte étendue de +12 à -67 sur le brin matrice alors que $VanR_B$-P seule protégeait la région en amont de -21 à –67 (Figure 29A). Ainsi la phosphorylation de $VanR_B$ augmentait significativement son affinité pour les cibles P_{RB} et P_{YB} en facilitant ou en permettant des interactions de l'ARN polymérase avec les promoteurs.

Le cycle de transcription est caractérisé par de multiples étapes. L'ARN polymérase reconnaît un site spécifique sur une région promotrice, se fixe et génère alors un désappariement local des deux brins d'ADN nommé complexe ouvert. Ce complexe stable est alors fermé et prêt à démarrer la transcription. Une fois que la transcription a débuté, l'ARN polymérase quitte la région promotrice pour assurer l'élongation de la transcription. Pour étudier si l'ARN polymérase forme un complexe ouvert en présence de $VanR_B$ ou $VanR_B$-P, la réactivité des thymines non appariées au permanganate de potassium a été étudiée. Ce composé réagit spécifiquement avec les résidus thymines dans les régions simples brins de l'ADN. L'ARN polymérase a formé un complexe ouvert sur le promoteur P_{YB} seulement en présence de $VanR_B$-P ou $VanR_B$ et la bulle de transcription s'étendait de -3 à -12 sur le brin matrice (Figure 29B). En revanche, l'ARN polymérase seule était capable de former un complexe ouvert sur le promoteur P_{RB}, mais la formation du complexe était plus efficace en présence de $VanR_B$ ou $VanR_B$-P et la bulle de transcription s'étendait de +1 à -11 sur le brin non codant (Figure 29B). En conclusion, la formation du complexe ouvert était plus efficace avec $VanR_B$-P qu'avec $VanR_B$.

Dans les deux régions promotrices P_{RB} et P_{YB}, VanR$_B$ et VanR$_B$-P protègent fortement la région -35 des promoteurs, une séquence qui est reconnue par la région 4.2 de σ^{70} (63). Pour explorer la relation spatiale entre σ^{70} et VanR$_B$ ou VanR$_B$-P dans le complexe ouvert (de l'ADN) aux promoteurs P_{RB} et P_{YB}, une méthode utilisant la nucléase chimique du FeBABE, lié de manière covalente par l'intermédiaire d'une cystéine unique sur la sous-unité σ^{70} de l'ARN polymérase a été réalisée (Figure 30). Après addition d'eau oxygénée (H_2O_2) et d'acide ascorbique, la nucléase FeBABE génère des radicaux hydroxyl qui clivent l'ADN à proximité de la portion spécifique de σ^{70} à laquelle le FeBABE a été lié. Les mutants étudiés, D461C et D581C, conjugués au FeBABE (positionné sur la cystéine unique de la sous-unité σ^{70}) sont localisés respectivement dans les régions 3.0 et 4.2 qui permettent d'étudier les promoteurs à proximité des régions -15 et –35 (51).

Le clivage a été obtenu par addition d'H_2O_2 et d'ascorbate sur les complexes ouverts composés de l'ARN polymérase reconstituée et des promoteurs P_{RB} et P_{YB} marqués préformés pendant 20 min à 37°C en présence ou en absence de VanR$_B$ ou VanR$_B$-P. Les contrôles ont montré qu'aucun clivage ne s'était produit dans ces conditions avec les régions promotrices seules (Figure 30). En présence de VanR$_B$ ou VanR$_B$-P, le FeBABE positionné sur la cystéine 461 capable d'agir à proximité de la région -15 a montré pour P_{RB} un profil de clivage caractéristique s'étendant de -20 à -3 sur le brin non matrice et de -14 à -7 sur le brin matrice (Figure 30), comme décrit pour d'autres promoteurs (51). Le FeBABE positionné sur la cystéine 581 capable d'agir à proximité de la

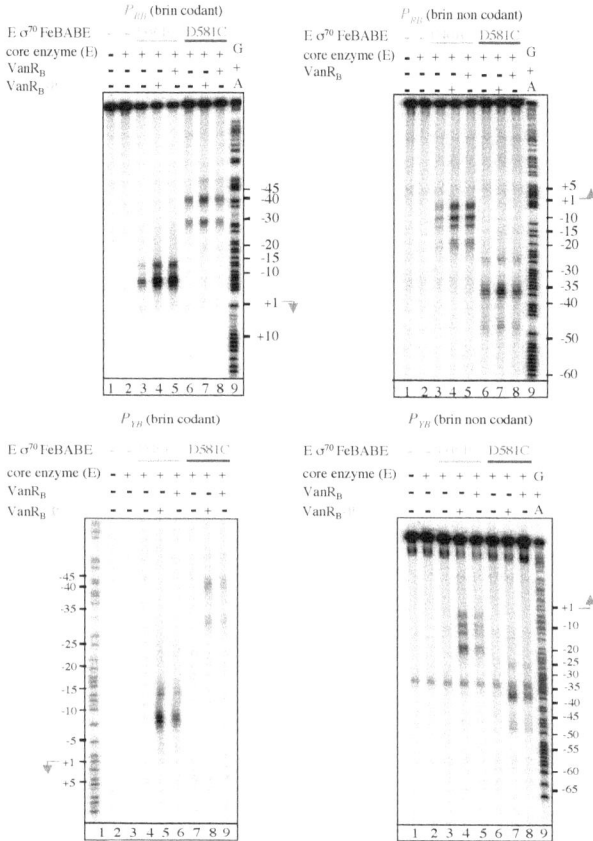

Figure 30. Profil de clivage des régions promotrices P_{RB} et P_{YB} avec l'ARN polymérase portant le FeBABE modifié σ^{70}. Le clivage des régions promotrices P_{RB} et P_{YB} sur les brins codants (à gauche) et les brins non codants (à droite) a été réalisé avec l'holoenzyme σ^{70} modifiée dans les régions 3.0 (D461C) et 4.2 (D581C). Les échantillons ont été traités de manière identique avec de l'ascorbate et de l'eau oxygénée pendant 10 mn à 37°C. Un marqueur construit selon la réaction de Maxam et Gilbert pour l'ADN des régions promotrices P_{RB} et P_{YB} est montré à la voie 9 et les tailles sont indiquées sur la droite ou à gauche pour P_{YB} (brin codant). La flèche rouge indique le démarrage et la direction de la transcription.

165

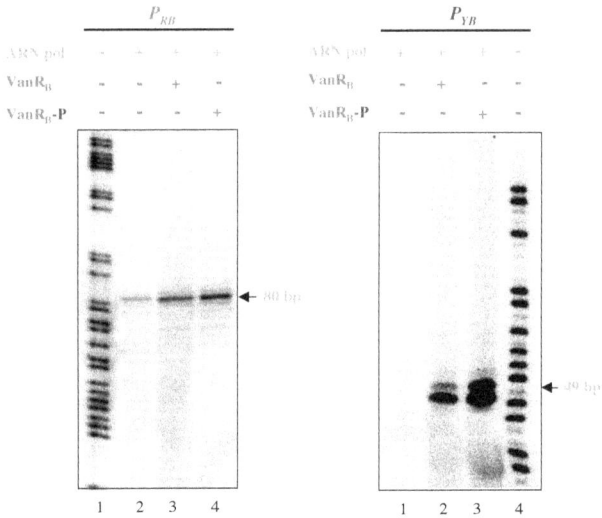

Figure 31. Analyse de la transcription de régions promotrices de P_{RB} (à gauche) et de P_{YB} (à droite). La transcription en cycle unique avec l'ARN polymérase (ARN pol) a été réalisée en utilisant des fragments amplifiés de P_{RB} et P_{YB} comme matrices sans (voie 2 pour P_{RB} et voie 1 pour P_{YB}) ou avec VanR$_B$ (voie 3 pour P_{RB} et voie 2 pour P_{YB}) ou avec VanR$_B$-P (voie 4 pour P_{RB} et voie 3 pour P_{YB}) . Un marqueur de taille obtenu par réaction de séquence des A+G selon Maxam et Gilbert en utilisant l'ADN correspondant est montré voie1 pour P_{RB} et voie 4 pour P_{YB}.

166

région -35 a clivé dans P_{RB} le brin non-matrice de -48 à -26 et le brin matrice de -41 à -28 aussi avec un profil de clivage caractéristique (Figure 30) (51). Il n'y a pas de changement dans la localisation du clivage des complexes ouverts par le FeBABE positionné sur les cystéines 461 et 581, même en présence de VanR$_B$ ou de VanR$_B$-P. Ce résultat suggère que σ^{70} est capable de se fixer en présence de l'activateur et probablement sur la face opposée de l'hélice de l'ADN. Des profils de clivages similaires à ceux de P_{RB} ont été obtenus pour P_{YB} en présence de l'activateur (Figure 30).

12. Transcription *in vitro* des gènes régulateurs $vanR_B S_B$ et de résistance $vanY_B WH_B BX_B$

Pour examiner le rôle de VanR$_B$ au niveau de la transcription des gènes régulateurs *vanRBSB* et des gènes de résistance $vanY_B WH_B BX_B$ la transcription *in vitro* en cycle unique a été réalisée en utilisant l'ARN polymérase et les fragments d'ADN contenant les régions promotrices obtenues par amplification. Un transcrit de 49 nucléotides a été détecté pour P_{YB} seulement en présence de VanR$_B$ ou VanR$_B$-P, alors que pour P_{RB} un transcrit de 80 nucléotides a été observé même en leur absence, bien qu'augmenté en leur présence (Figure 31). En présence de VanR$_B$-P la transcription de P_{RB} et P_{YB} était significativement accrue. VanR$_B$-P activait P_{YB} plus fortement que P_{RB}.

167

Chez les entérocoques de type VanB, nous avons décrit deux mécanismes permettant la réversion vers l'indépendance à la vancomycine : (i) des mutations compensatrices dans le gène *ddl* qui restaure la synthèse du D-Ala-D-Ala et conduit à un phénotype VanB inductible (345) et (ii) des mutations dans le gène de structure du capteur *vanS$_B$* qui conduit à une expression constitutive de la voie de résistance (35, 94). L'étude de la souche BM4659 et ses dérivés décrit un troisième mécanisme chez les entérocoques (Publication n°306).

13. Caractérisation et organisation des opérons de *E. faecium* BM4659, BM4660 et BM4661 de type VanB

La souche clinique de type VanB *E. faecium* BM4659, isolée en France à partir d'écouvillonnage rectal, dont la résistance est inductible par la vancomycine (CMI = 64 μg/ml) et sensible à la teicoplanine (CMI = 1 μg/ml), est devenue successivement dépendante (BM4660) de la vancomycine (CMI = 256 μg/ml) pour sa croissance sous traitement du malade par cet antibiotique, puis résistante de manière constitutive (BM4661) à la vancomycine (CMI = 256 μg/ml) après 20 jours d'arrêt du traitement (Figure 32).

Le génotype de résistance de BM4659, BM4660 et BM4661 a été déterminé par amplification avec des oligodéoxynucléotides spécifiques des gènes *vanA* et *vanB* qui sont les plus fréquemment détectés. Le génotype des trois souches était *vanB* qui confère la résistance à des niveaux variables de vancomycine mais pas à la teicoplanine. Le profil de restriction par *Sma*I des trois souches analysées par électrophorèse en champ pulsé était indistinguable indiquant que ces souches sont

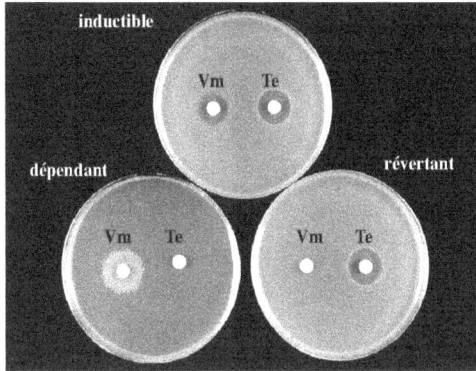

Figure 32. Phénotype de l'isolat clinique BM4659 et de ses dérivés. BM4659 (inductible par la vancomycine uniquement), BM4660 (dépendant de la vancomycine) et BM4661 (révertant résistant à la vancomycine).

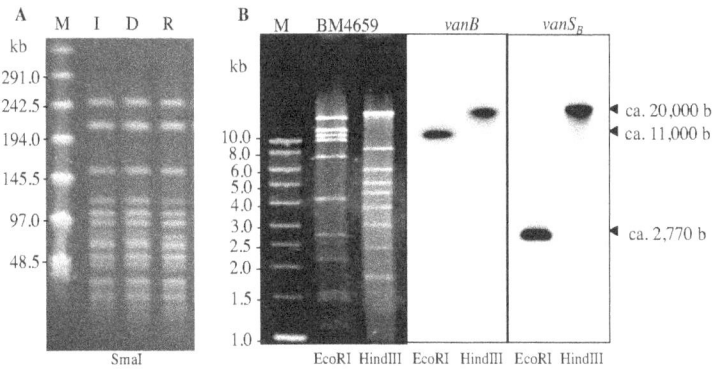

Figure 33. Analyse de l'ADN génomique par électrophorèse en champ pulsé (A) et de l'ADN plasmidique par électrophorèse en gel d'agarose (B) suivie d'hybridation Southern avec les sondes *vanB* et *vanS$_B$* des isolats cliniques de type VanB. Les tailles des fragments qui ont hybridé sont indiquées à droite. I, inductible (BM4659); D, dépendant (BM4660); R, révertant (BM4661).

169

apparentées. Les profils de restriction par EcoRI, HindIII et EcoR+ HindIII de l'ADN plasmidique extrait à partir des trois isolats cliniques étaient également indistinguables, confirmant que les souches étaient bien apparentées (Figure 33A). La localisation du groupe de gènes *vanB* a été déterminée par la technique d'hybridation de Southern avec les sondes *vanB* et *vanS$_B$* (Figure 33B). Le gène *vanB* a hybridé à un fragment EcoRI de 11 kb et le gène *vanS$_B$* a hybridé à un fragment EcoRI de 2,77 kb qui portait aussi le gène *vanR$_B$*, la région intergénique *vanS$_B$-vanY$_B$* et une portion de *vanY$_B$*. Les gènes *vanB* et *vanS$_B$* étaient portés par un même fragment HindIII de 20 kb (Figure 33B). Ces résultats sont en accord avec la séquence de l'opéron *vanB* du transposon Tn*1549*. Ces trois souches BM4659, BM4660 et BM4661 hébergaient donc le groupe de gènes *vanB* porté par le plasmide pIP846 d'environ 70 kb. L'organisation plasmidique de l'opéron *vanB* déterminée par cartographie par amplification était identique à celle du transposon Tn*1549* (Figure 20). La résistance à l'érythromycine, due au gène *ermB*, à la streptomycine et à la spectinomycine était aussi porté par ce plasmide pIP846. La perte du plasmide pIP846 de la souche résistante BM4659 était associée à la perte de la résistance à la vancomycine et des autres antibiotiques.

Les tentatives de transfert de la résistance à la vancomycine de BM4525 à des souches de *E. faecalis* ou *E. faecium* par conjugaison sur filtre ont été sans succès.

14. De la résistance à la vancomycine vers la dépendance

Les souches dépendantes de la vancomycine requièrent l'antibiotique pour leur croissance (Figure 32). En présence de vancomycine, la production de la ligase D-Ala:D-Lac VanB est induite et permet ainsi de compenser l'absence de synthèse des précurseurs du peptidoglycane terminés par D-Ala-D-Ala due à une ligase Ddl non fonctionnelle et permettant ainsi la croissance de l'hôte. Le gène *ddl* chromosomique de BM4659, BM4660 et BM4661 a donc été amplifié par PCR et sa séquence déterminée. Chez le révertant BM4661, comme chez la souche dépendante BM4660, la même mutation $P_{175}L$ proche de la lysine impliquée dans la fixation du D-Ala2 dans la ligase D-Ala:D-Ala a été retrouvée. Le fait que la souche dépendante BM4659 et la souche révertante BM4661 présentaient la même mutation, confirmait la relation clonale de ces souches. L'absence d'activité de la ligase D-Ala:D-Ala des souches BM4660 et BM4661 a été vérifiée et confirmée par la détermination de la nature et du pourcentage des précurseurs du peptidoglycane produits par les deux souches. La souche dépendante BM4660 synthétisée principalement de l'UDP-Mur-NAc-pentadepsipeptide (44 %) alors qu'une faible quantité d'UDP-Mur-NAc-pentapeptide (12 %) et d'UDP-Mur-NAc-tétrapeptide (5 %) était présente. Chez la souche révertante BM4661, la synthèse des précurseurs du peptidoglycane était similaire à celle de lasouche BM4660 et aucune différence n'a été observée en l'absence ou en présence de vancomycine, indiquant une expression constitutive des gènes de résistance.

171

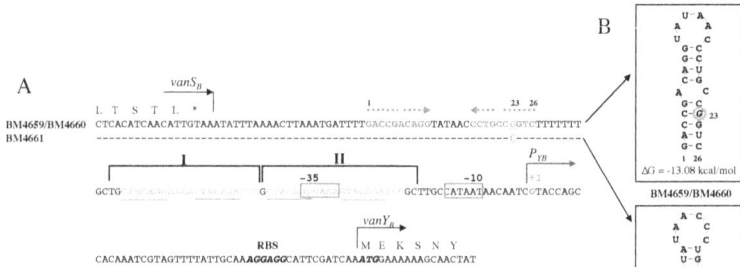

Fig. 34. Représentation schématique de la région intergénique $vanS_B$-$vanY_B$ incluant le promoteur de résistance P_{YB}. (A) Le site d'initiation de la transcription (+1) est en rouge et les séquences –35 et –10 sont encadrées en rouge. Le site de démarrage de la traduction est en italique et le site de fixation au ribosome est en gras et en italique. Les régions protégées par $VanR_B$ et $VanR_B$-P du clivage par la DNase I sont délimitées par des crochets noirs et les répétitions directes conservées de 7 nucléotides sont soulignées en bleu. Le site de fixation consensus de 21 pb du régulateur $VanR_B$ est indiqué en vert. Les séquences en acides aminés déduites de la portion C-terminale de $VanS_B$ et de la portion N-terminale de $VanY_B$ sont indiquées au-dessus de la séquence en nucléotides et alignées avec le premier nucléotide de chaque codon. Les flèches violettes en pointillés indiquent la structure tige boucle. La substitution de G en C dans la souche révertante BM4661 est indiquée en italique orange. Les nombres indiquent les bases dans le terminateur de transcription. (B) Conformation la plus stable de la structure secondaire présumée de l'ARN du terminateur de transcription chez la souche résistante BM4659, la souche dépendante BM4660 (en haut) et la souche révertante BM4661 (en bas). Le cercle orange indique la mutation dans le terminateur de transcription de la souche révertante BM4661. Les valeurs ΔG ont été calculées avec le logiciel RNAfold.

15. Réversion de la dépendance vers la résistance à la vancomycine

L'analyse des précurseurs du peptidoglycane et la séquence du gène *ddl* montrent que le phénotype de la souche révertante BM4661 (Figure 32) est dû à une expression constitutive de la résistance. Comme déjà mentionné, la résistance constitutive aux glycopeptides chez les entérocoques de type VanB est due à des mutations dans le gène $vanS_B$. Or, aucune mutation dans les gènes de régulation $vanR_B$ et $vanS_B$ n'a été observée. La réversion vers la résistance était donc due à un nouveau mécanisme à savoir une transversion d'un G en C dans la région intergénique $vanS_B$-$vanY_B$ au niveau du terminateur de transcription des gènes de régulation $vanRS_B$ situé en amont des sites de fixation du

172

régulateur VanR$_B$ de la région promotrice de résistance P_{YB} (Figure 34A).

Cette transversion a entraîné une différence de l'énergie libre d'appariement de -13,08 kcal/mol chez la souche inductible (BM4659) et la souche dépendante (BM4660) à -6,65 kcal/mol chez le révertant (Figure 34B). Cette déstabilisation du terminateur de transcription suggérait une fusion transcriptionnelle conduisant à la co-expression des gènes de régulation et de résistance à partir du promoteur de régulation P_{RB} (Figure 21).

16. Analyse transcriptionnelle du groupe de gènes *vanB* de BM4659, BM4660 et BM4461

La transcription des gènes de résistance a été étudiée par hybridation Northern avec des sondes internes aux gènes *vanR$_B$*, *vanS$_B$* et *vanY$_B$* (Figure 35A) et par transcription reverse (Figure 35B) de l'ARN total des trois souches BM4659, BM4660 et BM4661 non iduites ou induites par la vancomycine. Les résultats ont montré que la transcription des gènes de résistance était initiée uniquement à partir du promoteur de résistance P_{YB} et inductible chez les souches BM4659 (inductible) et BM4660 (dépendante), alors que chez le révertant BM4661 elle était initiée de façon constitutive à partir du promoteur de régulation P_{RB} et était superinductible par la vancomycine (Figure 35). L'analyse des précurseurs du peptidoglycane et la détermination des activités D,D-dipeptidase VanX$_B$ et D,D-carboxypeptidase VanY$_B$ ont permis de confirmer ces résultats (Figure 36). Pour les souches inductible

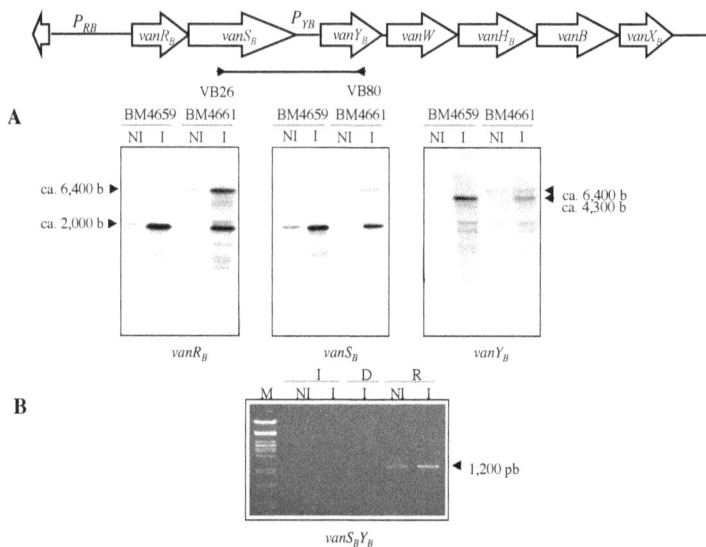

Figure 35. Analyse transcriptionnelle du groupe de gènes *vanB* par hybridation Northern (A) et par transcription reverse (B). (A) L'ARN total de la souche inductible BM4659 et de la souche révertante BM4661 non induite (NI) et induite (I) par la vancomycine a été hybridé successivement avec les sondes, *vanR_B*, *vanS_B* et *vanY_B*. La taille du transcrit est indiquée sur le côté. (B) Analyse transcriptionnelle des gènes *vanS_B-vanY_B* des souches inductible (I) BM4659, dépendante (D) BM4660 et révertante (R) BM4661. Electrophorèse en gel d'agarose des produits RT-PCR à partir des souches non induites (NI) et induites (I) avec les amorces VB26 + VB80. M, ADN du bactériophage λ digéré par PstI et utilisé comme marqueur de taille.

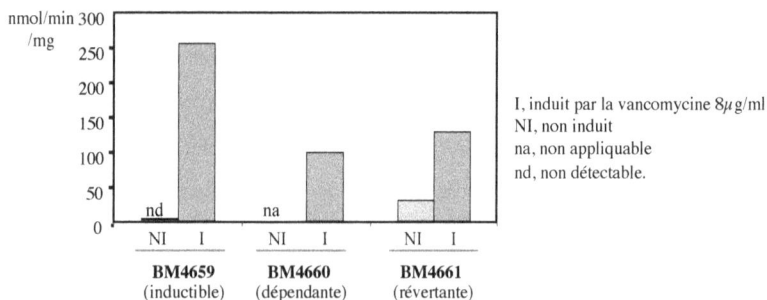

Figure 36. Activité spécifique de la D,D-dipeptidase VanX_B chez *E. faecium* BM4659 et ses dérivés. L'activité spécifique est définie comme le nombre de nanomoles de produit formé à 37°C par minute et par milligramme de protéines contenus dans les extraits cytoplasmiques.

174

(BM4659) et dépendante (BM4660), une activité VanX était détectée seulement en présence de vancomycine due à une expression inductible des gènes de résistance à partir du promoteur de résistance (Figure 36). Pour le révertant, une activité VanX était présente même en l'absence de vancomycine confirmant la fusion transcriptionnelle des gènes de régulation et de résistance à partir du promoteur de régulation (Figure 36). En l'absence de vancomycine, l'activité VanX était plus faible car les gènes de résistance sont exprimés uniquement à partir du promoteur de régulation alors qu'en présence de vancomycine l'activité VanX est augmentée car les gènes de résistance sont exprimés non seulement à partir du promoteur de régulation mais aussi à partir du promoteur de résistance (Figure 20). Comme nous l'avons vu précédemment, en l'absence de glycopeptides, seuls les gènes de régulation sont exprimés en permanence et à bas niveau à partir du promoteur de régulation permettant ainsi à la souche de sentir à tout moment la vancomycine, alors qu'en présence de vancomycine, le régulateur $VanR_B$ est phosphorylé et active non seulement plus fortement le promoteur de régulation mais aussi le promoteur de résistance conduisant à une transcription augmentée des gènes de résistance et de régulation (Publication n°89).

II- Caractérisation de souches de type VanD et étude de leur régulation (Publications n°95, n°92 et n°91)

Quatre types de résistance acquise (VanA, VanM, VanB et VanD) aux glycopeptides par production de précurseurs du peptidoglycane terminés par le depsipeptide D-Ala-D-Lac au lieu du dipeptide D-Ala-D-Ala ont été caractérisés chez les entérocoques (28, 276, 376). L'organisation générale de l'opéron *vanD* est similaire à celle des groupes de gènes *vanA*, *vanB* et *vanM* (65). Trois protéines sont requises pour la résistance: la déshydrogénase $VanH_D$, une ligase VanD et une D,D-dipeptidase $VanX_D$. La D,D-carboxypeptidase $VanY_D$ est distincte de VanY et $VanY_B$ puisqu'elle présente une identité avec les protéines de liaisons à la pénicilline (PLPs) (65). Ces D,D-carboxypeptidases à sérine catalytique sont à la différence de VanY et $VanY_B$ sensibles à la pénicilline (17). VanZ qui confère la résistance à la teicoplanine chez VanA (20) et la protéine VanW présente chez VanB (119) et dont sa fonction reste inconnue ne sont pas retrouvées dans le groupe de gènes *vanD*.

La synthèse des protéines de résistance est régulée au niveau transcriptionnel par un système régulateur à deux composantes composé d'un capteur membranaire ($VanS_D$) et d'un régulateur transcriptionnel ($VanR_D$) (66). Les gènes $vanR_D$ et $vanS_D$ du système à deux composantes sont présents en amont des gènes de structure pour les protéines de résistance (65). Les gènes régulateurs et de résistance sont transcrits à partir des promoteurs distincts P_{RD} et P_{YD} qui sont régulés de manière coordonnée (66). Bien que les trois types de résistance impliquent des gènes codant pour des fonctions enzymatiques apparentées, ils peuvent être différenciés par la localisation des gènes (Figure 6) et par les différents modes d'expression des gènes et de leur régulation (Tableau 1).

Quatre isolats cliniques de type VanD ont été rapportés qui appartiennent à l'espèce *E. faecium* et sont caractérisés par une résistance à des niveaux modérés de vancomycine (16 à 256 μg/ml) et de teicoplanine (4 à 64 μg/ml) (53, 84, 260, 272, 276). Seules deux souches, BM4339 (276) et BM4416 (272), ont été étudiées de manière plus approfondie révélant que la résistance aux glycopeptides s'exprime constitutivement malgré la présence des gènes $vanR_DS_D$ qui sont activés à partir du promoteur P_{RD}. Chez BM4339 et BM4416, il a été montré que la voie sensible est inactive du fait d'une ligase D-Ala:D-Ala non fonctionnelle (65, 272). Par conséquent, les souches devraient pousser seulement en présence de vancomycine puisqu'elles ont besoin de la voie de résistance inductible pour la synthèse du peptidoglycane. Cependant ce n'est pas le cas puisque les groupes de gènes *vanD* s'expriment constitutivement dû, vraisemblablement, à des mutations dans le capteur VanS$_D$ comme observé pour la souche N-97-330 (aussi appelée BM4416) (53).

1. Caractérisation des souches de type VanD

Dix souches cliniques ont été étudiées dont six *E. faecium* : 10/96A isolé au Brésil, A902 isolé aux Etats-Unis et BM4538 isolé en Australie, résistants à des niveaux élevés de vancomycine (256, 128 et 64 μg/ml,

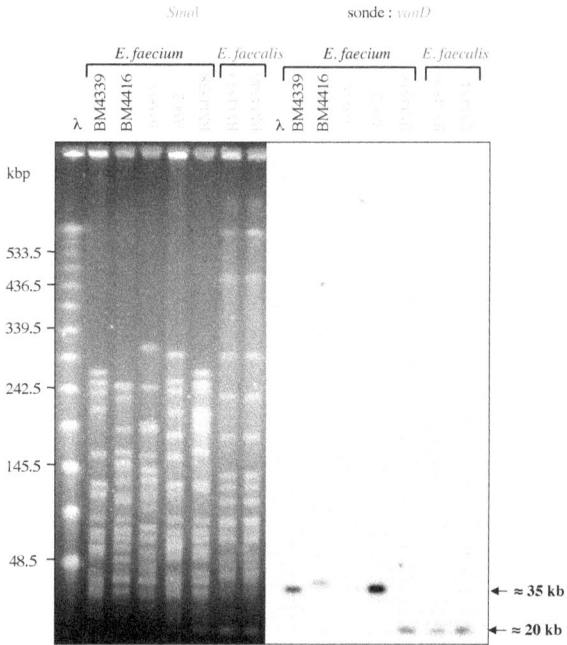

Figure 37. Analyse de l'ADN génomique des isolats cliniques de type VanD par électrophorèse en champ pulsé (gauche) et par hybridation Southern (droite) avec une sonde spécifique vanD. Les concatémères du bactériophage λ ont été utilisés comme marqueurs de poids moléculaire (λ) et les tailles sont indiquées à gauche. Les tailles des fragments qui ont hybridé sont indiquées à droite. Les souches étudiées sont indiquées en vert.

178

respectivement) et à de bas niveaux de teicoplanine (4 μg/ml), NEF1 isolé en France résistant à haut niveau à la vancomycine (512 μg/ml) et à la teicoplanine (64 μg/ml), BM4653 et BM4656 isolés en France et résistants à des niveaux modérés de vancomycine (32 μg/ml) et à de bas niveaux de teicoplanine (4 μg/ml), trois souches de *E. faecalis* BM4539 et BM4540 isolées en Australie, et BM4654 isolée en France résistantes à des niveaux modérés de vancomycine (16 μg/ml) et sensibles à la teicoplanine (0,25-0,5 μg/ml) et une souche de *E. avium* BM4655 isolée en France résistante à des niveaux modérés de vancomycine (32 μg/ml) et de bas niveau à la teicoplanine (4 μg/ml). Le génotype de résistance aux glycopeptides de ces souches a été déterminé par amplification avec des amorces spécifiques des gènes *vanA*, *vanB*, *vanC-1*, *vanC-2*, *vanC-3*, *vanD*, *vanE* et *vanG* et a été trouvé comme étant *vanD*. Ces nouveaux isolats tout comme *E. faecium* BM4339 et BM4416 étudiés précédemment sont distincts entre eux sur la base de leur profil par électrophorèse en champ pulsé après digestion par *Sma*I à l'exception des deux *E. faecalis* BM4539 et BM4540 (Figure 37). La sonde *vanD* a hybridé avec un fragment de 20 kb de *E. faecium* BM4538 et de *E. faecalis* BM4539 et BM4540 et avec un fragment de 35 kb de *E. faecium* A902. Ces tailles diffèrent de celles de BM4339 et BM4416 étudiées précédemment (Figure 37). Ces isolats hébergent un groupe de gènes *vanD* qui n'est pas transférable par conjugaison à d'autres entérocoques.

La cartographie par amplification avec des amorces complémentaires de l'opéron *vanD* de la souche prototype *E. faecium*

E. faecium

BM4339   % GC   44   * 43   43   46   47   47

$vanR_D$ régulateur $vanS_D$ capteur $vanY_D$ D,D-carboxypeptidase $vanH_D$ déshydrogénase $vanD$ ligase $vanX_D$ D,D-dipeptidase

BM4416   % GC   44   41   43   47   49   47

% identité avec BM4339   98   99   96   99   97   98

10/96A   % GC   44   47   46   49   49   51

% identité avec
BM4339   96   92   87   83   85   87
BM4416   97   85   78   79   82   88

31   32

% identité avec IS*200*/IS*1341*   ORFA 39   ORFB 48

A902   % GC   43   44   47   46   46   49

% identité avec
BM4339   99   91   81   97   96   97
BM4416   97   95   79   98   96   96
10/96A   96   79   97   83   84   90
BM4538/BM4539   98   93   79   98   95   97

BM4538   % GC   41 *   44   43   46   47   47

E. faecalis

BM4539/BM4540   % GC   41   44   43   46   47   47

% identité avec
BM4339   100   98   98   99   98   100
BM4416   97   96   96   99   96   98
10/96A   96   87   87   84   84   87
A902   98   93   79   98   95   97

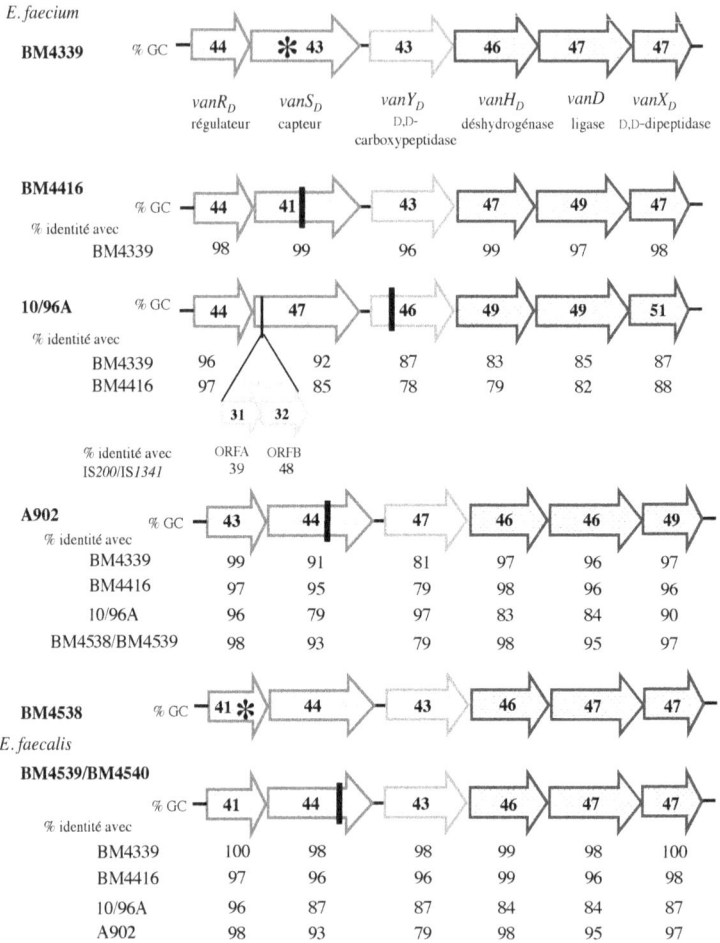

Figure 38. Comparaison des différents opérons *vanD*. Les flèches représentent les séquences codantes et indiquent la direction de la transcription. Le contenu en guanine plus cytosine (% G+C) est indiqué dans les flèches. Le pourcentage d'identité en acides aminés entre les protéines déduites est indiqué sous les flèches. Pour BM4538, les pourcentages d'identité sont identiques à BM4539 et BM4540 à l'exception de la mutation dans $VanR_D$ de BM4538 et de celle dans $VanS_D$ de BM4539 et BM4540. *, mutation ponctuelle; barre verticale, mutation entraînant un changement de cadre de lecture et conduisant à une protéine tronquée. nd, séquence non déterminée.

BM4339 (65) a donné des fragments de tailles attendues, indiquant que tous les gènes constituant l'opéron *vanD* étaient présents dans les dix souches étudiées et que leur organisation était identique à celle de BM4339 (Figure 38). Deux groupes adjacents, l'un contenant les gènes régulateurs $vanR_DS_D$ et l'autre contenant les gènes de résistance $vanY_DH_DDX_D$ étaient présents. Aucune insertion ou délétion dans les régions codantes n'a été détectée à l'exception de la souche 10/96A (Figure 38) (Publication n°95). Les séquences déduites des protéines ($VanR_D$, $VanS_D$, $VanY_D$, $VanH_D$, VanD et $VanX_D$) des dix souches étudiées présentaient 79 à 100 % d'identité avec celles des souches de type VanD déjà décrites (Figure 38) (53, 65). Les séquences de *E. faecium* BM4538 et de *E. faecalis* BM4539 et BM4540 étaient identiques entre elles à 100 % (Publication n°92). Le groupe de gènes *vanD* a été localisé sur un fragment chromosomique d'environ 565 kb chez *E. avium* BM4655, 450 kb chez *E. faecium* 10/96A et *E. faecalis* BM4654, 410 kb chez les souches A902, BM4539 et BM4540, 390 kb chez BM4538, 380 kb chez NEF1, 365 kb chez BM4653, 350 kb chez BM4656 par électrophorèse en champ pulsé à partir de l'ADN total restreint par l'enzyme I-*Ceu*I (210) suivi d'hybridations successives avec les sondes internes à *rrs* (ARN 16S) (143) et à *vanD*. Ces résultats sont distincts de ceux obtenus avec BM4339 (330 kb) et BM4416 (380 kb) et confirment les différences de profils obtenus après digestion de l'ADN génomique par *Sma*I.

Tableau 4. CMI des glycopeptides et précurseurs cytoplasmiques du peptidoglycane synthétisés par les entérocoques de type VanD

Souche	Mutation dans			CMI (μg/ml) de[a]		% de précurseurs du peptidoglycane[b]			
	ddl	$vanS_D$	$vanR_D$	Vm	Te	UDP-MurNAc-tripeptide	UDP-MurNAc-tétrapeptide	UDP-MurNAc-pentapeptide	UDP-MurNAc-pentadepsipeptide
E. faecium									
BM4339	$::5pb_{57}$	$C_{517}A$	•	64	4	19	21	2	58
BM4416	$::IS19_{562}$	$\Delta1pb_{470}$	•	128	64	7	24	<1	69
10/96A	$G_{14}S$	$::ISEfa4_{63}$	•	256	4	10	2	3	95
A902	$A_{18}G$	$\Delta1bp_{597}$	•	128	4	3	26	1	70
BM4538	$G_{936}A$	•	$G_{419}A$	64	4	8	30	<1	62
NEF1	$::IS19_{84}$	$C_{506}T$	•	512	64	<1	4	<1	96
BM4653	$C_{554}T$	$T_{206}C$	•	32	4	<1	4	9	87
BM4656	•	$::6pb_{987}$	•	32	4	<1	29	14	57
E. faecalis									
BM4539	$::7pb_{972}$	$::7bp_{753}$	•	16	0.25	24	3	7	66
BM4540	$::7bp_{361}$	$::7bp_{753}$	•	16	0.25	12	4	7	77
BM4654	$C_{536}T$	$A_{922}C, A_{925}G, G_{1006}A$	•	16	0.5	<1	33	6	61
E. avium									
BM4655	$A_{665}C$	$G_{1010}A$	•	32	4	<1	9	19	72

[a] Les CMI ont été déterminées par la méthode de Steers et coll. (305). Te, teicoplanine. Vm, vancomycine.
[b] Les bactéries ont été cultivées sans vancomycine jusqu'au milieu de la phase exponentielle et la synthèse totale des précurseurs tardifs du peptidoglycane a été inhibée par l'addition de ramoplanine (3 μg/ml) aux cultures pendant 15 mn. Les résultats ont été exprimés en pourcentage de la totalité des précurseurs du peptidoglycane : UDP-MurNAc-tétrapeptide, UDP-MurNAc-pentapeptide et UDP-MurNAc-pentadepsipeptide qui ont été déterminés à partir des surfaces des pics intégrés.

2. Synthèse majoritaire de précurseurs terminés par D-Ala-D-Lac

Chez les dix souches de type VanD étudiées (Publications n°91, 92 et 95), il n'y avait pas de différence dans la nature des précurseurs du peptidoglycane produits par les cellules induites ou non induites, indiquant que le groupe de gènes *vanD* était exprimé constitutivement (Tableau 4). L'UDP-MurNAc-pentadepsipeptide (D-Lac) était le principal précurseur, mais de l'UDP-MurNAc-tétrapeptide était également synthétisé (Tableau 4). Si les ligases D-Ala:D-Ala de ces souches sont inactives, peu d'UDP-MurNAc-pentapeptide doit être présent, par conséquent le tétrapeptide résulte vraisemblablement de l'élimination du D-lactate à partir de l'UDP-MurNAc-pentadepsipeptide. Les PLPs qui fonctionnent comme des D,D-carboxypeptidases hydrolysent les esters, en plus des peptides. Les enzymes $VanY_D$ qui sont des PLPs et dont les activités étaient inhibées par de faibles concentrations de pénicilline G (100 μg/ml) devraient hydrolyser l'UDP-MurNAc-pentadepsipeptide avec la production de tétrapeptide. La présence de tripeptide dans les souches BM4539 et BM4540 pourrait être due à une ligase VanD pas suffisamment active pour synthétiser du D-Ala-D-Ala aussi rapidement que le tripeptide est produit.

3. Rôle des ligases D-Ala:D-Ala des souches de type VanD

Pour élucider la stratégie adoptée par les dix souches pour empêcher la synthèse du peptidoglycane par la voie chromosomique sensible, le gène chromosomique *ddl* de la ligase D-Ala:D-Ala de l'hôte a été amplifié et séquencé. La séquence de la ligase Ddl de *E. avium* BM4655 a été déterminée en entier grâce à la technique de TAIL-PCR et présente un plus haut degré d'identité (98 %) avec celle de *E. raffinosus* et seulement de 79 % et 72 % d'identité avec celles de *E. faecium* et de *E. faecalis*, respectivement. L'alignement des séquences des ligases D-Ala:D-Ala présentait des mutations différentes selon les souches : $G_{184}S$ adjacente à la sérine impliquée dans la liaison du D-Ala1 chez 10/96A, $T_{289}P$ près de l'arginine impliquée dans la liaison du D-Ala1 chez *E. avium* BM4655, $E_{13}G$ chez A902 et $S_{185}F$ chez BM4653 impliquées toutes les deux dans la liaison du D-Ala1, $P_{180}S$ adjacente à la lysine impliquée dans la liaison du D-Ala2 chez BM4654, $S_{319}N$ sérine impliquée dans la liaison à l'ATP chez BM4538, une séquence d'insertion, IS19, chez NEF1 déjà décrite mais à une autre position chez BM4416 et une insertion de 7 pb à des endroits différents chez BM4539

183

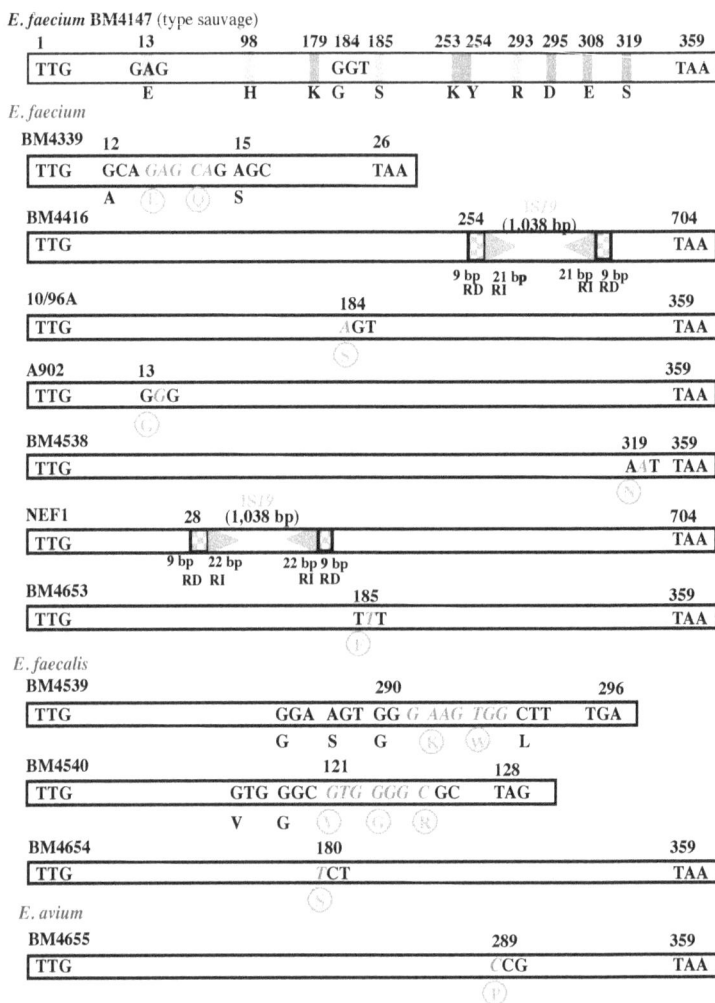

Figure 39. Représentation schématique des ligases D-Ala:D-Ala de *E. faecium* BM4147 (type sauvage) et des entérocoques de type VanD avec les différentes mutations. Les positions des acides aminés impliqués dans la liaison du D-Ala1 (jaune), D-Ala2 (vert) et de l'ATP (violet) sont indiquées. En rouge, bases modifiées ou séquence d'insertion en bases. Les acides aminés modifiés sont indiqués en vert cerclés de vert. RD, répétition directe; RI, répétition inversée.

184

et BM4540 conduisant à des protéines tronquées (Figure 39). L'analyse de la séquence a indiqué que dans BM4539 et BM4540, l'insertion a résulté d'une duplication en tandem de sept pb (Figure 39). Bien que leurs profils *Sma*I étaient similaires (Figure 37), les souches BM4539 et BM4540 différaient dans la séquence de la ligase D-Ala:D-Ala. Dans la souche prototype BM4339, une insertion de cinq paires de bases avait été détectée à la position de la substitution $E_{13}G$ de la souche A902. De façon surprenante, aucune mutation n'a été observée dans le gène *ddl* de *E. faecium* BM4656. Il s'agit de la première souche de type VanD à présenter une ligase D-Ala:D-Ala fonctionnelle.

Pour la souche prototype *E. faecium* BM4339 de type VanD présentant une Ddl défectueuse, il a été montré précédemment que l'introduction sur un plasmide du gène *ddl* intact d'une souche de *E. faecium* sous le contrôle du promoteur constitutif P_2 restaurait sa sensibilité aux glycopeptides (65) comme observé avec le plasmide portant le gène *ddl* non muté de *E. faecium* BM4656. Pour vérifier si la ligase D-Ala:D-Ala avec une mutation ponctuelle dans un acide aminé conservé des souches 10/96A, A902, BM4538, BM4653, BM4654 et BM4655 était fonctionnelle, leur gène *ddl* et le site de liaison au ribosome ont été clonés sous contrôle du promoteur constitutif P_2 et les plasmides résultants ont été electrotransformés chez la souche BM4339 (VanD) ayant une ligase Ddl non fonctionnelle. Les transformants obtenus sont restés résistants à la vancomycine indiquant que la Ddl est bien défectueuse chez les souches 10/96A, A902, BM4538, BM4653,

185

BM4654 et BM4655 ce qui explique l'absence ou très faible synthèse de précurseurs se terminant par D-Ala-D-Ala (Tableau 4).

4. Activités D,D-peptidases VanX$_D$ et VanY$_D$ des souches de type VanD

L'activité D,D-dipeptidase VanX$_D$, non requise en l'absence de D-Ala-D-Ala, était faible dans les fractions cytoplasmiques des neuf souches induites ou non induites (Figure 40) bien qu'aucun des résidus conservés ne soient mutés à l'exception des souches *E. faecalis* BM4654 et *E. avium* BM4655. Les protéines VanX$_D$ présentent les motifs YA, DxxR, SxHxxGxAxD, DxM et ExxH correspondants aux résidus des sites actifs qui peuvent être impliqués dans la fixation du zinc et la catalyse. Chez BM4654, le motif DFM impliqué dans la fixation du D-Ala-D-Ala était modifié en DYM et chez BM4655, une mutation a été observée à proximité du même motif. Ces mutations pourraient expliquées les très faibles activités VanX$_D$ observée chez ces souches. Puisque ces souches ne produisent pas de précurseurs terminés par D-Ala-D-Ala dû à une mutation dans le gène *ddl* chromosomique, aucune activité D,D-dipeptidase n'est requise pour l'expression de la résistance aux glycopeptides. En revanche, dans le cas de BM4656, l'activité D,D-dipeptidase était requise, puisque la ligase D-Ala :D-Ala était fonctionnelle. La production constitutive de VanX$_D$ était plus surprenante chez *E. faecium* NEF1 et BM4653 puisque leur ligase D-Ala:D-Ala étaient probablement non fonctionnelle. Cependant chez ces souches, la D,D-carboxypeptidase VanY$_D$ était prématurément tronquée soit par un codon stop, après le premier site des trois motifs

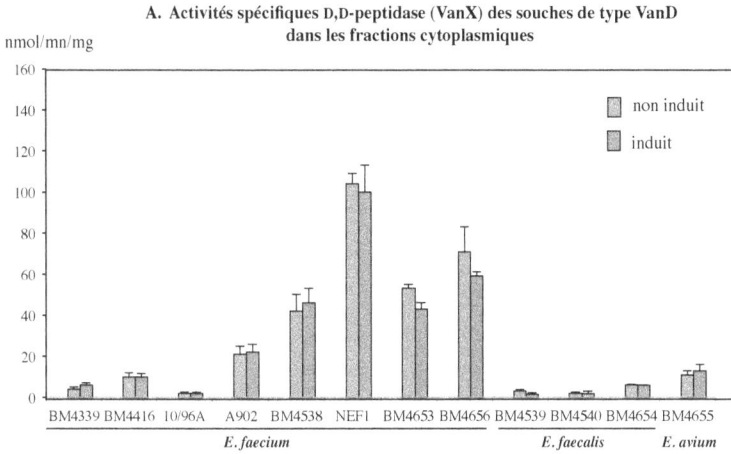

A. Activités spécifiques D,D-peptidase (VanX) des souches de type VanD dans les fractions cytoplasmiques

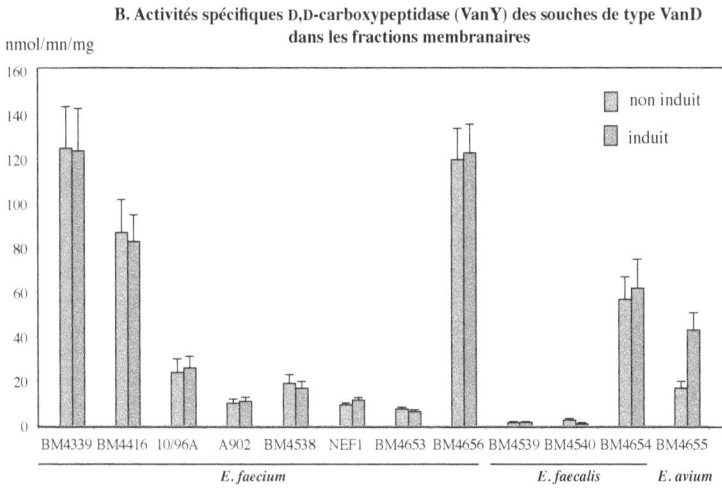

B. Activités spécifiques D,D-carboxypeptidase (VanY) des souches de type VanD dans les fractions membranaires

Figure 40. Activités spécifiques de la D,D-dipeptidase VanX et de la D,D-carboxypeptidase VanY chez les souches de type VanD. L' induction a été réalisée avec 4 µg/ml de vancomycine. L' activité spécifique est définie comme le nombre de nanomoles de produit formé à 37°C par minute et par milligramme de protéines contenus dans les extraits.

187

```
10/96A        NH2---9-TDRIAPASTAKMITALTV-39-LIALMLPSGNDAAYTLA-106-RPEVIGLKTGTSSLGGA-39-COOH

A902          NH2-120-TDRIAPASTAKMITALTV-39-LIALMLPSGNDAAYTLA-106-RPEVIGLKTGTSSLGGA-39-COOH

BM4654        NH2-120-TDRIAPASTAKMITALTV-39-LIALMLPSGNDAAYTLA-106-RPEVIGLKTGTSSLGGA-39-COOH

BM4655        NH2-120-TDRIAPASTAKMITALTV-39-LIALMLPSGNDAAYTLA-106-RPEVIGLKTGTSSLGGA-39-COOH

NEF1          NH2-120-TAKIAPASTAKMIMALTA-39-LIALMLPSGNDAAYTLA-106-RPEVIGLKTGTSSLGGA-39-COOH

BM4656        NH2-120-TAKIAPASTAKMIMALTA-39-LIALMLPSGNDAAYTLA-106-RPEVIGLKTGTSSLGGA-39-COOH

BM4339        NH2-120-TAKIAPASTAKMIMALTA-39-LIALMLPSGNDAAYTLA-106-RPEVIGLKTGTSSLGGA-39-COOH

BM4416        NH2-120-TAQIAPASTAKMIMALTA-39-LIALMLPSGNDAAYTLA-106-RPEVIGLKTGTSSLGGA-39-COOH

BM4538        NH2-120-TAKIAPASTAKMIMALTA-39-LIALLLPSGNDAAYTLA-106-RPEVIGLKTGTSSLGDA-39-COOH

BM4539        NH2-120-TAKIAPASTAKMIMALTA-39-LIALLLPSGNDAAYTLA-106-RPEVIGLKTGTSSLGDA-39-COOH

BM4653        NH2-120-TAKIAPASTAKMIMALTA-39-LIALLLPSGNDAAYTLA-106-RPEVIGLKTGTSSLGDA-39-COOH

S. K15 PLP    NH2--56-DTRRSTGSTTKIMTAKVV-43-LYGLMLPSGCDAAYALA-100-YSGAIGVKTGSGPEAKY-40-COOH

B. MB24 DacF  NH2--56-NERLAPASMTKIMTMLLI-42-LKGIAIASGNDASVAMA--89-YPGVDGVKTGYTGEAKY-74-COOH

E. coli PLP6  NH2--58-DEKLDPASLTKIMTSYVV-48-NKGVIIQSGNDACIALA--86-NLNVDGMKTGTTAGAGY-74-COOH

Motifs conservés          motif I          motif II          motif III
```

Figure 41. Alignement partiel des séquences déduites des D,D-carboxypeptidases des souches de type VanD et des PLP de *Streptomyces* sp. K15 (255), *Bacillus subtilis* MB24 (DacF) (366) et *E. coli* (PLP6) (59). Les motifs conservés impliqués dans la structure du site actif sont indiqués en rouge. Le nombre d'acides aminés entre l'extrémité N-terminale et les motifs I, les motifs I et II, les motifs II et III et le motif III et l'extrémité C-terminale sont indiqués.

188

impliqués dans la structure du site actif de $VanY_D$ (Figure 41) chez NEF1 ou par une nouvelle séquence d'insertion, IS*Efa9*, appartenant à la famille IS*3*, composée de deux gènes *orfA* et *orfB* codant pour des transposases chez BM4653, conduisant vraisemblablement à une protéine défectueuse comme le montre les très faibles activités $VanY_D$ (Figure 40) et le manque de tétrapeptide (Tableau 4). Par conséquent l'activité D,D-dipeptidase $VanX_D$ est requise pour éliminer le D-Ala-D-Ala qui pourrait être synthétisé par la ligase VanD (Figure 40).

L'activité D,D-carboxypeptidase $VanY_D$ dans les fractions membranaires était constitutive (Tableau 4) et inhibée par la pénicilline G confirmant l'appartenance de cette protéine à la famille des PLPs qui sont sensibles aux β-lactamines. Les protéines $VanY_D$ contiennent les trois motifs SxxK, SG(C/N) et KTG caractéristiques des domaines de liaison à la pénicilline G (Figure 41) (262). Chez *E. faecium* BM4656, *E. faecalis* BM4654 et *E. avium* BM4656, les activités D,D-carboxypeptidases étaient élevées (Figure 40) en accord avec la présence d'UDP-Mur-NAc-tétrapeptide (Tableau 4). L'activité $VanY_D$ compensait la très faible activité $VanX_D$ chez BM4654 et BM4655. Chez BM4656, puisque la ligase D-Ala:D-Ala était fonctionnelle, $VanX_D$ hydrolysait le D-Ala-D-Ala synthétisé par la D-Ala:D-Ala ligase hôte et $VanY_D$ pourrait contribuer à la résistance en éliminant le D-Ala C-terminal des précurseurs du peptidoglycane quand l'élimination du D-Ala-D-Ala par $VanX_D$ était incomplète. Cependant, quand $VanY_D$ était inactive comme chez NEF1 et BM4653, $VanX_D$ était plus active (Figure 40).

Dans la souche *E. faecium* 10/96A (Publication n°95), le gène *vanY*$_D$ en amont des gènes de structure des protéines de résistance VanH$_D$, VanD et VanX$_D$ présente une mutation avec un changement du cadre de lecture qui entraîne une interruption prématurée de la protéine résultant en un polypeptide de 118 acides aminés dans lequel le site actif d'une D,D-carboxypeptidase semble manquer. En l'absence de cette mutation, *vanY*$_D$ de 10/96A coderait pour une D,D-carboxypeptidase apparentée aux PLPs. Cependant les fractions membranaires de cette souche contenaient une activité D,D-carboxypeptidase qui n'était inhibée ni par la vancomycine ni par la pénicilline G. Cette activité légèrement plus faible que celle des extraits membranaires des souches BM4339 (276) et BM4416 (272) qui étaient inhibées par de faibles concentrations de pénicilline G, n'est probablement pas due à la protéine VanY$_D$ de la souche 10/96A.

5. Activités D,D-peptidases VanX$_D$ et VanY$_D$ de *E. faecium* 10/96A dans JH2-2

Pour tester si *vanX*$_D$ et *vanY*$_D$ de 10/96A codent pour des enzymes fonctionnelles comparativement à ceux de BM4339 (65), les gènes et leur RBS ont été clonés sous contrôle du promoteur constitutif P_2 et électrotransformés dans la souche de *E. faecalis* JH2-2 (180). Une très faible hydrolyse du D-Ala-D-Ala a été détectée dans les extraits cytoplasmiques des souches hébergeant le gène *vanX*$_D$. Ces résultats confirment ceux obtenus avec les extraits bruts de BM4339 et 10/96A. Aucune activité D,D-carboxypeptidase n'a été détectée dans les extraits des fractions membranaires ou cytoplasmiques de la souche 10/96A (Publication n°95) hébergeant le gène $vanY_D$, alors que cette activité était présente dans la souche hébergeant le gène $vanY_D$ de BM4339. La mutation entraînant un changement de cadre de lecture dans le gène $vanY_D$ de 10/96A et générant un codon stop a entraîné une absence d'activité D,D-carboxypeptidase. *E. faecium* 10/96A produit presque exclusivement de l'UDP-MurNAc-pentadepispeptide (95 %) (Tableau 4). L'UDP-MurNAc-tétrapeptide (2 %) et l'UDP-MurNAc-tripeptide n'étaient présents qu'en quantité non significative (Tableau 4). Ces résultats suggèrent que $VanY_D$ tronquée de 10/96A n'est pas active du fait de l'absence du domaine contenant le site actif. De plus, il n'y a pas de réinitiation de la portion C-terminale de la protéine et plus particulièrement il n'y a pas de RBS potentiel en amont des sites d'initiation présumés.

6. Mutations dans les capteurs $VanS_D$

Les entérocoques résistants à la vancomycine et présentant une ligase D-Ala:D-Ala non fonctionnelle ne poussent qu'en présence de vancomycine, puisque la synthèse de D-Ala-D-Lac ne s'effectue qu'après induction. Ceci n'est pas le cas pour ces souches de type VanD dont l'expression de la résistance est constitutive puisqu'il n'y a pas de différence qualitative dans les précurseurs du peptidoglycane et dans les activités $VanX_D$ et $VanY_D$ produits par les cellules induites ou non induites. Le gène $vanS_D$ des souches de type VanD a été amplifié et sa séquence déterminée. L'alignement de leurs séquences avec celles de

BM4339 et BM4416 a révélé des mutations différentes dans chacune des souches (Figure 38). Une insertion de IS*Efa4*, appartenant à la famille IS*605* (192), a été caractérisée à 45 pb en aval du site d'initiation de *vanS*$_D$ de 10/96A. IS*605* détectée chez *Helicobacter pylori* est inhabituelle par le fait qu'elle contient, en orientation opposée, des homologues des gènes codant pour des transposases de deux autres séquences d'insertion non apparentés : IS*200* de *H. pylori* (44) et IS*1341* de la bactérie thermophile PS3 (249). IS*Efa4* se caractérise par (i) l'absence de répétitions inversées aux extrémités, (ii) l'absence de duplication des séquences cibles, (iii) l'insertion de son extrémité gauche après la séquence 5' TTTAAC et (iv) deux ORFs codant pour des transposases mais dans la même orientation. Une duplication de 7 pb (CTGGCCG) à la position 753 dans le gène *vanS*$_D$ de BM4539 et BM4540 et une délétion de 1 pb dans *vanS*$_D$ de A902 à la position 660 ont résulté en un changement de cadre de lecture qui a conduit à une protéine tronquée de 258 acides aminés pour BM4539 et BM4540 et de 233 acides aminés pour A902 au lieu de 381 acides aminés chez BM4339 (Figure 42). Dans la souche BM4416 (dénommée aussi N97-330) une délétion de 1 pb avait été observée à la position 670 qui a entraîné également un changement de cadre de lecture avec un polypeptide de 233 acides aminés au lieu de 381 (Figure 42) (53).

Le résidu histidine de VanS$_D$, qui est le site d'autophosphorylation présumé du capteur des souches 10/96A, A902, BM4539, BM4540, NEF1, BM4653, BM4654, BM4655 et BM4654 a été aligné avec celui à la position 166 des deux autres souches de type VanD BM4339 et

```
BM4339     1 MKNRNKTSHEDDYLLFKNRLSVKILLMMVYSILIIAGVYLFILKDNFANVVVAILDSFIYHDRDEAVAVYLRTFKASEIW  80
BM4416     1 MKNRNKTSHEDDYLLFKNRLSVKILLMMVYSILIIAGVYLFILKDNFANVVVAILDSFIYHDRDEAVAVYLRTFKAYEIW  80
10'96A     1            FTNRLSVKILLMMACSILIISVVYLFVLKDNFANVVVAILDRFIYHDRDEAVAVYLRTFKAYEIW  65
A902       1 MKNRNKTSHEDDYLLFKNRLSVKILLMMACSILIIAGVYLFVLKDNFANVVVAILDSFIYHDRDEAVVVYLRTFKAYEIW  80
BM4538     1 MKNRNKTSHEDDYLLFKNRLSVKILLMMVYSILIIAGVYLFILKDNFANVVVAILDSFIYHDRDEAVAVYLRTFKAYEIW  80
BM4539     1 MKNRNKTSHEDDYLLFKNRLSVKILLMMVYSILIIAGVYLFILKDNFANVVVAILDSFIYHDRDEAVAVYLRTFKAYEIW  80
NEF1       1 MKNRNKTSHEDDYLLFKNRLSVKILLMMVYSILIIAGVYLFILKDNFANVVVAILDSFIYHDRDEAVAVYLRTFKASEIW  80
BM4653     1 MKNRNKTSHEDDYLLFKNRLSVKILLMMVYSILIIAGVYLFILKDNFANVVVAILDSFIYHDRDEAVAVYLRTFKASEIW  80
BM4654     1 MKNRDKTSHEDDYLLFKNRLSLKILLIMACSILIIAGVYLFILKDNFANVVVAILDSFIYHDRDEAVAVYLRTFKASEIW  80
BM4656     1 MKNRNKTSHEDDYLLFKNRLSVKILLMMVYSILIIAGVYLFILKDNFANVVVAILDSFIYHDRDEAVAVYLRTFKAYEIW  80
BM4655     1 MKNKNMTSYEDDYLLFKNRLSVKILLMMVYSILIISVVYLFVLKDNFANVVVAILDRFIYHDRDEAVAVYLRTFKAYEIW  80
             ****  *** ******* **** **** *  *****. **** ************** ********  ******* ***

BM4339    81 LFLIAVMGVFFMIFRRYLDSISKYFKEINRGIDTLVNEDANDIGLPPELASTERKINSIRHTLTKRKTDAELAEQRKNDL 160
BM4416    81 LFLIAVMGVFFMIFRRYLDSISKYFKEINRGIDTLVNEDANDIGLPPELASTERKINSIRHTLTKRKTDAELAEQRKNDL 160
10'96A    66 LFLIAVMGVFFVIFRRYLDSISKYFKEINRGIDTLVHEDTNDIALPPELASTERKINSIRHTLTKRKTDAELAEQRKNDL 145
A902      81 LFLIAVMGVFFMIFRRYLDSISKYFKEINRGIDTLVNEDANDITLPPELASTERKINSIRHTLTKRKTDAELAEQRKNDL 160
BM4538    81 LFLIAVMGVFFMIFRRYLDSISKYFKEINRGIDTLVNEDANDIGLPPELASTERKINSIRHTLTKRKTDAELAEQRKNDL 160
BM4539    81 LFLIAVMGVFFMIFRRYLDSISKYFKEINRGIDTLVNEDANDIGLPPELASTERKINSIRHTLTKRKTDAELAEQRKNDL 160
NEF1      81 LFLIAVMGVFFMIFRRYLDSISKYFKEINRGIDTLVNEDANDIGLPPELASTERKINSIRHTLTKRKTDAELAEQRKNDL 160
BM4653    81 LFLIAVMGVFFMIFRRYLDSISKYFKEINRGIDTLVNEDANDIGLPPELASTERKINSIRHTLTKRKTDAELAEQRKNDL 160
BM4654    81 LFLIAVMGVFFMIFRRYLDSISKYFKEINRGIDTLVHEDTNDIALPPELASTERKINSIRHTLTKRKTDAELAEQRKNDL 160
BM4656    81 LFLIAVMGVFFMIFRRYLDSISKYFKEINRGIDTLVNEDANDIGLPPELASTERKINSIRHTLTKRKTDAELAEQRKNDL 160
BM4655    81 LFLIAVMGVFFVIFRRYLDSISKYFKEINRGIDTLVHEDTNDIALPPELASTERKINSIRHTLTKRKTDAELAEQRKNDL 160
             ***********.***************************.**.*** ***********************************

                    H
                 ----------
BM4339   161 VMYLAHDLKTPLPSVIGYLNLLRDENQISEELREKYLSISLDKAERLEELINEFFEITRFNLSNITLVYSKINLTMMLEQ 240
BM4416   161 VMYLAHDLKTPLSSVIGYLNLLRDENQISEELREKYLSISLDKAERLEELINEFFEITRFNLSTSRLCTAKSI------- 233
10'96A   146 VMYLAHDLKTPLSSVIGYLNLLRDEKQISEELREKYLSISLDKAERLEELINEFFEITRFNLSNITLVYSKINLTMMLEQ 225
A902     161 VMYLAHDLKTPLSSVIGYLNLLRDENQISEELREKYLSISLDKAERLEELINEFFEITRLIFQISRLCTAKSI------- 233
BM4538   161 VMYLAHDLKTPLSSVIGYLNLLRDENQISEELREKYLSISLDKAERLEELINEFFEITRFNLSNITLVYSKINLTMMLEQ 240
BM4539   161 VMYLAHDLKTPLSSVIGYLNLLRDENQISEELREKYLSISLDKAERLEELINEFFEITRFNLSNITLVYSKINLTMMLEQ 240
NEF1     161 VMYLAHDLK(PSVIGYLNLLRDENQISEELREKYLSISLDKAERLEELINEFFEITRFNLSNITLVYSKINLTMMLEQ 240
BM4653   161 VMYLAHDLKTPLSSVIGYLNLLRDENQISEELREKYLSISLDKAERLEELINEFFEITRFNLSNITLVYSKINLTMMLEQ 240
BM4654   161 VMYLAHDLKTPLSSVIGYLNLLRDENQISEELREKYLSISLDKAERLEELINEFFEITRFNLSNITLVYSKINLTMMLEQ 240
BM4656   161 VMYLAHDLKTPLSSVIGYLNLLRDENQISEELREKYLSISLDKAERLEELINEFFEITRFNLSNITLVYSKINLTMMLEQ 240
BM4655   161 VMYLAHDLKTPLSSVIGYLNLLRDEKQISEELREKYLSISLDKAERLEELINEFFEITRFNLSNITLVYSKINLTMMLEQ 200
             ********* ** *********** ****************************** .* ***.** *** ******* **

                    N                                         G1
                 ----------                              ----------
BM4339   241 LGYEFKPMLAGKNLKCEFDVQPDMMLSCDANKLQRVFDNVLRNAVSYCYENTTIRVKARQTEDHVLIKIINEGDTIPGER 320
BM4416   233 ------------------------------------------------------------------------------- 233
10'96A   226 LGHEFKPMLAGKNLKCEFDIQPDMLLSCDANKLQRVFDNLLRNAVSYCYENTTIQVNARQAEDHVLIKIINEGDTIPRER 305
A902     233 ------------------------------------------------------------------------------- 233
BM4538   241 LGHEFKPMLAGKNLKCEFDVQPDMMLSCDANKLQRVFDNVLRNAVSYCYENTTIRVKARQTEDHVLIKIINEGDTIPGER 320
BM4539   241 LGHEFKPMLAAGREKSEM--------------------------------------------------------------- 258
NEF1     241 LGYEFKPMLAGKNLKCEFDVQPDMMLSCDANKLQRVFDNVLRNAVSYCYENTTIRVKARQTEDHVLIKIINEGDTIPGER 320
BM4653   241 LGHEFKPMLAGKNLKCEFDVQPDMMLSCDANKLQRVFDNVLRNAVSYCYENTTIRVKARQTEDHVLIKIINEGDTIPGER 320
BM4654   241 LGHEFKPMLAGKNLKCEFDVQPDMMLSCDANKLQRVFDNVLRNAVSYCYENTTIQVNARQAEDYVLIQVINEGDTIPGER 320
BM4656   241 LGHEFKPMLAGKNLKCEFDIQPDMLLSCDANKLQRVFDNLLRNAVSYCYENTTIQVNARQAEDHVLIKIINEGDTIPRER 320
BM4655   241 LGHEFKPMLAGKNLKCEFDIQPDMLLSCDANKLQRVFDNLLRNAVSYCYENTTIQVNARQAEDHVLIKIINEGDTIPRER 320
             ** ******* *******.****.**************..*********** .*.  ***.** ***   ******* **

                  F                G2
               ------            ----------
BM4339   321 LERIFEQFY--RLDVSRSSSTGGAGLGLAIAKEIVELHHGQITAHSENGITSFEVTLPVVGKS 381
10'96A   306 LERIFEQFY--RLDMSRSSSTGGAGLGLAIAREIVELHHGQITARSENGITSFEVTLPTVGKS 366
BM4538   321 LERIFEQFY--RLDVSRSSSTGGAGLGLAIAKEIVELHHGQITAHSENGITSFEVTLPVVGKS 381
NEF1     321 LERIFEQFY--RLDVSRSSSTGGAGLGLAIAKEIVELHHGQITAHSENGITSFEVTLPVVGKS 381
BM4653   321 LERIFEQFY--RLDVSRSSSTGGAGLGLAIAKEIVELHHGQITAHSENGITSFEVTLPVVGKS 381
BM4654   321 LERIFEQFY--RLDVSQSSSTGGAGLGLAIAREIVELHHGQITARSENGITSFEVTLPTVGKS 381
BM4656   321 LERIFEQFYLIRLDVSRSSSTGGAGLGLAIAKEIVELHHGQITARSENGITCFEVTLPIVGKS 383
BM4655   321 LERIFEQFY--RLDMSRSSSTSGAGLGLAIAKEIVELHHGQITARSENGITSFEVTLPVVGKS 381
             **********.*.*********. .************.***********  ****
```

Figure 42. Alignement des séquences des capteurs VanS$_D$. Le site histidine (H) et les domaines N, G1, F et G2 se réfèrent aux motifs conservés présents chez les protéines histidine kinases et sont indiqués au-dessus de l'alignement par des pointillés bleus. Le résidu histidine à la position 166 est le site d'autophosphorylation présumé. Les mutations trouvées dans les domaines conservés et présumées responsables de l'expression constitutive chez les différentes souches de type VanD sont indiquées en italique rouge.

193

BM4416 (Figure 42). Seul le motif histidine (H) est présent dans les souches A902, BM4539 et BM4540, les autres motifs conservés N, G1, F et G2 sont absents comme dans la souche BM4416 (correspondant à N-97-330) (Figure 42). La présence de capteurs tronqués dans ces trois souches pourrait conduire à la production de $VanR_D$ phosphorylée à haut niveau et être responsable de l'expression constitutive de l'opéron *vanD* dans ces souches par perte de l'activité phosphatase. L'alignement des séquences $VanS_D$ avec celle du capteur de la souche BM4339 a révélé, chez cette dernière et chez NEF1, une mutation ponctuelle, $P_{173}S$ et $T_{170}I$ respectivement, dans une région critique proche du site d'autophosphorylation présumé (Figure 42). Chez les souches de type VanB, une mutation dans cette région est responsable d'un phénotype constitutif (35). Des mutations dans le senseur $VanS_D$ différentes de celles décrites chez les autres souches de type VanD étudiées : $V_{67}A$ dans la portion du capteur localisé à la surface externe de la membrane chez BM4653, $G_{340}S$ dans le domaine G2 impliqué dans la liaison à l'ATP chez BM4655, une insertion de 6 pb dans le domaine F chez BM4656 et trois mutations $K_{308}Q$, $I_{309}V$, $R_{335}Q$ dans les domaines G1 et G2 impliqués dans la liaison à l'ATP de BM4654, entraînent l'expression constitutive de la résistance à la vancomycine (Figure 42). Pour vérifier que les mutations dans le capteur $VanS_D$ de NEF1, BM4653, BM4654, BM4655 et de BM4656 étaient responsables de la perte de l'activité phosphatase, le gène $vanS_D$ a été cloné sous contrôle d'un promoteur constitutif et électrotransformé chez deux souches de *E. faecium* de type VanD portant une ligase Ddl fonctionnelle insérée dans le chromosome et hébergeant un capteur ayant perdu son activité phosphatase. Nous avons montré que les transformants obtenus ont une expression constitutive indiquant que le contrôle négatif dû à VanS$_D$ est absent. Ainsi, les capteurs VanS$_D$ de NEF1, BM4653, BM4654, BM4655 et BM4656 ont probablement perdu leur activité phosphatase permettant ainsi l'activation de VanR$_D$ phosphorylée par une kinase hétérologue en absence de glycopeptide ou par VanS$_D$ en présence de glycopeptide. Le résultat observé chez la souche BM4653 représente le premier exemple d'expression constitutive du groupe de gènes *van* dû à une mutation dans le domaine extramembranaire de VanS$_D$. Chez les souches de type VanB une mutation dans le domaine extramembranaire est responsable d'un phénotype inductible par la vancomycine et la teicoplanine. En revanche des substitutions dans les régions transmembranaires et dans le domaine charnière de l'osmocapteur EnvZ conduisent à une perte de l'activité phosphatase (305). Ces mutants présentent un phénotype constitutif.

7. *E. faecium* BM4538 a un capteur VanS$_D$ fonctionnel et un régulateur VanR$_D$ muté

La souche BM4538 a un capteur VanS$_D$ fonctionnel contenant les cinq motifs conservés (H, N, G1, F et G2) caractéristiques des capteurs histidine et impliqués dans la transmission du signal (Figure 42). Elle présente la mutation G$_{140}$E près du feuillet β2 du domaine effecteur du régulateur (Figure 43) qui pourrait être responsable de la résistance constitutive. Les résidus aspartates et lysine (D10, D53 et K102) typiques des régulateurs des systèmes à deux composantes étaient

195

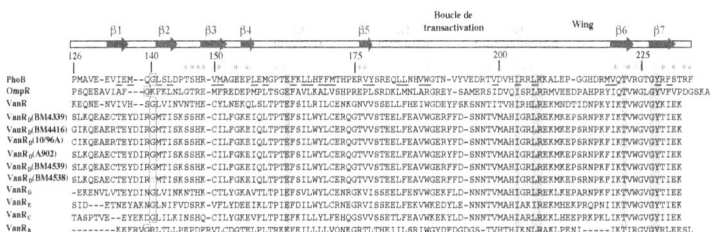

Figure 43. Alignement des séquences déduites des domaines effecteurs des régulateurs de type VanR avec les régulateurs PhoB et OmpR de *E. coli*. La numérotation se réfère à la séquence en acides aminés de VanR$_D$. PhoB est composé de 229 résidus comprenant deux domaines fonctionnels : un domaine receveur N-terminal de 124 acides aminés et un domaine effecteur C-terminal de 99 acides aminés comprenant le domaine de fixation à l'ADN et les fonctions de transactivation (Blanco et coll., 2002). Ces domaines sont reliés par un domaine charnière de 6 résidus. Les résidus entièrement conservés sont surlignés en mauve et les résidus appartenant au core hydrophobe de PhoB sont soulignés en noir. Les résidus de PhoB impliqués dans la fixation à l'ADN sont indiqués par des ronds jaunes et ceux impliqués dans l'interaction protéine-protéine sont représentés par des astérisques rouges. La glycine (G) conservée dans les régulateurs de type VanR et dans ceux de la même famille tels que PhoB et OmpR de *E. coli* sont encadrés en rouge. Le glutamate (E) à la position 140 (numérotation de VanR$_D$), indiqué en italique vert, correspond à la mutation dans *E. faecium* BM4538.

196

présents dans BM4538. L'acide aminé G qui est conservé dans les régulateurs VanR est adjacent à un résidu impliqué dans le noyau hydrophobe des activateurs transcriptionnels ainsi que dans les autres régulateurs de la même famille, tels que PhoB et OmpR de *E. coli* (Figure 43) (48).

Pour vérifier que le capteur $VanS_D$ de BM4538 était fonctionnel, le gène $vanS_D$ a été cloné sous contrôle du promoteur constitutif P_2 et électrotransformé chez deux souches de *E. faecium* de type VanD portant une ligase Ddl fonctionnelle introduite au hasard sur le chromosome et hébergeant un capteur ayant perdu son activité phosphatase. L'expression de l'opéron *vanD* a été étudiée par l'analyse des précurseurs du peptidoglycane et par détermination de l'activité D,D-carboxypeptidase $VanY_D$ en présence et en l'absence de vancomycine (Figure 44). La production du pentapeptide était augmentée au détriment du pentadepsipeptide en l'absence de vancomycine (Figure 44A). Les transformants obtenus avaient par conséquent une résistance inductible à la vancomycine suggérant que le capteur $VanS_D$ était fonctionnel. Seule l'induction par la vancomycine a conduit à la transcription de $vanY_D$ de BM4538 à un niveau similaire à celui obtenu en l'absence ou en présence de vancomycine chez la souche sauvage BM4339 (Figure 44B). Ainsi, $VanS_D$ de BM4538 agit probablement comme une phosphatase en l'absence d'induction et empêche l'activation de $VanR_D$ phosphorylée par une kinase hétérologue. Le contrôle négatif dû à $VanS_D$ est supprimé par la vancomycine, conduisant à l'induction par cet antibiotique, compatible avec le fait que

A. Précurseurs du peptidoglycane

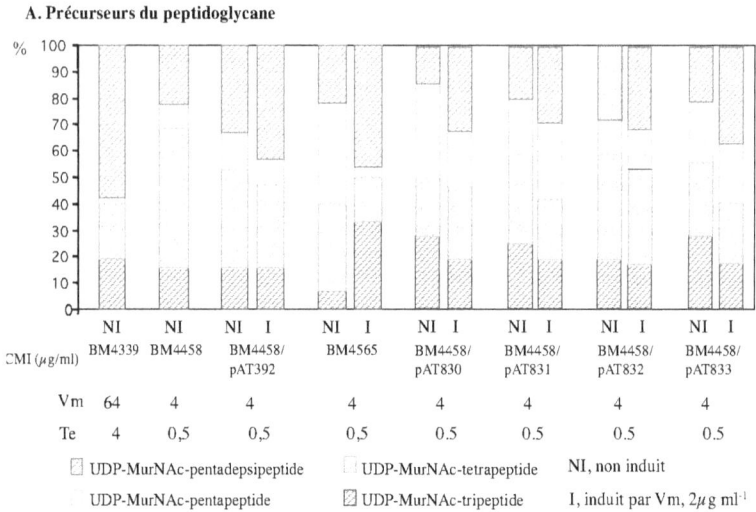

	NI	NI	NI I	NI I	NI I	NI I	NI I	NI I
CMI (µg/ml)	BM4339	BM4458	BM4458/ pAT392	BM4565	BM4458/ pAT830	BM4458/ pAT831	BM4458/ pAT832	BM4458/ pAT833
Vm	64	4	4	4	4	4	4	4
Te	4	0,5	0,5	0,5	0.5	0.5	0.5	0.5

☐ UDP-MurNAc-pentadepsipeptide   ☐ UDP-MurNAc-tetrapeptide   NI, non induit

   UDP-MurNAc-pentapeptide   ☒ UDP-MurNAc-tripeptide   I, induit par Vm, $2\mu g\ ml^{-1}$

B. Activité spécifique D,D-carboxypeptidase dans les fractions membranaires

nmol $min^{-1}mg^{-1}$

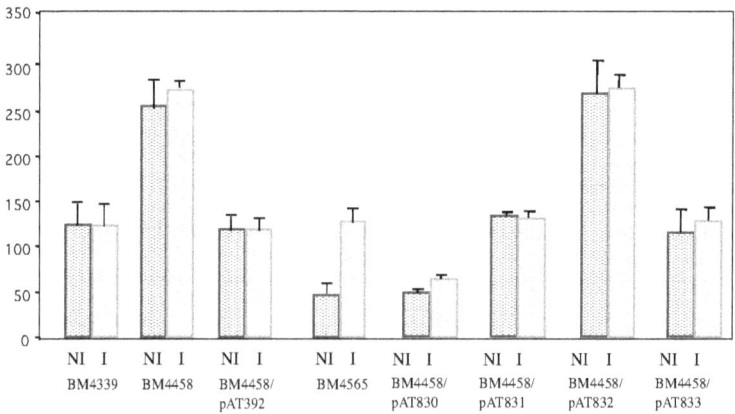

	NI I	NI I	NI I	NI I	NI I	NI I	NI I	NI I
	BM4339	BM4458	BM4458/ pAT392	BM4565	BM4458/ pAT830	BM4458/ pAT831	BM4458/ pAT832	BM4458/ pAT833

Figure 44. Proportion des précurseurs cytoplasmiques du peptidoglycane (A) et activité spécifique de la D,D-carboxypeptidase VanY$_D$ dans les extraits membranaires. Les niveaux de résistance à la vancomycine (Vm) et à la teicoplanine (Te) sont indiqués sous le cadre des précurseurs du peptidoglycane.

198

VanS$_D$ agit comme une kinase en présence de glycopeptides. Ce résultat représente le premier exemple d'expression constitutive du groupe de gènes *van* dû à une mutation dans un gène codant pour un activateur transcriptionnel de type VanR.

8. Deux sous-types d'opérons *vanD* : *vanD-1* et *vanD-4*

La caractérisation de nouveaux opérons *vanD* localisés exclusivement sur le chromosome chez *E. faecalis*, *E. faecium* et, pour la première fois, chez *E. avium* a permis non seulement de mettre en évidence de nouvelles combinaisons de mutations dans le senseur VanS$_D$ et dans la ligase Ddl de l'hôte mais aussi d'établir deux sous-types d'opérons *vanD* appelés *vanD-1* et *vanD-4*, sur la base des différences de séquence dans la ligase de résistance VanD et la D,D-carboxypeptidase VanY$_D$ (Figure 38 et Tableaux 5 et 6). Les gènes *vanR$_D$* et *vanS$_D$* sont bien conservés parmi toutes les souches de type VanD, alors que les gènes de résistance *vanH$_D$*, *vanD* et *vanX$_D$* sont plus distants. Cependant parmi les protéines codantes pour le groupe de gènes *vanD*, VanY$_D$ présentait la plus grande variabilité avec des pourcentages d'identité variant de 78 à 100% (Tableaux 5 et 6). Le groupe de gènes *vanD* des souches de type VanD-1 étaient plus proches de BM4339, alors que ceux des souches de type VanD-4 étaient plus fortement apparentés à celui de 10/96A. Chez *E. faecium* NEF1, BM4653, BM4656, BM4416 et A902 et chez *E. faecalis* BM4538 et BM4539, les opérons *vanD* étaient similaires à celui de BM4339, à l'exception du gène *vanY$_D$* de *E. faecium*

Tableau 5. Pourcentage d'identité des protéines de l'opéron *vanD* de *E. faecium* NEF1 en comparaison des autres opérons *vanD*.

Souche	% d'identité					
	VanR$_D$	VanS$_D$[a]	VanY$_D$[b]	VanH$_D$	VanD	VanX$_D$
BM4339	100	99	100	100	99	100
BM4416	98	97	95	99	96	98
A902	99	97	81	97	96	97
10/96A	96	92	78	83	85	87
BM4538	100	98	97	99	98	100
BM4539	100	98	97	99	98	100
BM4653	100	98	98	99	98	99
BM4656	98	97	95	99	96	98
BM4655	96	92	78	83	85	87
BM4654	99	93	78	95	85	97
N03-0072	99	93	79	95	85	96

Tableau 6. Pourcentage d'identité des protéines de l'opéron *vanD* de *E. faecalis* BM4654 en comparaison des autres opérons *vanD*.

Souche	% d'identité					
	VanR$_D$	VanS$_D$[a]	VanY$_D$[b]	VanH$_D$	VanD	VanX$_D$
BM4339	99	93	79	95	85	97
BM4416	97	94	79	96	86	96
A902	99	94	95	96	86	94
10/96A	97	95	96	84	95	85
BM4538	99	95	79	95	84	97
BM4539	99	95	79	95	84	97
NEF1	99	93	77	95	85	97
BM4653	99	94	78	95	84	97
BM4656	97	94	78	96	86	96
BM4655	97	94	96	84	95	85
N03-0072	100	100	99	100	100	99

Pour réaliser les comparaisons, des protéines entières non mutées ont été "reconstruites" de la manière suivante:

[a] Un nucléotide A a été substitué à la position 668 pour la délétion de 1 pb chez BM4416 (272) (aussi désignée N97-330 (53)), un nucléotide T a été substitué à la position 657 pour la délétion de 1 pb chez A902 (le numéro d'accession est le 999036). La séquence d'insertion IS*Efa4* chez 10/96A, la séquence d'insertion de 7 pb chez BM4539, et la séquence d'insertion de 6-bp chez BM4656 ont été ignorées.

[b] La substitution TGA a été changée en TGG à la position 549 dans le gène *vanY$_D$* de NEF1 pour éliminer le codon stop. L'insertion de 1 pb chez 10/96A et chez N03-0072 (54) ainsi que la séquence d'insertion dans VanY$_D$ de BM4653 ont été ignorées.

A902, qui avait un niveau d'identité plus élevé avec le gène $vanY_D$ de *E. faecium* 10/96A. L'opéron *vanD* de *E. avium* BM4655 était identique à celui de *E. faecium* 10/96A (Tableaux 5 et 6). Ces deux sous-types sont aussi retrouvés chez d'autres espèces d'*Enterococcus* et d'autres genres bactériens. Chez *E. gallinarum* N04-0414 (55) et une espèce de *Ruminococcus* (102), l'opéron *vanD* était identique, respectivement, à 94% et 98,2% avec celui de BM4339, alors que chez *E. raffinosus* GV5 (330), le groupe de gènes *vanD* était hautement similaire (99,5% d'identité) à celui de 10/96A, à l'exception de la présence d'une mutation dans le gène $vanY_D$ conduisant à une protéine tronquée chez cette dernière souche. Cependant, *E. faecalis* BM4654 et *E. faecium* N03-0072 (54), qui sont identiques, hébergent des opérons hybrides : les protéines $VanS_D$, $VanY_D$ et VanD étaient plus similaires aux partenaires de 10/96A que celles de BM4339 et ses dérivés, alors que l'opposé est vrai pour les protéines restantes $VanR_D$, $VanH_D$ et $VanX_D$.

III- Caractérisation de souches de type VanG et étude de leur régulation (Publication n°88)

La résistance aux glycopeptides chez les entérocoques résulte de la production de précurseurs du peptidoglycane terminés soit par D-Ala-D-Ala (VanA, VanB, VanD et VanM) soit par D-Ala-D-Ser (VanC, VanE, VanL et VanN) pour lesquels les glycopeptides montrent une faible affinité et de l'élimination des précurseurs terminés par D-Ala-D-Ala synthétisés par la ligase Ddl de l'hôte sur lesquels les glycopeptides se fixent avec une haute affinité (22, 24, 123, 294). Chez les entérocoques de type VanA, VanB et VanD, la synthèse du D-Ala-D-Lac requiert la présence d'une ligase (VanA, VanB, VanD ou VanM) et d'une déshydrogénase (VanH, $VanH_B$, $VanH_D$ ou $VanH_M$) qui convertit le pyruvate en D-Lac (28). Chez les souches de type VanC, VanE, VanL et VanN, la ligase VanC, VanE, VanL et VanN synthétise du D-Ala-D-Ser et la production de D-Ser est due à une sérine racémase membranaire (VanT, $VanT_E$, $VanT_L$ ou $VanT_M$) (13). L'interaction d'un glycopeptide avec sa cible est empêchée par l'élimination des précurseurs terminés par D-Ala. Deux enzymes sont impliquées dans ce procédé : une D,D-dipeptidase cytoplasmique (VanX, $VanX_B$, $VanX_D$ ou $VanX_M$) qui hydrolyse le dipeptide D-Ala-D-Ala et une D,D-carboxypeptidase liée à la membrane (VanY, $VanY_B$, $VanY_D$ ou $VanY_M$) qui élimine le D-Ala C-terminal des précurseurs tardifs du peptidoglycane quand l'élimination par VanX est incomplète (17, 293). Chez les souches de type VanC, VanE, VanL ou VanN, les deux activités D,D-dipeptidase et D,D-carboxypeptidase sont dues à une seule protéine VanXY$_C$, VanXY$_E$, VanXY$_L$ ou VanXY$_N$ qui sont des protéines cytoplasmiques et contiennent les séquences consensus des protéines de type VanX et VanY (Figure 9) (1, 56, 198, 292).

La régulation de l'expression des gènes de résistance à la vancomycine est contrôlée par un système régulateur à deux composantes de type VanRS localisé en amont des gènes de résistance chez les souches de type VanA, VanB, VanD et VanM (25, 65, 119, 376), alors qu'il est en aval des gènes de résistance chez les souches de type VanC, VanE, VanL et VanN (1, 12, 56, 198). Les gènes de résistance et les gènes de régulation des opérons *vanA*, *vanB* et *vanD* sont transcrits à partir de promoteurs distincts et régulés de manière coordonnée (19, 66, 119) à la différence des opérons *vanC*, *vanE*, *vanL* et *vanN* qui sont régulés à partir d'un seul promoteur en amont des gènes *vanC*, *vanE*, *vanL* ou *vanN* (1, 198, 263).

Cinq souches de *E. faecalis* de type VanG ont été isolées entre 1996 et 1998 en Australie et sont caractérisées par une résistance à un niveau modéré à la vancomycine (16 μg/ml) et une sensibilité à la teicoplanine (0,5 μg/ml) (238). Dans une étude préliminaire, seule la séquence de la souche WCH9 a été déterminée et analysée révélant que le déterminant *vanG* est composé des gènes *vanR$_G$S$_G$Y$_{G1}$W$_G$GY$_{G2}$T$_G$* recrutés dans divers opérons *van* (238). L'organisation, la localisation du groupe de gènes *vanG*, la composition des précurseurs du peptidoglycane ainsi que la régulation de l'expression de l'opéron *vanG* plus particulièrement pour deux *E. faecalis*, BM4518 et WCH9, ont été étudiées.

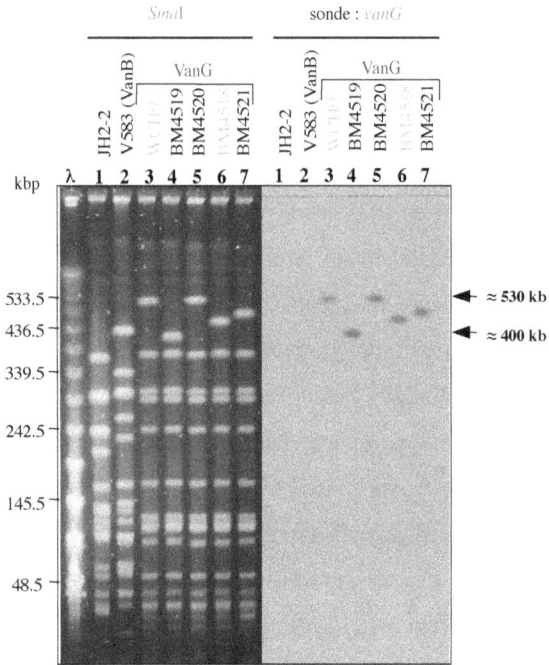

Figure 45. Analyse de l'ADN génomique restreint par *Sma*I des isolats cliniques de type VanG par électrophorèse en champ pulsé (à gauche) et par hybridation Southern (à droite) avec une sonde spécifique *vanG*. Les concatémères du bactériophage λ ont été utilisés comme marqueurs de poids moléculaire (λ) et les tailles sont indiquées à gauche. Les tailles des fragments qui ont hybridé sont indiquées à droite. Les souches étudiées plus spécifiquement sont indiquées en vert.

1. Caractérisation des souches de type VanG

Les souches de type VanG ont été étudiées par électrophorèse en champ pulsé après restriction par *Sma*I (Figure 45). Deux souches, WCH9 et BM4520, présentaient un profil indistinguable avec un fragment de même taille hybridant à *vanG* (530 kb) et les trois autres souches différaient par une seule bande dont la taille variait de 400 à 500 kb et qui hybridait à une sonde *vanG* (Figure 45). Les souches pourraient résulter de l'acquisition indépendante par la même réceptrice d'éléments génétiques portant l'opéron *vanG* ou pourraient représenter le même transconjugant ayant subi des réarrangements d'ADN associés ou suite au transfert. Nous avons montré que le groupe de gènes *vanG* est localisé sur le chromosome pour les cinq souches et comme avec *Sma*I les quatre mêmes souches étaient distinctes avec des fragments I-*Ceu*I de taille différente comprise entre 680 et 800 kb qui ont hybridé avec la sonde *vanG*.

2. Organisation de l'opéron *vanG*

L'organisation du groupe de gènes *vanG* des différentes souches déterminée par cartographie par PCR avec des oligodésoxynucléotides spécifiques était similaire à celle de WCH9. L'analyse de la séquence WCH9 (238) révèle que l'extrémité 3' de l'opéron *vanG* code pour une ligase VanG, une D,D-peptidase bifonctionnelle VanXY$_G$ et une sérine racémase VanT$_G$ comme chez les souches de type VanC, VanE, VanL et VanN (Figure 46). En amont de ces gènes de résistance, se trouvent les

vanA Tn*1546*

P_R P_H

37 | 34 | 42 | 41 | 45 | 45 | 44 | 34 | 29

RI$_G$ orf1 orf2 vanR vanS vanH vanA vanX vanY vanZ RI$_D$

vanB Tn*1547*

P_{RB} P_{YB}

47 | 47 | 49 | 46 | 51 | 49 | 47

IS*256*-like vanR$_B$ vanS$_B$ vanY$_B$ vanW vanH$_B$ vanB vanX$_B$ IS*16*

% d'identité en aa avec VanA: 34 23 30 67 76 71

vanD

P_{RD} P_{YD}

48 | 47 | 43 | 46 | 47 | 47

vanR$_D$ vanS$_D$ vanY$_D$ vanH$_D$ vanD vanX$_D$ int$_D$

% d'identité en aa
avec VanA: 58 42 13 59 69 68 -
avec VanB: 34 19 15 63 69 70 -

vanC

45 | 42 | 42 | 40 | 42

vanC vanXY$_C$ vanT vanR$_C$ vanS$_C$ ddl2

% d'identité en aa avec VanC-2: 71 81 65 91 81

vanG

P_{UG} P_{YG}

39 | 43 | 37 | 42 | 37 | 39 | 37 | 36

vanU$_G$ vanR$_G$ vanS$_G$ vanY$_G$ vanW$_G$ vanG vanXY$_G$ vanT$_G$
régulateur régulateur capteur D,D- inconnue ligase D,D- sérine
transcriptionnel carboxypeptidase carboxypeptidase racémase
D,D-dipeptidase

% d'identité en aa

	vanU$_G$	vanR$_G$	vanS$_G$	vanY$_G$	vanW$_G$	vanG	vanXY$_G$	vanT$_G$
avec VanA	57	42	33	NA	44	NA	NA	
avec VanB	31	16	56	49	46	NA	NA	
avec VanD	73	55	23	NA	44	NA	NA	
avec VanM	44	31	19	NA	45	NA	NA	
avec VanC	62	40	NA	NA	42	41	37	
avec VanE	55	29	NA	NA	41	39	37	
avec VanL	60	40	NA	NA	42	38	35-41	
avec VanN	49	43	NA	NA	41	40	37	

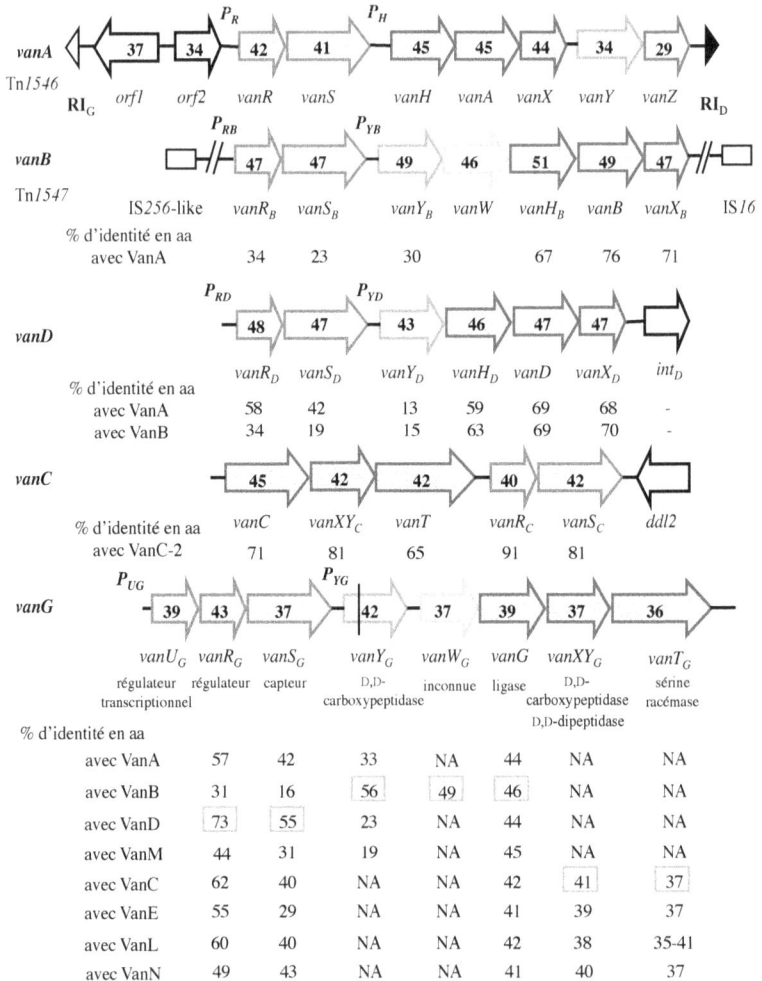

Figure 46. Comparaison des groupes de gènes *van* avec l'opéron *vanG* de BM4518. Les flèches représentent les séquences codantes et indiquent la direction de la transcription. Le contenu en guanine plus cytosine (% G+C) est indiqué dans les flèches. Le pourcentage d'identité en acides aminés (aa) entre les protéines déduites des souches de référence est indiqué sous les flèches. La barre verticale indique une mutation entraînant un changement de cadre de lecture et conduisant à une protéine VanY$_G$ tronquée. Les pourcentages d'identité les plus élevés sont indiqués par des cadres oranges. NA, non applicable.

206

gènes $vanW_G$ de fonction inconnue et $vanY_G$ codant pour une D,D-carboxypeptidase plus proches de ceux de l'opéron $vanB$. L'extrémité 5' est composée des gènes $vanR_G$ et $vanS_G$ d'un système régulateur. Aucune grande insertion ou délétion n'a été observée dans les régions non codantes par cartographie par amplification dans les cinq souches.

La séquence de l'opéron $vanG$ de BM4518 a été déterminée et comparée à celle publiée de WCH9. Le nombre de différences observées entre les deux souches a conduit à redéterminer la séquence de WCH9 ce qui a permis de montrer que la séquence des deux souches était en fait identique. La séquence déduite de BM4518 et de WCH9 a été comparée avec celles des autres opérons van (Figure 46). Le régulateur $VanR_G$ contenait les trois résidus aspartate et le résidu lysine (D10, D11, D53 et K102) conservés dans les autres régulateurs tout comme le capteur $VanS_G$ possédait les 5 motifs conservés (H, N, G1, F et G2) dans le domaine C-terminal et les deux domaines transmembranaires dans le domaine N-terminal suggérant une structure semblable aux capteurs de type Van ou EnvZ. En amont de $vanR_G$, un gène additionnel $vanU_G$ de 228 pb d'un régulateur transcriptionnel présumé a été détecté pour les deux souches BM4518 et WCH9. Le gène $vanU_G$, codant pour une protéine de 75 acides aminés, possédait un ATG précédé d'un site de liaison au ribosome (RBS) (5'-AGTAAAGAGGN$_8$ATG-3') présentant une forte homologie avec l'extrémité 3' de l'ARN 16S de *Bacillus subtilis* (3'-OH-UCUUUCCUCC-5') (246). Une protéine de ce type n'a pas été précédemment associée à la résistance aux glycopeptides. Il apparaît que

207

$vanU_G$ fait vraisemblablement partie du groupe de gènes $vanG$ puisqu'il a la même orientation que les autres gènes et qu'il n'y a pas de régions intergéniques entre $vanU_G$ et $vanR_G$ (Figure 46). $VanY_G$ présente une mutation avec un changement du cadre de lecture conduisant à une protéine tronquée. Le profil d'hydrophobicité de $VanY_G$ a révélé que la protéine tronquée a un domaine de liaison membranaire en position N-terminale. L'analyse d'un des trois cadres de lecture en aval du codon stop a montré que le plus haut pourcentage d'identité (56 % d'identité) sur 170 acides aminés était avec la portion C-terminale de $VanY_B$ (119) et que les deux motifs SxHxxGxAxD et ExxH (207) caractéristiques des sites actifs impliqués dans la liaison et la catalyse du zinc des D,Dcarboxypeptidases de type VanY et $VanY_B$ étaient présents. $VanW_G$ avait la plus forte identité avec VanW de fonction inconnue qui est présente seulement dans l'opéron $vanB$ (119). L'extrémité 3' code pour une ligase D-Ala:D-Ser VanG qui catalyse la synthèse du dipeptide D-Ala-D-Ser, une D,D-peptidase bifonctionnelle $VanXY_G$ qui hydrolyse le dipeptide D-Ala-D-Ala produit par la ligase de l'hôte et élimine le D-Ala C-terminal des précurseurs pentapeptidiques du peptidoglycane et une sérine racémase $VanT_G$ qui produit la D-sérine comme chez les souches de type VanC, VanE, VanL et VanN (Figure 46) (1, 12). Malgré la présence dans VanG du motif EKY spécifique des D-Ala:D-Ser ligases (118), le gène $vanG$ est phylogénétiquement plus proche des gènes de structure des ligases D-Ala:D-Lac que de ceux des ligases D-Ala:D-Ser (Figure 19, Introduction). Tout comme $VanXY_C$ (292) et $VanXY_E$ (1), le profil d'hydrophobicité de $VanXY_G$ a confirmé une localisation cytoplasmique et la comparaison de séquence a indiqué que les protéines de type VanXY étaient plus étroitement apparentées aux protéines de type VanY qu'à celles de type VanX, mais le domaine de liaison à la membrane observé chez VanY et VanY$_B$ (17) était absent dans les protéines de type VanXY. La sérine racémase VanT$_G$ présentait 37 % d'identité avec VanT, VanT$_E$ et VanT$_N$ et comprenait comme ces deux protéines un domaine N-terminal composé de 11 groupes d'acides aminés, suggérant que la protéine était associée à la membrane. Le domaine C-terminal de VanT$_G$ contenait le motif d'attachement 5' phosphate pyridoxal (V$_{373}$VKAxAYGxG$_{382}$) qui est très conservé dans les racémases alanines et dans VanT, VanT$_E$ et VanT$_N$ (13). Les résidus A376, A378, Y379, R410, G620, D623, R627 et E688 jouent probablement un rôle dans la structure et maintiennent la géométrie du site actif des racémases alanines et de VanT, VanT$_E$, VanT$_L$ et VanT$_N$ (1, 13, 56, 198).

3. Synthèse de précurseurs terminés par D-Ala-D-Ser

En l'absence de vancomycine l'UDP-MurNAc-pentapeptide[D-Ala] était le principal précurseur synthétisé alors qu'en présence de vancomycine, il y avait production d'UDP-MurNAc-pentapeptide[D-Ser] mais de l'UDP-MurNAc-pentapeptide[D-Ala] restait présent et très peu d'UDP-MurNAc-tétrapeptide détecté (Tableau 7). La résistance acquise de type VanG est donc due à la synthèse inductible par la vancomycine de précurseurs du peptidoglycane terminés par D-Ala-D-Ser.

Tableau 7. CMI des glycopeptides et précurseurs cytoplasmiques du peptidoglycane de
E. faecalis WCH9 et BM4518

E. faecalis	CMI (μg/ml) [a]			% de précurseurs du peptidoglycane [b]		
	Vm	Te	Concentration de Vm	tétrapeptide	UDP-MurNAc-pentapeptide	pentadepsipeptide
WCH9	16	0,5	0 μg ml[-1]	4 ± 2	66 ± 5	30 ± 4
			4 μg ml[-1]	4 ± 3	29 ± 8	66 ± 7
BM4518	16	0,5	0 μg ml[-1]	1 ± 1	97 ± 1	3 ± 1
			4 μg ml[-1]	1 ± 1	53 ± 3	46 ± 4

[a] Les CMI ont été déterminées par la méthode de Steers et coll. (305). Te, teicoplanine; Vm, vancomycine.
[b] La synthèse du peptidoglycane a été inhibée par l'addition de ramoplanine aux cultures pendant 15 mn.

4. Activités D,D-racémases (VanT$_G$) et D,D-peptidases (VanXY$_G$)

L'activité sérine racémase VanT$_G$ a été détectée dans les fractions membranaires de BM4518 et WCH9 et l'enzyme était inductible par la vancomycine (Tableau 8). En revanche, la racémase alanine était synthétisée constitutivement et présente presque exclusivement dans le cytoplasme (Tableau 8) comme chez BM4174 (VanC) (16), BM4405 (VanE) (123) et UCN71 (VanN) (198).

Les extraits cytoplasmiques, même après induction par la vancomycine, avaient une très faible activité D,D-dipeptidase (Tableau 8) ce qui explique la présence d'UDP-MurNAc-pentapeptide [D-Ala] (Tableau 7).

Tableau 8. Activités D,D-peptidase (VanXY$_G$ and VanY$_G$) et racémase (VanT$_G$) dans les extraits des souches de type VanG

E. faecalis	Concentration de vancomycine	Activité (nmol min^{-1} mg protéine^{-1}) [a]					
		D,D-dipeptidase [b]	D,D-carboxypeptidase [c]		Racémase D-sérine [d]	Racémase D-alanine [c]	
		Fraction cytoplasmique	Fraction cytoplasmique	Fraction membranaire	Fraction membranaire	Fraction cytoplasmique	Fraction membranaire
WCH9	0	0,2 ±0.1	nd[e]	nd	1,1 ±0.3	214 ±44	20 ±1
	8 µg ml^{-1}	1,2 ±0.5	2,2 ±1.3	22 ±6	11 ±4	103 ±24	7 ±1
BM4518	0	0,7 ±0.2	nd	nd	2,0 ±0.3	287 ±17	16 ±3
	8 µg ml^{-1}	1,0 ±0.3	4,0 ±1.0	37 ±3	16 ±4	134 ±7	4 ±1

a. Les résultats correspondent aux moyennes (± déviations standards) obtenues à partir d'au moins trois extraits réalisés indépendamment.

b. L'activité D,D-dipeptidase a été mesurée dans les surnageants après centrifugation à 100.000 g des bactéries lysées.

c. L'activité D,D-dipeptidase a été mesurée dans les surnageants et les fractions membranaires resuspendues après centrifugation à 100.000 g pendant 45 mn.

d. L'activité racémase D-sérine a été mesurée dans les fractions membranaires resuspendues après centrifugation à 100.000 g pendant 45 mn.

e. Non détectable (moins que 0,2 nmol min^{-1} mg protein^{-1}).

L'activité D,D-carboxypeptidase dans les fractions cytoplasmiques de WCH9 et BM4518 était faible et inductible par la vancomycine. En revanche, les préparations membranaires contenaient une activité substantielle qui était inductible et pas inhibée par la pénicilline G (100 µg/ml) (Tableau 8) alors que VanY$_G$ est vraisemblablement inactive suite à une mutation entraînant un changement de cadre de lecture. Par conséquent, la seule activité D,D-carboxypeptidase détectable devrait provenir de VanXY$_G$ et donc être retrouvée dans le cytoplasme. Pour tester si les gènes *vanY$_G$* et *vanXY$_G$* de BM4518 codent pour des enzymes fonctionnelles, ils ont été clonés avec leur RBS dans un plasmide multicopie sous le contrôle du promoteur P_2 constitutif, les plasmides résultants, pAT645(P_2*vanY$_G$*) et pAT646(P_2*vanXY$_G$*), ont été électrotransformés dans *E. faecalis* JH2-2 et les activités D,D-peptidases ont été étudiées.

Malgré la présence des résidus conservés dans $VanXY_G$, seule une très faible hydrolyse du D-Ala-D-Ala ($0,8 \pm 0,1$ nmole $min^{-1}mg$) a été détectée dans les extraits cytoplasmiques de *E. faecalis* JH2-2/pAT646(P_2vanXY_G) confirmant les activités obtenues dans les extraits bruts de BM4518 et WCH9. $VanY_G$ ne peut pas compenser pour le manque d'activité de $VanXY_G$. En effet, suite à une mutation dans le gène *vanY$_G$* des souches WCH9 et BM4518 qui a conduit à un polypeptide tronqué, le site actif semble manquant comme l'a confirmé l'absence d'activité D,D-carboxypeptidase dans les fractions membranaire et cytoplasmique de JH2-2/pAT645(P_2vanY_G) et JH2-2/pAT646(P_2vanXY_G). Par conséquent, l'activité D,D-carboxypeptidase induite par la vancomycine et non inhibée par la pénicilline G détectée dans les fractions membranaires pourrait être due à la présence d'une autre D,D-carboxypeptidase insensible à la pénicilline G comme observé pour la souche 10/96A de type VanD (Publication n°95). L'absence de tétrapeptide dans le cytoplasme malgré la synthèse continue d'une grande quantité de pentapeptide[D-Ala], même après induction par la vancomycine, suggère que le site actif de cette enzyme est externe à la membrane cytoplasmique. La souche 10/96A de type VanD et les souches WCH9 et BM4518 de type VanG pourraient avoir acquis un gène codant pour une protéine fonctionnelle de type VanY ou $VanY_B$.

Récemment, il a été montré chez *E. faecium* que l'acquisition de la résistance aux β-lactamines était due à la production d'une D,D-carboxypeptidase insensible aux β-lactamines (222).

5. Analyse transcriptionnelle de l'opéron *vanG*

L'hybridation Northern de l'ARN total des souches BM4518 et WCH9 non induites ou induites par la vancomycine avec des sondes internes à chaque gène a révélé que $vanU_G$, $vanR_G$ et $vanS_G$ étaient co-transcrits constitutivement alors que la transcription des gènes $vanY_G, W_G, G, XY_G, T_G$ était inductible par la vancomycine (Figure 3 de la publication n°88). L'analyse par transcription reverse de l'ARN total des deux souches non induites et induites a confirmé ces résultats (Figure 3 de la publication n°88) ainsi que le fait que $vanU_G$ était bien transcrit avec $vanR_G$ et $vanS_G$ et que l'ADN messager correspondant débutait en amont de $vanU_G$.

L'expression de l'opéron *vanG* a également été étudiée par extension d'amorce chez BM4518 et WCH9 en présence ou en l'absence de vancomycine dans le milieu de culture (Figure 47). Les gènes régulateurs étaient transcrits constitutivement à partir du promoteur P_{UG} alors que la transcription des gènes de résistance était inductible par la vancomycine et initiée à partir du promoteur P_{YG} (Figure 47). Parmi les souches de type Van, c'est le premier opéron qui est régulé de cette manière. L'analyse de l'extension d'amorce a montré que la transcription débutait à 22 pb du codon d'initiation de $vanU_G$ et à 46 pb du codon d'initiation de $vanY_G$ (Figure 47). Les régions -35 et -10 déduites à partir du site d'initiation présentaient des ressemblances avec

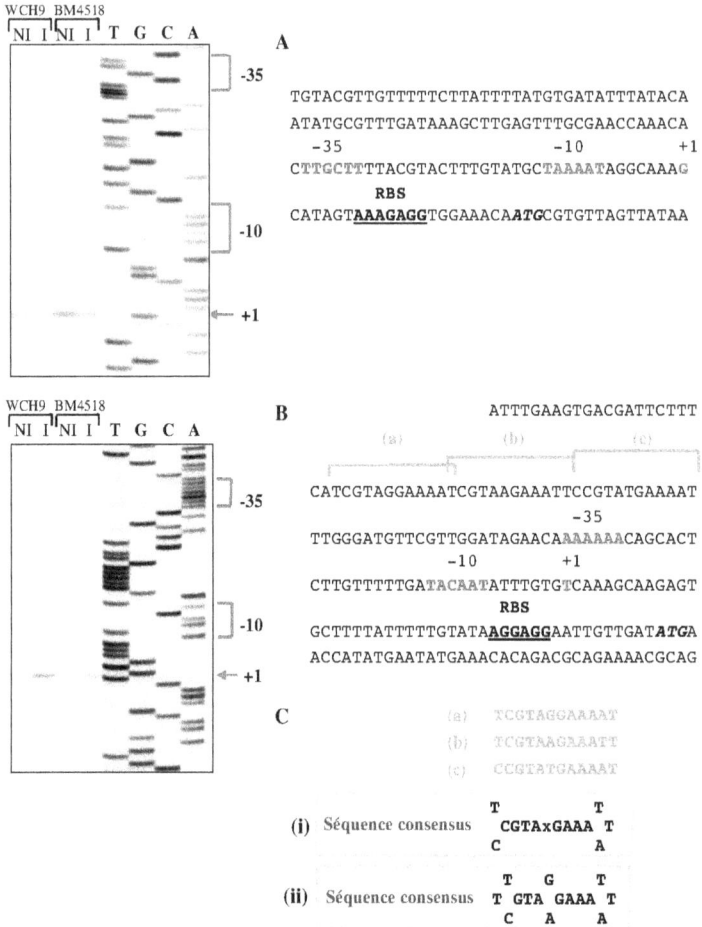

A

TGTACGTTGTTTTTCTTATTTTATGTGATATTTATACA
ATATGCGTTTGATAAAGCTTGAGTTTGCGAACCAAACA
−35   −10   +1
CTTGCTTTTACGTACTTTGTATGCTAAAATAGGCAAAG
RBS
CATAGTAAAGAGGTGGAAACAATGCGTGTTAGTTATAA

B

ATTTGAAGTGACGATTCTTT
(a)   (b)   (c)

CATCGTAGGAAAATCGTAAGAAATTCCGTATGAAAAT
                         −35
TTGGGATGTTCGTTGGATAGAACAAAAAAAACAGCACT
            −10   +1
CTTGTTTTTGATACAATATTTGTGTCAAAGCAAGAGT
RBS
GCTTTTATTTTTGTATAAGGAGGAATTGTTGATATGA
ACCATATGAATATGAAACACAGACGCAGAAAACGCAG

C

(a)   TCGTAGGAAAAT
(b)   TCGTAAGAAATT
(c)   CCGTATGAAAAT

		T	T
(i)	Séquence consensus	CGTAxGAAA	T
		C	A

		T	G	T
(ii)	Séquence consensus	T GTA GAAA T		
		C	A	A

Figure 47. Identification des sites d'initiation de la transcription des gènes (A) *vanU$_G$*, *vanR$_G$* et *vanS$_G$* et (B) *vanY$_G$*, *vanW$_G$*, *vanG*, *vanXY$_G$* et *vanT$_G$* par analyse d'extension d'amorce de WCH9 et BM4518 de type VanG. (A) La séquence de la région promotrice de P_{UG} est indiquée avec les régions -35 et -10 et le site d'initiation de la transcription (+1) en rouge. (B) La séquence de la région promotrice de P_{YG} avec les régions -35 et -10 et le site d'initiation de la transcription (+1) en rouge. Les régions présumées protégées par VanR$_G$ phosphorylée selon Holman et coll. (1994) sont indiquées par des crochets (a, b, c) verts. (C) Les sites a, b et c ont été alignés et la séquence consensus déduite (i) a été comparée à celle (ii) de Holman et coll. (1994).

214

les séquences de reconnaissance de σ^{70} AAAAAA-N18-TACAAT pour P_{YG} bien que la région –35 soit peu conservée comme pour un promoteur régulé positivement et TTGCTT-N17-TAAAAT pour P_{UG} (Figure 47).

6. Régions flanquantes de l'opéron *vanG*

Aucun produit d'amplification n'a été obtenu avec des amorces complémentaires de la région en amont ou en aval de l'opéron *vanG* de WCH9. Ceci s'explique par le fait qu'il y avait des erreurs de séquences. Les régions flanquantes de BM4518 ont par conséquent été explorées par la technique de TAIL-PCR qui consiste à choisir une amorce spécifique dans la région connue et à la combiner avec une amorce dégénérée arbitrairement (212) puis à réaliser quatre amplifications successives en déplaçant l'amorce spécifique sur la séquence connue. Les amplifications sont déposées sur un gel d'agarose et les bandes correspondant à la troisième ou à la quatrième amplification qui montrent une diminution en taille cohérente avec les positions des amorces spécifiques sur le génome sont purifiées et séquencées. L'analyse de la partie séquencée (environ 39,2 kb) de l'élément génétique *vanG* d'une taille évaluée à 240 kb, comporte trente-trois cadres ouverts de lecture qui pourraient se répartir en trois régions (Figure 48). La première comprend vingt-trois cadres ouverts de lecture (17 kb) dont vingt-deux dans la même orientation, identifiés entre l'extrémité gauche et l'opéron *vanG* et dont six pourraient être impliqués dans le transfert conjugatif, sept montraient une identité significative avec des protéines connues et sept autres présentaient de 20 à 40 % d'identité avec ceux de Tn*1549* (131), la

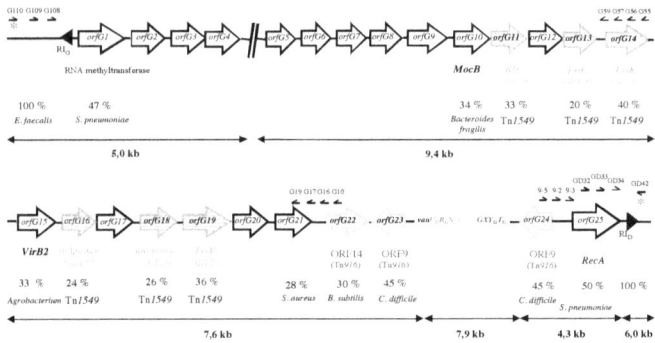

Figure 48. Organisation partielle de l'élément génétique de *E. faecalis* BM4518 et WCH9 de type VanG. Les flèches ouvertes représentent les séquences codantes et indiquent la direction de la transcription. Les amorces utilisées pour la TAIL-PCR sont indiquées par des demi-flèches. Les répétitions inversées et imparfaites à gauche (RI_G) et à droite (RI_D) sont indiquées par des triangles noirs. Le pourcentage d'identité des séquences déduites des ORFs est indiqué en dessous de chaque ORF. Les ORFs avec des pourcentages d'identité les plus élevés avec celles de Tn*1549* sont représentées en rose et avec celles de Tn*916* en bleu. La double barre verticale indique la portion de l'élément génétique qui n'a pas été séquencée. Les astérisques rouges indiquent les amorces utilisées pour détecter la présence éventuelle d'un intermédiaire circulaire.

216

région centrale hébergeant l'opéron *vanG* (7,9 kb) avec huit cadres ouverts de lecture et l'extrémité droite (4,3 kb) avec deux cadres ouverts de lecture, ORFG24 et ORFG25. L'ORFG24 présentait une similitude avec l'ORF9 de Tn*916*, les gènes *int* et *xis* de Tn*916* n'ont pas été trouvés dans l'élément génétique *vanG*. A la position correspondant aux gènes *int* et *xis*, l'ORFG25 dont le gène correspondant possédait un ATG et une RBS (5'-ATTATGGAGGN$_6$ATG-3'), était apparentée à la famille des résolvases parmi les recombinases à site spécifique avec les résidus conservés (78). Les membres de cette famille incluent les enzymes impliquées dans l'excision des transposons. Les résidus conservés dans les recombinases étaient présents dans les produits déduits de ORFG25 (78). ORFG25 était apparentée à la résolvase TndX du transposon Tn*5397* de *C. difficile* (350). Les ORFG23 et ORFG24 présentaient 45 % d'identité entre elles et étaient orientées dans le même sens (Figure 48).

7. Transfert de l'opéron *vanG* et étude des transconjugants

Le transfert de la résistance de type VanG à *E. faecalis* JH2-2 sensible aux glycopeptides n'a été obtenu qu'avec la souche BM4518 après sélection sur érythromycine et avec une fréquence très faible (2.10^{-9}). Ce transfert était associé au mouvement de chromosome à chromosome d'éléments génétiques d'environ 240 kb portant également le gène *ermB* conférant la résistance à l'érythromycine (Figure 49). Parmi les transconjugants obtenus à partir d'expériences indépendantes, BM4522 était résistant à la vancomycine (CMI = 16 μg/ml) alors que BM4523 avait une résistance plus faible (CMI = 4 μg/ml) et les deux souches

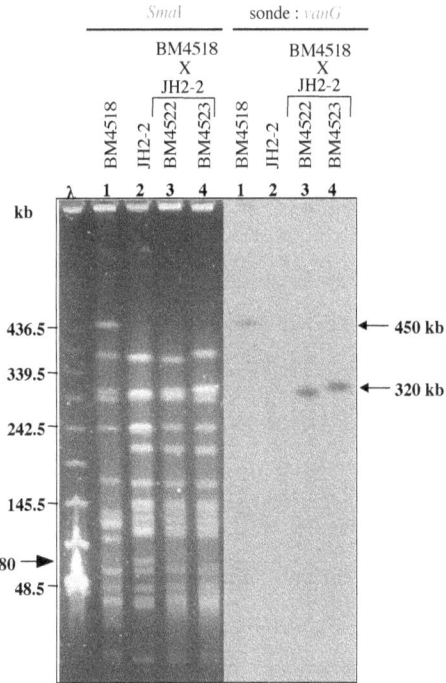

Figure 49. Analyse de l'ADN génomique restreint par *Sma*I des transconjugants de BM4518 de type VanG par électrophorèse en champ pulsé (gauche) et par hybridation Southern (droite) avec une sonde spécifique *vanG*. Les concatémères du bactériophage λ ont été utilisés comme marqueurs de poids moléculaire (λ) et les tailles sont indiquées à gauche. Les tailles des fragments qui ont hybridé sont indiquées à droite.

restaient sensibles à la teicoplanine (CMI = 0,5 µg/ml). La différence des CMI vis-à-vis des deux transconjugants n'était pas due à l'insertion ou à une délétion dans l'opéron *vanG* comme indiqué par cartographie de l'opéron *vanG* par amplification avec des oligodésoxynucléotides spécifiques. De plus, aucune différence de séquence n'a été trouvée dans le gène *vanG* ou les gènes régulateurs $vanR_G$ et $vanS_G$ par rapport à la souche donatrice BM4518. Dans chacun des transconjugants, l'opéron *vanG* s'est inséré dans le même fragment *Sma*I de 80 kb et a généré des fragments de tailles différentes de 310 et 320 kb (Figure 49).

8. Fragments de jonction de l'opéron *vanG*

De manière surprenante, la détermination de la séquence des régions flanquantes de l'élément génétique *vanG* dans les cinq isolats cliniques étudiés de type VanG et les deux transconjugants BM4522 et BM4523, a révélé que l'insertion s'était produite dans le même locus. Les caractéristiques des transposons conjugatifs ont été trouvées dans les souches étudiées : l'élément était flanqué par les mêmes répétitions directes de 4 pb de la cible et terminé par des répétitions inversées imparfaites de 22 pb (Figure 50A). Aucun intermédiaire circulaire n'a pu être détecté par PCR inverse à la différence des transposons conjugatifs. Deux hypothèses peuvent être proposées pour expliquer ces résultats: (i) l'élément génétique est un transposon conjugatif avec un point chaud d'intégration ou (ii) l'événement est dû au transfert de très grands fragments d'ADN qui incluent un transposon conjugatif non fonctionnel de type Tn*1549* qui lui même comprend l'opéron *vanG*; la stabilisation de l'ADN résulterait de deux événements de recombinaison homologue.

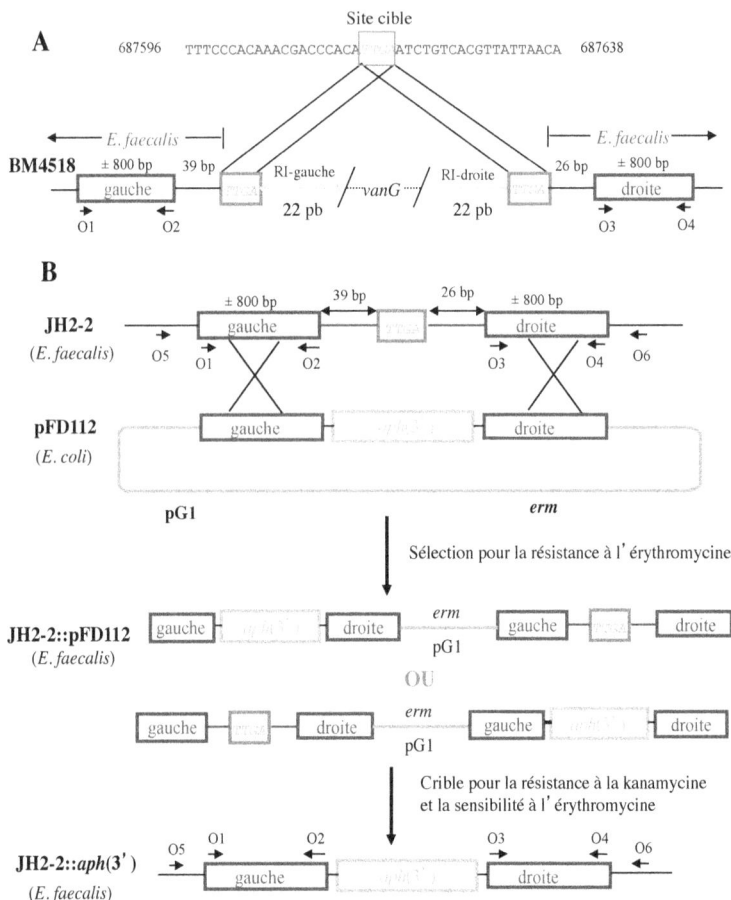

Figure 50. Site d'intégration de l'élément génétique *vanG* chez *E. faecalis* BM4518 (A) et insertion de la cassette *aph*(3') (kanamycine) dans le chromosome de *E. faecalis* (B). (A) Séquence partielle du génome de *E. faecalis* V583 à partir du site TIGR avec la numérotation correspondante et séquence des fragments de jonction de BM4518. La cible de 4 pb est en italique vert et encadrée de rouge. Les répétitions imparfaites de 22 pb aux extrémités de l'élément génétique *vanG* sont en orange. (B) La recombinaison indiquée par des croix peut se produire de chaque côté de l'*aph*(3') générant un événement de recombinaison simple. La structure JH2-2::*aph*(3') est obtenue par un second événement de recombinaison homologue à partir de JH2-2::pFD112.

220

Pour tester ces hypothèses, une portion de 800 pb des régions du chromosome de *E. faecalis*, flanquant le transposon conjugatif apparenté à Tn*1549* et portant l'opéron *vanG*, a été amplifiée séparément et clonée dans pG1, un vecteur intégratif thermosensible (Figure 50). Une cassette de résistance à la kanamycine [*aph*(3')] (339) a ensuite été insérée entre les deux portions de 800 pb qui supprime la cible de quatre paires de bases. La cassette de résistance à la kanamycine a été intégrée dans le chromosome de *E. faecalis* JH2-2 par recombinaison homologue à l'endroit où l'élément *vanG* semble s'insérer. L'intégration de cette cassette dans le chromosome a été vérifiée par amplification sur la base de la taille du produit PCR avec des oligodésoxynucléotides spécifiques complémentaires de la séquence de *E. faecalis* en amont (O5) et en aval (O6) des portions de 800 pb (Figure 50B). L'analyse de la séquence du produit PCR présentant la taille attendue (3,4 kb) a montré que l'insertion s'était intégrée sans réarrangement de l'ADN. Ensuite, le transfert de l'opéron *vanG* de BM4518 (VanG) à la réceptrice JH2-2::pFD112(*aph*(3')) a été étudié par conjugaison avec sélection sur rifampicine, acide fusidique et érythromycine. Si l'élément génétique *vanG* s'insère toujours à l'endroit présumé, la cassette kanamycine doit être éliminée entraînant la perte de la résistance à la kanamycine, ce qui permettra de conclure que le transfert est dû à l'acquisition de grands fragments d'ADN suite à une recombinaison homologue plutôt qu'à l'acquisition d'un transposon conjugatif. Dix transconjugants présumés étaient résistants à la rifampicine, à l'acide fusidique, à l'érythromycine et à la kanamycine. La résistance à la kanamycine laisse supposer que

221

l'insertion de l'élément génétique s'est effectuée dans un locus différent de celui prédit. La résistance à la vancomycine n'est pas détectable par antibiogramme car son niveau est trop faible. Les transconjugants potentiels ont été étudiés par amplification du gène *vanG* et par électrophorèse en champ pulsé (Figure 51). Leurs profils de restriction par *Sma*I présentaient des différences. Sept transconjugants avaient un profil identique à la souche donatrice JH2-2::pFD112 à l'exception d'une bande (6, 8, 11, et 13 sur la Figure 51) ou de deux bandes (5, 9 et 12 sur la Figure 51) de tailles modifiées mais sans disparition d'aucune bande. En revanche, les transconjugants 4, 7 et 10 sur la Figure 51A présentaient une disparition de la bande de 80 kb avec un gain d'une bande de taille supérieure comme observé dans les transconjugants BM4522 et BM4523 obtenus précédemment lors de l'expérience de transfert de BM4518 à JH2-2 (Figure 49). L'ADN génomique des 10 transconjugants a été analysé par la technique de Southern (326) avec la sonde réalisée à partir de l'ADN du plasmide portant la cassette à la kanamycine (Figure 51B). La sonde a hybridé dans les 10 transconjugants au même fragment et identique à celui de la souche réceptrice JH2-2::pFD112, indiquant que la cassette était restée intégrée dans le chromosome et au même locus (Figure 51B). L'ADN génomique a été également étudié avec une sonde *vanG* spécifique (Figure 51C). Le transconjugant n°4 présentait la disparition de la bande de 80 kb au profit du fragment d'environ 320 kb qui a hybridé à *vanG*. De manière surprenante, le profil de ce transconjugant n°4 était identique aux transconjugants BM4522 et BM4523 obtenus précédemment et le même

222

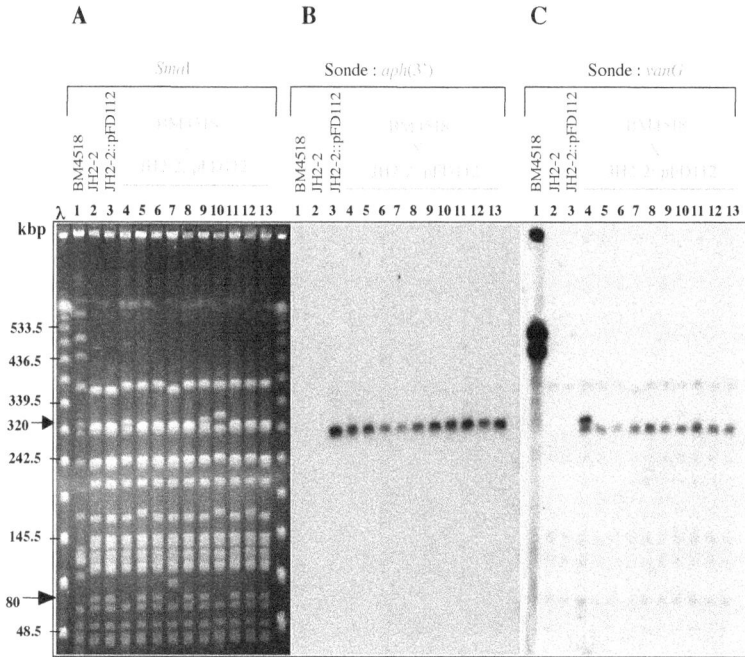

Figure 51. Analyse de l'ADN génomique des entérocoques par électrophorèse en champ pulsé et par hybridation Southern avec une sonde spécifique *aph (3')* et *vanG*. (A) Profils de restriction par *Sma*I de BM4518 (VanG), *E. faecalis* JH2-2 et *E. faecalis* JH2-2::pFD112(*aph*(3')) et des transconjugants. La première voie correspond aux concatémères de l'ADN du bactériophage λ. (B) Hybridation selon la technique de Southern du gel en A. La sonde a été obtenue en marquant l'ADN du plasmide portant la cassette *aph (3')* avec du [γ-^{32}P]dCTP. (C) Hybridation selon la technique de Southern du gel en A. La sonde a été obtenue en marquant avec du [γ-^{32}P]dCTP l'ADN du produit PCR obtenu avec des oligodésoxynucléotides spécifiques et internes à *vanG*.

223

fragment a hybridé (Figures 49 et 51C). Le résultat obtenu avec ce transconjugant indique que l'événement est dû au transfert de très grands fragments d'ADN qui incluent l'opéron *vanG*. Dans tous les transconjugants, le même fragment qui a hybridé avec la sonde *aph*(3') a donné aussi un signal avec la sonde *vanG* (Figure 51C). Ce résultat reste surprenant et difficile à expliquer même si cela suggère que l'opéron *vanG* s'est inséré dans le même fragment portant la cassette kanamycine.

IV. Mise au point d'une PCR multiplex pour la détection de la résistance aux glycopeptides

(Publication n°93)

Comme déjà indiqué, les entérocoques résistants aux glycopeptides sont souvent résistants à de multiples classes d'antibiotiques, et l'identification de *E. faecalis*, de *E. faecium* et de *E. gallinarum* peut être difficile (304, 363). Par ailleurs, la résistance aux glycopeptides de type VanA a récemment disséminé chez *S. aureus* résistant à la méticilline (188, 319, 332, 356). Enfin, certains isolats cliniques de *S. aureus* ou d'entérocoques résistants aux glycopeptides ne sont pas détectés par les méthodes phénotypiques automatisées d'étude de la sensibilité *in vitro* (188, 332, 369). Une PCR multiplex a donc été développée pour la détection des six types de résistance (*vanA*, *vanB*, *vanC*, *vanD*, *vanE*, *vanG*) aux glycopeptides caractérisés chez les entérocoques et pour l'identification simultanée des principales espèces d'entérocoques (*E. faecalis*, *E. faecium*, *E. gallinarum*, *E. casseliflavus*/ *E. flavescens*) et de staphylocoques (*S. aureus* et *S. epidermidis*). De nombreuses PCR multiplex pour identifier le génotype *van* et l'espèce d'entérocoques ont été mises au point (43, 109, 218, 269) mais aucune n'incluait la détection des gènes *vanD*, *vanE* et *vanG* puisque ces génotypes n'ont été décrits que récemment.

1. Choix des amorces

Des paires d'amorces spécifiques correspondant aux gènes des ligases de résistance *vanA*, *vanB*, *vanC*, *vanD*, *vanE*, *vanG*, aux gènes des ligases D-Ala:D-Ala de *E. faecium* et de *E. faecalis*, au gène *nuc* spécifique de *S. aureus* (72) et à une portion chromosomique spécifique de *S. epidermidis* (232) ont été déterminées pour permettre l'amplification de fragments de tailles variées (124 à 1092 pb) en une seule réaction. Les six types de résistance aux glycopeptides se distinguent sur la base de la séquence du gène de structure de la ligase de résistance. Les amorces pour le gène *vanB* ont été choisies à partir de l'alignement des trois sous-types (*vanB-1*, *vanB-2* et *vanB-3*) (82, 270) dans une région conservée. Les ligases de résistance VanD de la souche prototype BM4339 (65) et de la souche 10/96A n'étant identiques qu'à 85 %, une paire d'amorce permettant d'amplifier les gènes *vanD* a été déterminée. Chez les souches de type VanC, les gènes *vanC-1*, *vanC-2* et *vanC-3* sont spécifiques, respectivement, des espèces *E. gallinarum*, *E. casseliflavus* et *E. flavescens* intrinsèquement résistantes aux glycopeptides (111, 252) et une seule paire d'amorces dégénérées permet de les distinguer des autres espèces d'entérocoques. Les gènes *vanC-2* et *vanC-3* sont identiques à 99 % (114).

2. Mise au point de la méthode

Un programme d'amplification a été mis au point qui consistait en une étape initiale de dénaturation à 94°C de 3 min, suivie par 30 cycles comprenant une étape de dénaturation de l'ADN pendant 1 min à 94°C, une étape d'hybridation des oligodésoxynucléotides à 54°C pendant 1 min et une étape de synthèse de l'ADN à 72°C pendant 1 min et 7 min pour le dernier cycle. L'ADN bactérien a été extrait par lyse alcaline

Tableau 9. Souches de référence

Souche	Caractéristiques[a]	CMI (μg ml^{-1})		Source ou référence
		Vm	Te	
E. faecium				
BM4107	Vm^S Te^S	2	0,5	200
BM4147	Vm^R Te^R (*vanA*)	1024	512	199
BM4524	Vm^R Te^S (*vanB-2*)	512	2	Publication n°90
BM4339	Vm^R Te^I (*vanD*)	64	4	269
10/96A	Vm^R Te^I (*vanD-4*)	256	4	Publication n°95
E. faecalis				
JH2-2	Vm^S Te^S	2	1	180
BM4316	Vm^R Te^R (*vanA*)	256	64	19
V583	Vm^R Te^S (*vanB-1*)	64	0,5	120
VRE45	Vm^R Te^S (*vanB-3*)	256	1	270
BM4539	Vm^R Te^S (*vanD*)	16	0,25	Publication n°92
BM4405	Vm^R Te^S (*vanE*)	16	0,5	123
BM4518	Vm^R Te^S (*vanG*)	16	0,5	Publication n°88
E. gallinarum				
BM4174	Vm^R Te^S (*vanC-1*)	16	0,5	111
E. casseliflavus				
ATCC25788	Vm^R Te^S (*vanC-2*)	8	0,5	347
E. flavescens				
CCM439	Vm^R Te^S (*vanC-3*)	8	1	252
S. aureus				
COL	Vm^S Te^S	2	2	195
MI-VRSA	Vm^R Te^R (*vanA*)	>256	>256	319
PA-VRSA	Vm^R Te^R (*vanA*)	16-32	4-8	242
S. epidermidis				
BM4577	Vm^S Te^S	1	4	Notre collection

[a] Fus, acide fusidique; I, intermédiaire; R, résistant; Rif, rifampicine; S, sensible; Te, teicoplanine; Vm, vancomycine.

227

(109) qui s'est révélée être la méthode la plus efficace en comparaison des autres méthodes plus rapides comme la suspension d'une bactérie directement dans le mélange PCR (269) ou l'extraction par chauffage à 100°C (43).

Dans un premier temps, chaque paire d'amorces a été utilisée individuellement sur des souches phénotypiquement et génotypiquement identifiées afin de vérifier leur spécificité (Tableau 9). Ensuite, les amorces ont été réunies en une seule réaction et utilisées sur l'ADN total des mêmes souches incluant des souches sensibles aux glycopeptides comme contrôles, ce qui a permis de confirmer la spécificité des amorces choisies (Figure 52).

Chaque entérocoque résistant aux glycopeptides présentait deux produits d'amplification avec la taille attendue comprise entre 430 et 1092 pb (Figure 52) : un correspondant au génotype de résistance et l'autre à l'espèce de l'hôte. En revanche, pour les souches de type VanC, un seul produit PCR correspondant à l'amplification du gène *vanC* a été obtenu avec les souches de *E. gallinarum* (*vanC-1*), *E. casseliflavus* (*vanC-2*) et *E. flavescens* (*vanC-3*). Ce résultat a confirmé que les oligodésoxynucléotides dégénérés amplifiaient spécifiquement une portion des gènes *vanC-1*, *vanC-2* et *vanC-3* et que les amorces spécifiques des gènes *ddl* de *E. faecalis* et de *E. faecium* ne peuvent amplifier ceux de *E. gallinarum* et de *E. casseliflavus/E. flavescens*. Pour les souches sensibles aux glycopeptides, comme *E. faecalis* JH2-2 et *E. faecium* BM4107, un seul fragment PCR correspondant à leur gène *ddl* spécifique.

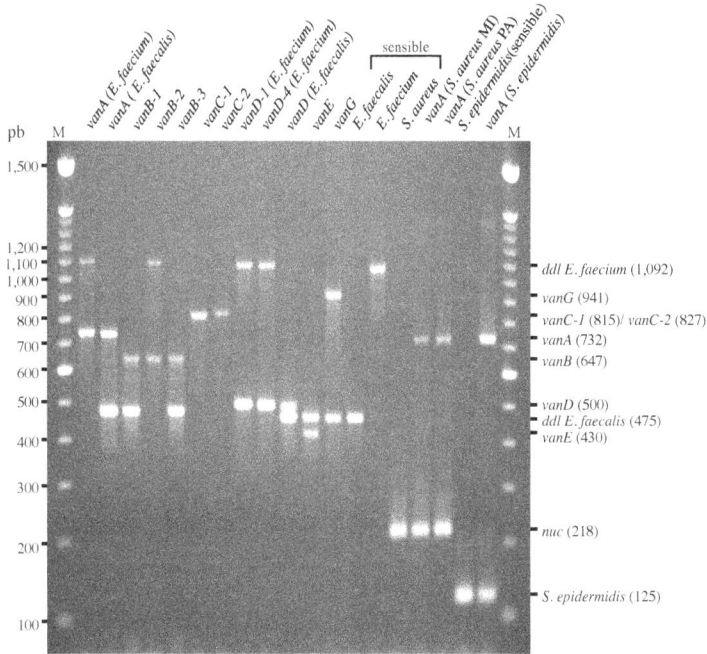

Figure 52. Analyse par amplification de l'ADN de souches d'entérocoques et de staphylocoques sensibles et résistantes aux glycopeptides. M, marqueur de poids moléculaire (100 pb DNA ladder). La taille (en paire de bases) des produits PCR est indiquée entre parenthèses à droite.

229

La PCR multiplex a également été utilisée avec trois souches de *S. aureus* résistantes à la méticilline et de génotype *vanA* (MI-VRSA1 (319), PA-VRSA (242) et NY-VRSA (188)) et une souche de *S. aureus* sensible aux glycopeptides (195). Deux fragments de 732 et de 218 pb correspondants respectivement aux gènes *vanA* et *nuc* ont été obtenus avec l'ADN de MI-VRSA, PA-VRSA et NY-VRSA et un seul fragment de 218 pb avec celui de la souche sensible (Figure 52). Ces résultats confirment que les amorces du gène *ddl* pour l'identification de *E. faecalis* et *E. faecium* n'amplifiaient pas le gène *ddl* de *S. aureus*. Par conséquent, cette PCR multiplex peut être utilisée pour détecter les opérons *van* chez *S. aureus*.

Pour étudier si la PCR multiplex peut détecter une souche de *S. epidermidis* de type VanA dont la résistance n'a pas encore été rapportée, l'ADN d'un plasmide portant le gène *vanA* a été ajouté à celui d'une souche de *S. epidermidis* sensible et amplifié. Deux fragments ont été détectés : un de 732 pb correspondant à *vanA* et un autre de 124 pb spécifique de *S. epidermidis* (Figure 52). La souche de *S. epidermidis* sensible ne présentait qu'un seul fragment de 124 pb (Figure 52).

3. Test de fiabilité de la méthode

Pour vérifier si la méthode était reproductible et fiable, soixante-dix isolats cliniques provenant de notre collection et précédemment caractérisés ont été étudiés: pour le génotype *vanA* : 5 *E. faecium*, 4 *E. faecalis* et 1 *E. durans*; pour *vanB*: 4 *E. feacium* et 1 *E. faecalis*; pour *vanC-1*: 4 *E. gallinarum*; pour *vanC-2*: 4 *E. casseliflavus*; pour *vanC-3*: 2 *E. flavescens*; pour *vanD* : 4 *E. faecium* et 4 *E. faecalis*; pour *vanE* : 4 *E. faecalis*; pour *vanG*: 4 *E. faecalis* et 28 souches sensibles incluant : 8 *E. faecalis*, 8 *E. faecium*, 10 *S. aureus* et 2 *S. epidermidis*. Les profils d'amplification obtenus ont confirmé le génotype de résistance déterminé précédemment et l'espèce de l'hôte dans les différentes souches étudiées. Il est à noter qu'aucune amplification n'a été observée avec la souche de *E. durans* sensible, comme attendu.

La réalisation de cette PCR multiplex se révèle donc sensible, spécifique, robuste et rapide. Une des limites de la méthode proposée, comme pour celles développées précédemment, peut être une variabilité de séquence parmi les gènes *van* comme nous avons pu l'observer avec les souches de type VanB et VanD et plus particulièrement 10/96A.

DISCUSSION ET PERSPECTIVES

Huit types de résistance acquise aux glycopeptides sont maintenant caractérisés chez les entérocoques et sont classés sur la base de la séquence des gènes de structure de leur ligase de résistance (*vanA*, *vanB*, *vanD*, *vanE*, *vanG*, *vanL*, *vanM*, et *vanN*) et l'ordre des gènes (Figures 6 et 46). Cette résistance acquise est due à la production de précurseurs du peptidoglycane modifiés terminés par D-Ala-D-Lac (VanA, VanB, VanD et VanM) ou D-Ala-D-Ser (VanE, VanG, VanL et VanN) pour lesquels les glycopeptides ont une faible affinité et à l'élimination des précurseurs terminés par D-Ala-D-Ala synthétisés par la ligase Ddl de l'hôte (Tableau 10).

Tableau 10. Résistance acquise aux glycopeptides chez les entérocoques

Niveau	haut		variable	modéré	bas			
Type	VanA	VanM	VanB	VanD	VanE	VanG	VanL	VanN
CMI (mg/L)								
Vancomycine	64 - 1000	>256	4 - 1000	64 - 128	8-32	16	8	16
Teicoplanine	16 - 512	96	0.5 - 1	4 - 64	0.5	0.5	0.5	0.5
Transfert par conjugaison	+	+	+	-	-	+/-		+/-
Transposon	Tn*1546*		Tn*1547* Tn*1549*-Tn*5382*					
Espèce bactérienne	E. faecium E. faecalis E. gallinarum E. casseliflavus E. avium E. durans E. mundtii E. raffinosus	E. faecium	E. faecium E. faecalis	E. faecium E. faecalis E. avium	E. faecalis	E. faecalis	E. faecalis	E. faecium
Expression	Inductible	Inductible	Inductible Constitutive	Constitutive	Inductible Constitutive	Inductible	Inductible	Constitutive
Localisation des gènes de résistance	Plasmide (Chromosome)	Chromosome	Chromosome (Plasmide)	Chromosome	Chromosome		?	Plasmide
Précurseurs terminés par	D-Ala-D-Lac				D-Ala-D-Ser			

Bien que les différents types de résistance Van impliquent des gènes codant pour des fonctions enzymatiques apparentées, ils peuvent être différenciés par la localisation de ces derniers, par les différents modes d'expression des gènes et de leur régulation et par les phénotypes résultants (Tableau 10).

Nos travaux ont permis d'élucider le mécanisme de régulation de l'opéron *vanB* par le système régulateur à deux composantes $VanR_B/VanS_B$, de déterminer le rôle du régulateur $VanR_B$ et l'effet de sa phosphorylation sur l'expression des gènes de régulation et de résistance et le recrutement de l'ARN polymérase (section 1). Une comparaison des résultats obtenus dans le système $VanR_BS_B$ avec ceux du système VanRS de type VanA met en évidence des différences entre les deux systèmes (section 1) tout comme celles observées avec l'opéron *vanG* composé de trois gènes *vanU$_G$*, *vanR$_G$* et *vanS$_G$* codant pour un système régulateur. A la différence de VanRS, $VanR_BS_B$ active les promoteurs P_{RB} et P_{YB} en présence de vancomycine mais pas de teicoplanine. Cependant la sélection de mutants résistants à la teicoplanine de souches de type VanB résulte d'altération de la régulation de l'expression des gènes de résistance. Les mutations impliquées dans le phénotype constitutif des souches de type VanB et également de type VanD ont été retrouvées soit au niveau du capteur ($VanS_B$, $VanS_D$) et sont associées à la perte de l'activité phosphatase du capteur comme démontré pour la souche de type VanB, BM4525; soit au niveau du régulateur ($VanR_D$) et dans ce cas l'absence de déphosphorylation par le capteur $VanS_D$ peut être présumée (section 2). Certaines mutations dans le capteur, dans le régulateur ou dans le terminateur de transcription des gènes de régulation *vanR$_B$S$_B$*, en l'absence d'activité de la ligase D-Ala:D-Ala chromosomique permettent d'éviter la dépendance aux glycopeptides (section 2). Les mutations sont souvent liées à des réarrangements génétiques ou localisées dans des régions conservées qui ont un rôle fonctionnel et permettent ainsi à la bactérie de s'adapter à une nouvelle situation. Les souches de type VanD présentent des caractéristiques bien spécifiques qui les distinguent des autres souches de type Van (section 3).

I. Régulation de l'expression des gènes *van* par le système de type VanR/VanS

1. Rôle du régulateur VanR$_B$ phosphorylé

Les systèmes à deux composantes constituent une des plus grandes familles connues de régulateurs transcriptionnels dans les bactéries. VanR/VanS est le seul système contrôlant l'expression de gènes de résistance aux antibiotiques. Un signal associé à la présence de vancomycine dans l'environnement est transmis du domaine capteur au domaine catalytique cytoplasmique de VanS$_B$, conduisant à la stimulation du domaine kinase, puis à l'autophosphorylation d'un résidu histidine et au transfert du groupement phosphate à un résidu aspartate spécifique du régulateur VanR$_B$ (Publication n°90). Deux modèles ont été proposés pour décrire comment la phosphorylation des régulateurs à deux composantes peut activer une réponse. Une classe de régulateurs, incluant FixJ (80), PhoB chez *E. coli* (117) et NarL (348) se fixe aux gènes cibles seulement sous forme phosphorylée puisque le domaine receveur agit comme un inhibiteur. La phosphorylation provoque un changement conformationnel dans le domaine receveur qui abolit l'inhibition en rendant accessible le domaine de fixation à l'ADN du régulateur. Dans une seconde classe, qui inclut PhoP chez *B. subtilis* (211) et OmpR (7), à laquelle appartient $VanR_B$, les deux formes non phosphorylée et phosphorylée du régulateur sont capables de se fixer aux régions promotrices cibles. La phosphorylation du domaine effecteur active le régulateur en déclenchant son oligomérisation.

$VanR_B$ reconnaît une séquence répétée en tandem de sept nucléotides séparés de quatre nucléotides (5' CTACAGG-N4-CTACAGA3') et se fixe spécifiquement aux régions promotrices P_{RB} et P_{YB} permettant, respectivement, l'activation de la transcription des gènes régulateurs $vanR_BS_B$ et de résistance $vanY_BWH_BBX_B$ (Publication n°89). $VanR_B$ phosphorylée forme un dimère qui se fixe avec une affinité plus grande que la forme monomérique non phosphorylée aux régions promotrices P_{RB} et P_{YB} résultant en une transcription augmentée. L'activation de l'expression des gènes *in vivo* requiert vraisemblablement la phosphorylation de $VanR_B$ et par conséquent sa dimérisation pour augmenter l'affinité de la fixation à des niveaux physiologiques. La phosphorylation augmente la capacité de fixation de l'ADN puisque la protection de deux guanines dans chaque site, qui reflète les contacts intimes avec la protéine est seulement observée en présence du régulateur phosphorylé. La phosphorylation facilite aussi la formation du complexe ouvert permettant des interactions appropriées de $VanR_B$-P avec l'ARN polymérase par un mécanisme direct ou indirect. Le profil des régions protégées et les sites hypersensibles à la DNase I sont différents entre l'ARN polymérase fixée seule ou en présence de VanR$_B$ pour le promoteur P_{RB}. Nous proposons par conséquent que VanR$_B$-P induise un changement conformationnel dans le complexe promoteur-polymérase.

Pour réguler de manière positive la boucle d'amplification conduisant à l'expression des gènes de résistance à la vancomycine, *E. faecium* BM4524 a besoin de synthétiser une faible quantité de VanR$_B$ et VanS$_B$ même en l'absence d'antibiotique. Dans l'expérience d'extension d'amorce, aucun transcrit à partir du promoteur P_{RB} n'a été observé. Cependant, une faible quantité de transcrit initié à partir de P_{RB} a été détecté *in vitro* en présence de l'ARN polymérase de *E. coli* malgré l'absence de VanR$_B$ et VanR$_B$-P (Publication n°89). Un transcrit démarrant à 120 pb en amont du site d'initiation de la traduction du gène *vanS$_B$* pourrait contribuer *in vivo* à l'expression en l'absence d'induction des gènes régulateurs puisqu'il est précédé par des régions −35 et −10 proches des séquences consensus (Figures 21 et 25). Cette observation est également en accord avec le fait que l'ARN polymérase Eσ^{70} de *E. coli* peut transcrire la plupart des promoteurs de *B. subtilis* plus efficacement que l'ARN polymérase de *B. subtilis* (29, 358).

Les régulateurs de la famille OmpR-PhoB activent les promoteurs qui sont reconnus par la forme principale de l'ARN polymérase, correspondant à Eσ^{70} chez *E. coli* (329). Pour la plupart des promoteurs des contacts protéine-protéine entre les activateurs et le domaine C-terminal de la sous-unité α ou de la sous-unité σ de l'ARN polymérase sont essentiels pour l'activation de la transcription (179, 378). L'activation de la transcription par des protéines telles que OmpR qui se fixent en amont des régions consensus −35 requiert un domaine C-terminal intact de la sous-unité α (257). Au contraire, l'activation de la transcription par des protéines telles que PhoB, qui chevauchent la région −35 ou se fixent à son voisinage, requiert le domaine C-terminal de la sous unité σ pour fonctionner mais la transcription est activée en l'absence du domaine C-terminal de la sous-unité α (223, 257). Il n'est pas connu si l'activation par VanR$_B$ requiert le domaine C-terminal de la sous-unité α comme OmpR ou le domaine C-terminal de la sous-unité σ de l'ARN polymérase, comme PhoB. Cependant, quand l'ARN polymérase dépourvue du domaine C-terminal de la sous-unité α (αDCT) a été utilisée, aucun transcrit n'a été détecté à partir des promoteurs P_{RB} et P_{YB} (Publication n°89), alors que la transcription de *lacUV5* et *RNAI* n'était pas fortement modifiée indiquant que l'ARN polymérase sans αDCT était active (177). L'addition de VanR$_B$ ou de VanR$_B$-P n'a pas restauré l'activité. Ainsi, à l'opposé de PhoB, il apparaît que αDCT est requis pour le recrutement de l'ARN polymérase et pour le fonctionnement de VanR$_B$ et par conséquent pour l'activation de la transcription des gènes de résistance à la vancomycine. Ce résultat implique que αDCT joue un rôle important dans l'activation de la transcription de P_{RB} et P_{YB} par VanR$_B$ ou VanR$_B$-P, probablement en réalisant un contact direct avec l'activateur ou en étant nécessaire à la fixation du promoteur.

Comme pour de nombreux régulateurs de transcription (106), les sites de fixation de $VanR_B$ chevauchent la région -35 du promoteur, puisque $VanR_B$ et $VanR_B$-P se fixent au site I de P_{RB} et au site II de P_{YB} contenant l'hexamère -35. Les domaines de fixation de chacune des sous-unités de $VanR_B$-P sont situés sur deux sillons majeurs adjacents de l'ADN et le régulateur interagit avec les guanines -26 et -37 dans P_{RB} et P_{YB} qui englobent la région -35. Ce résultat suggère fortement que $VanR_B$-P et la région 4.2 de σ^{70} sont localisées sur les deux faces opposées de l'hélice de l'ADN avec l'élément -35 pris en "sandwich" entre les deux protéines. L'alignement des séquences de la famille s^{70} a permis de déterminer 4 régions très conservées, numérotées de 1 à 4 en partant de l'extrémité N-terminale (215). La région 3 possède un motif HTH (hélice-tour-hélice) de fixation à l'ADN et est impliquée dans l'étape d'initiation de la transcription. La région 4 est subdivisée en 2 sous régions 4.1 et 4.2. La région 4.2 est impliquée dans la reconnaissance de l'hexamère -35. La cartographie à proximité des régions -35 et -15 des promoteurs en utilisant respectivement les simples mutants cys-σ^{70}, D581C (région 4.2) et D461C (région 3.0), conjugués avec le réactif de clivage chimique FeBABE n'a révélé aucun changement de profil de clivage en présence de $VanR_B$ et $VanR_B$-P. Ces résultats suggèrent que σ^{70} est capable de se fixer en présence de $VanR_B$ et $VanR_B$-P. Bien que $VanR_B$-P semble englober le site de reconnaissance de la région 4.2 de σ^{70}, le chevauchement ne change pas l'interaction entre σ^{70} et l'élément -35 ou l'élément -15. De manière intéressante, les promoteurs P_{RB} et P_{YB} contiennent une région -10

étendue qui pourrait permettre la fixation de Eσ^{70} au promoteur (38). En effet, certains éléments en plus des régions -10 et -35 peuvent être importants pour la reconnaissance et l'activité d'un promoteur : des séquences courbes localisées en amont du −35, une séquence riche en AT en amont du −35 (élément UP) ou comme dans le cas de P_{RB} et P_{YB} une séquence −10 étendue (dinucléotide 5'-TG-3' en -15/-14) importante en absence de l'hexamère −35 (301). Une séquence -10 étendue a déjà été observée dans le promoteur P_{RE} du bactériophage λ activé par la protéine CII (190, 227). Comme VanR$_{B}$, CII se fixe aux séquences flanquantes de la région −35 sur la face opposée de la double hélice de l'ADN par rapport à l'ARN polymérase sans changer l'interaction entre σ^{70} et la région −35. Les mutants de αDCT et σDCT affectent l'activation de la transcription. Cependant, il n'a pas été possible d'identifier les résidus qui affectent directement l'interaction entre l'activateur et l'ARN polymérase. Il a été proposé que la distortion de l'ADN induite par la protéine CII permette à l'ARN polymérase de reconnaître le promoteur sans contact direct avec l'activateur (167, 190). De la même manière, nous avons remarqué que la phosphorylation de VanR$_{B}$ n'affecte pas seulement sa capacité de fixation à l'ADN mais apparaît induire également un changement conformationnel dans le complexe promoteur-ARN polymérase au niveau du promoteur P_{RB}. Il reste à déterminer s'il existe des contacts directs entre VanR$_{B}$-P et les sous-unités α et/ou σ de l'ARN polymérase.

240

2. Organisation des régions promotrices des systèmes de type VanR/S

2.1. Comparaison des interactions *in vitro* de VanR$_B$/VanR$_B$-P avec P_{RB}/P_{YB} et de VanR/VanR-P avec P_R/P_H

La phosphorylation de VanR$_B$ et VanR augmente leur affinité pour l'ADN, mais la phosphorylation de VanR (169) apparaît plus stable que celle de VanR$_B$ (Publication n°90). Les promoteurs des opérons *vanB* et *vanA* partagent des caractéristiques communes, avec un seul site de fixation pour les promoteurs de régulation P_{RB} et P_R et deux sites de fixation pour les promoteurs de résistance P_{YB} et P_H (Figure 53) (169). Le positionnement de ces sites dans les régions promotrices diffère entre VanR$_B$ et VanR : il chevauche la région –35 pour VanR$_B$ alors qu'il est en amont de la région –35 dans le cas de VanR (169). Le site de fixation est centré en –32.5 pour VanR$_B$ dans P_{RB} et à –54.5 pour VanR dans P_R. Dans les régions promotrices P_{YB} et P_H, les sites sont centrés à –33.5 et à –55.5 pour VanR$_B$ et à –53.5 et –86.5 pour VanR, respectivement (169). Les deux copies de sites de fixation à P_{YB} et P_H sont distantes de 22 pb et de 33 pb (169), respectivement, suggérant puisque ces nombres diffèrent par approximativement un nombre entier de tour d'hélice d'ADN-B (10,5 pb/tour), qu'ils se lient sur la même face d'ADN. VanR$_B$ et VanR se fixent avec une affinité plus grande aux régions promotrices P_{YB} et P_H des gènes de résistance qu'aux promoteurs P_{RB} et P_R des gènes régulateurs. La phosphorylation augmente la différence d'affinité seulement 10 fois pour P_{RB} contre 40 fois pour P_H (169) indiquant que la coopérativité est plus faible pour P_{YB} que pour P_H (169). Il est intéressant

241

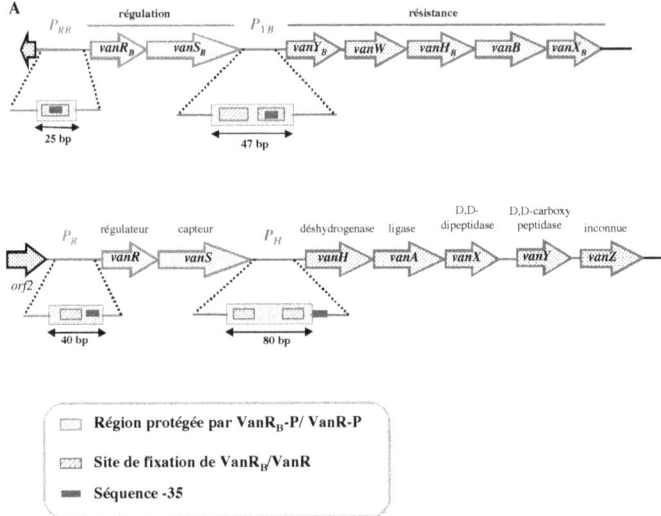

Figure 53. Comparaison de la fixation du régulateur de type VanR aux régions promotrices des opérons *vanA* et *vanB*. (A) et estimation de l'affinité de VanR$_B$/VanR et VanR$_B$-P/VanR-P pour les promoteurs P_{RB}/P_R et P_{YB}/P_H (B).

de noter la corrélation entre le degré de coopérativité de fixation de VanR$_B$-P et de VanR-P à leurs cibles et l'expression des gènes de résistance : en effet, les niveaux d'induction des gènes de résistance sont plus faibles avec VanR$_B$ qu'avec VanR (Publication n°90) (19, 22).

VanR et VanR-P se fixent à une portion similaire de 80 pb de la région régulatrice de P_H qui contient deux sites de fixation présumés de 12 pb (Figure 53) (169). Le promoteur P_R contient un seul site de fixation de 12 pb et la phosphorylation de VanR augmente la taille de la région protégée de 20 à 40 pb (169) alors que la phosphorylation de VanR$_B$ n'augmente pas la taille de la région protégée de P_{RB} (Figure 27). Après phosphorylation, VanR génère une plus grande empreinte (169) que VanR$_B$ (40 pb pour P_R contre 25 pb P_{RB} et 80 pb pour P_H contre 47 pb pour P_{YB}) dû à une plus grande coopérativité de fixation à l'ADN (Figure 53). VanR$_B$-P active P_{YB} plus fortement que P_{RB}. La présence de deux sites de fixation à haute affinité pour P_{YB} au lieu d'un site pour P_{RB} pourrait aider à recruter l'ARN polymérase plus efficacement à P_{YB}. Une séquence consensus de 21 pb a été identifiée dans les régions de fixation de P_{RB} et P_{YB} qui consiste en deux et quatre répétitions directes de 7 nucléotides CTACAG(G/A) respectivement (Figure 25). Une organisation similaire a été observée pour les autres régulateurs comme CtsR de *B. subtilis* (96), PhoP de *B. subtilis* (378) et DcuR de *E. coli* (3). Les sept nucléotides, qui correspondent à la séquence de reconnaissance de VanR$_B$, sont séparés par quatre nucléotides et dans chaque site les guanines protégées sont séparés de 10 pb et ainsi positionnées sur la même face de l'hélice d'ADN B. Cette symétrie en tandem est en accord

243

avec la notion que $VanR_B$ se fixe à l'ADN comme un dimère en tête à queue comme rapporté pour PhoB (48).

2.2 Comparaison des régions promotrices P_{UG}/P_{YG} avec celles des autres systèmes de type VanR/S

Comme dans les autres types Van, un capteur associé à la membrane ($VanS_G$) et un régulateur cytoplasmique ($VanR_G$) qui agit comme un activateur transcriptionnel étaient présents dans les souches de type VanG. Cependant de manière surprenante, chez ces souches, en amont de $vanR_G$, un gène additionnel $vanU_G$ code pour un activateur transcriptionnel présumé (Figure 40). Une protéine de ce type n'a pas été associée précédemment à la résistance aux glycopeptides. L'analyse des hybridations Northern, de la reverse transcriptase et des extensions d'amorces a révélé que les gènes régulateurs $vanU_G R_G S_G$ et de résistance $vanY_G W_G GXY_G T_G$ étaient cotranscrits respectivement à partir des promoteurs P_{UG} et P_{YG} et a confirmé que le promoteur P_{UG} était activé constitutivement alors que P_{YG} était activé de manière inductible (Publication n°88). Parmi les souches de type Van, c'est le premier opéron qui est régulé de cette manière. Les gènes de régulation et de résistance des souches de type VanA, VanB et VanD sont aussi transcrits à partir de promoteurs distincts, mais régulés de manière coordonnée (Publication n°89) (19, 66, 119). Par exemple, chez les souches de type VanA les promoteurs ne sont pas activés en absence de VanR et VanS, sont induits par les glycopeptides quand VanR et VanS sont présentes et sont constitutivement activés par VanR en l'absence de VanS (19).

La séquence consensus de P_{RB} et P_{YB} n'est pas présente dans les régions promotrices des autres opéron *van*. En revanche, la comparaison des séquences du promoteur P_{YG}, contrôlant les gènes de résistance de l'opéron *vanG* et du promoteur P_H contrôlant les gènes de résistance de l'opéron *vanA* a révélé une séquence consensus de 12 pb (T/C)CGTAxGAAA(T/A)T qui est présente trois fois dans la région P_{YG} (Figure 54). Elle est similaire à la séquence T(T/C)GTA(G/A)GAAA(T/A)T correspondant à celles des régions protégées par VanR et VanR-P dans l'opéron *vanA* (169). Chez les souches de type VanD, l'analyse de la région promotrice P_{YD} située en amont des gènes de résistance a aussi révélé une séquence consensus (T/C)CGTAxGAAA(T/A)T de 12 pb présente deux fois et identique à celle de l'opéron *vanG*. Ce résultat n'est probablement pas surprenant dans la mesure où les gènes de l'opéron *vanG* proviennent de différents opérons *van* et, plus particulièrement, les gènes de régulation $vanR_G$ et $vanS_G$ en amont de la région P_{YG} présentent une plus grande identité avec ceux des souches de type VanD.

Dans la région promotrice P_{UG}, aucune séquence similaire à la séquence consensus observée dans P_{YG} n'a été trouvée ce qui pourrait expliquer que la transcription des gènes de régulation soit constitutive (Figure 54). En revanche deux séquences palindromiques imparfaites adjacentes ont été observées juste en amont de la région -35 (Figure 54). Cette observation, associée à la différence d'expression entre les deux régions promotrices P_{UG} et P_{YG}, suggère que $VanR_G$ et $VanR_G$-P ne se fixent pas à la région promotrice P_{YG} de la même façon qu'à P_{UG}

P_{UG}

```
TTTTCTTATTTTATGTGATATTTATACAATATGCGTTTGATAAAGCTTTGAGTTTGCGAACCAAACA
AAAAGAATAAAATACACTATAAATATGTTATACGCAAACTATTTCGAACTCAAACGCTTGGTTTGT
```

```
-35                    -10        +1      RBS
CTTGCTTTTACGTACTTTGTATGCTAAAATAGGCAAAGCATAGTAAAGAGGTGGAAACAATGCGTG
GAACGAAAATGCATGAAACATACGATTTTATCCGTTTCGTATCATTTCTCCACCTTTGTTACGCAC
```

```
TTAGTTATAA
AATCAATATT
```

P_{YG}

```
                          (a)        (b)        (c)
ATTTGAAGTGACGATTCTTTCATCGTAGGAAAATCGTAAGAAATTCCGTATGAAAT
TAAACTTCACTGCTAAGAAAGTAGCATCCTTTTAGCATTCTTTAAGGCATACTTTTA
```

```
                      -35                        -10            +1
TTGGGATGTTCGTTGGATAGAACAAAAAAACAGCACTCTTGTTTTTGATACAATATTTGTGTC
AACCCTACAAGCAACCTATCTTGTTTTTTTGTCGTGAGAACAAAAACTATGTTATAAACACAG
```

```
                      RBS
AAAGCAAGAGTGCTTTTATTTTTGTATAAGGAGGAATTGTTGATATGAACCATATGAATATGA
TTTCGTTCTCACGAAAATAAAAACATATTCCTCCTTAACAACTATACTTGGTATACTTATACT
```

```
(a)   TCGTAGGAAAAT
(b)   TCGTAAGAAATT
(c)   CCGTATGAAAAT
```

(i) Séquence consensus	**T T** **CGTAxGAAA T** **C A**	

(ii) Séquence consensus	**T G T** **T GTA GAAA T** **C A A**	

Figure 54. Séquence des régions promotrices P_{UG} et P_{YG} de BM4518 de type VanG et de leur site de fixation présumé. (A) Les régions -35 et -10 et le site d'initiation de la transcription (+1) sont indiqués en rouge. Le site de démarrage de la traduction est en italique et le site de fixation au ribosome est en gras et en italique. Les séquences indiquées en orange et violet sont complémentaires; elles sont elles-mêmes composées de palindromes imparfaits indiqués par les flèches qui peuvent correspondre à des sites de fixation de VanU$_G$ et/ou VanR$_G$. Deux portions de la séquence en orange retrouvées dans la région promotrice P_{UG} sont soulignées en orange. Les régions présumées protégées par VanR$_G$ phosphorylée selon Holman et coll. (1994) sont indiquées par des crochets (a, b, c) verts. Les sites a, b et c ont été alignés et la séquence consensus déduite (i) a été comparée à celle (ii) de Holman et coll. (1994).

246

conduisant dans un cas à la transcription inductible des gènes de résistance $vanY_G W_G GXY_G T_G$ et dans l'autre cas à la transcription constitutive des gènes régulateurs $vanU_G R_G S_G$. La différence pourrait être due à la présence de $VanU_G$ qui interviendrait seulement au niveau de la région promotrice P_{UG} ou de manière différente sur P_{UG} et P_{YG}. Par conséquent, la question est de déterminer le rôle de $VanU_G$ puisqu'il n'est présent dans aucun autre système de type VanR/S. $VanU_G$ pourrait jouer un rôle, soit dans la régulation du transfert du phosphate entre le capteur $VanS_G$ et le régulateur $VanR_G$, soit dans la fixation de $VanR_G$ au niveau des régions promotrices P_{UG} et P_{YG}. En ce qui concerne la régulation entre les protéines $VanR_G$ et $VanS_G$, $VanU_G$ pourrait, par exemple, empêcher la déphosphorylation de $VanR_G$ par $VanS_G$ et par conséquent $VanR_G$ serait toujours phosphorylée. Cependant, les deux régions promotrices P_{UG} et P_{YG} devraient conduire à une expression constitutive des gènes régulateurs et des gènes de résistance, or ce n'est pas le cas pour ces derniers qui sont transcrits de manière inductible. Une autre hypothèse serait que $VanU_G$, indépendamment de la phosphorylation, permettrait à $VanR_G$ de se fixer avec une meilleure affinité à la région promotrice P_{UG} qu'à celle de P_{YG} et les gènes de régulation seraient alors activés quelles que soient les conditions d'induction. Dans ce cas, la protéine $VanU_G$ pourrait entraîner un changement conformationnel de l'ADN rendant les sites de fixation de la région promotrice P_{UG} accessibles à $VanR_G$ avec une affinité équivalente que cette dernière soit phosphorylée ou non et/ou pourrait permettre le recrutement de l'ARN polymérase, indépendamment de la phosphorylation de $VanR_G$. $VanU_G$ a une masse moléculaire d'environ 10 kDa, possède un domaine HTH correspondant à un domaine de liaison à l'ADN et la région promotrice P_{UG} ne présente pas de région typique pouvant ressembler à des sites cibles de fixation à l'ADN pour les protéines si l'on considère que les sites de fixation présumés pourraient correspondre à ceux de $VanR_G$ (Figure 54). En effet, $VanU_G$ pourrait posséder quelques caractéristiques des protéines de la famille Lrp (*Leucine-responsive Regulatory Protein*) qui sont des régulateurs transcriptionnels de masse moléculaire d'environ 15 kDa avec un domaine de fixation à l'ADN et un domaine de liaison d'un ligand tel que la leucine (57). Les promoteurs cibles des protéines Lrp contiennent souvent plusieurs sites de fixation qui ne possèdent pas d'éléments inversés répétés apparents (57). La structure de l'ADN semble influencer la fixation de Lrp telles que des régions riches en A-T ce qui est observé pour les régions promotrices P_{UG} et P_{YG}. Une séquence consensus pour la fixation YAGHAWATTWTDCTR (avec Y = C ou T, H = pas de G, W = A ou T, D = pas de C, et R = A ou G) de Lrp à l'ADN a été établie (79). Pour essayer de discriminer les différentes hypothèses sur le rôle de $VanU_G$ deux approches pourront être adoptées : biochimique et génétique.

Pour l'approche biochimique, des expériences similaires à celles réalisées pour l'étude des protéines régulatrices $VanR_B$ et $VanS_B$ et de la fixation du régulateur aux régions promotrices de l'opéron *vanB* (Publications n°89 et n°90) vont être effectuées. Les interactions entre les protéines régulatrices $VanU_G$, $VanR_G$ et $VanS_G$ et avec les régions promotrices P_{UG} et P_{YG} seront étudiées afin d'élucider la régulation de

248

l'expression des gènes régulateurs $vanU_GR_GS_G$ et des gènes de résistance $vanY_GW_GGXY_GT_G$ de l'opéron $vanG$. Dans un premier temps, à partir de la souche BM4518 les protéines $VanU_G$ et $VanR_G$ et le domaine cytoplasmique soluble de $VanS_G$ seront surproduites chez *E. coli* avec un vecteur d'expression contenant six résidus histidine et purifiées. La purification de ces protéines sera réalisée sur une colonne contenant une résine chargée en ions nickel et un gradient d'imidazole pour l'élution. L'autophosphorylation de $VanS_G$ en présence d'ATP marqué sera vérifiée ainsi que le transfert du phosphate du capteur aux régulateurs $VanR_G$ et $VanU_G$ à condition que ce dernier puisse être phosphorylé, ce qu'il nous faut déterminer. La phosphorylation de $VanR_G$ ($VanR_G$-P) et de $VanU_G$ ($VanU_G$-P) sera vérifiée par incubation du régulateur purifié avec l'acétylphosphate marqué avec de l'ATP ($\gamma^{32}P$) suivi par autoradiographie d'un gel SDS-PAGE. Ensuite sera étudiée l'hydrolyse par $VanS_G$ de $VanR_G$-P et de $VanU_G$-P dans le cas où nous aurons montré que $VanU_G$ peut être phosphorylé par $VanS_G$ ou l'acétylphosphate. En effet, dans le cas où $VanS_G$ n'est pas un capteur partenaire de $VanU_G$, la phosphorylation de $VanU_G$ pourrait être plus efficace en présence d'acétylphosphate. Des expériences de retard sur gel seront également réalisées afin de déterminer si $VanU_G$ et $VanR_G$ phosphorylées ou non phosphorylées se fixent de la même façon aux régions promotrices P_{UG} et P_{YG}. Les sites de fixation de $VanU_G$ et $VanR_G$ avec les régions promotrices P_{UG} et P_{YG} seront déterminés plus précisément par la technique de protection contre la digestion par la DNase I en l'absence ou en présence de l'ARN polymérase, suivie de

249

l'analyse par autoradiographie d'un gel polyacrylamide de séquence. Cette technique permettra de montrer si $VanU_G$ et $VanR_G$ protègent les mêmes régions d'ADN et si la phosphorylation augmente l'affinité du régulateur pour les régions promotrices P_{UG} et P_{YG}. L'addition d'ARN polymérase permettra de vérifier si elle est capable de se fixer ou d'être recrutée malgré la présence de $VanU_G$ et/ou $VanR_G$. $VanU_G$ pourrait jouer un rôle dans le recrutement de l'ARN polymérase qui s'effectuerait différemment entre les deux régions promotrices et expliquerait les différences d'expression entre les gènes régulateurs et les gènes de résistance. La réalisation d'une transcription *in vitro* sera donc nécessaire pour essayer de comprendre ces différences d'expression. L'association de $VanU_G$ et $VanR_G$ dans la même réaction devra également être étudiée lors d'expériences de retard sur gel ou de protection contre la digestion par la DNase I pour s'assurer qu'il n'y a pas un effet compétitif entre les deux protéines ou dans le cas où $VanU_G$ aurait un effet stimulateur ou répressif sur $VanR_G$. L'analyse de la structure tridimensionnelle du régulateur $VanU_G$ après cristallographie de cette protéine pourrait nous permettre de connaître sa fonction par analogie avec d'autres protéines. Des études d'interaction entre les protéines pourront être envisagées en utilisant un intercalant ou bien par la technique de résonance plasmonique de surface à l'aide d'un appareil appelé BIACORE.

En ce qui concerne l'approche génétique, et afin de préciser le rôle de $VanU_G$ et de $VanS_G$ dans la modulation de l'activité de $VanR_G$ en tant qu'activateur transcriptionnel, les gènes *vanU_G*, *vanR_G* et *vanS_G* pourraient être inactivés par recombinaison homologue. Cependant, les souches cliniques de type VanG étudiées ne sont pas électrotransformables. Comme nous l'avons vu, nous avons obtenu le transfert de l'opéron *vanG* chez *E. faecalis* JH2-2 qui est une souche de laboratoire électrotransformable, nous pourrons donc inactiver indépendamment les gènes de régulation chez cette souche. Les gènes seront délétés en phase par insertion-recombinaison à l'aide d'un vecteur thermosensible de la famille pGhost qui se réplique chez *E. coli* mais pas chez les entérocoques. L'expression des gènes de régulation *vanU$_G$*, *vanR$_G$* et *vanS$_G$* sera étudiée par RT-PCR quantitative alors que l'expression des gènes de résistance *vanY$_G$W$_G$GXY$_G$T$_G$* sera déterminée en mesurant les activités D,D-peptidases (VanX et VanY) et sérine racémase (VanT) grâce à des méthodes enzymatiques mises au point au laboratoire.

Une autre approche génétique pourra être envisagée qui consiste à cloner les différentes combinaisons de gènes *vanU$_G$R$_G$S$_G$*, *vanR$_G$S$_G$*, *vanU$_G$R$_G$*, *vanU$_G$S$_G$*, *vanU$_G$* et *vanR$_G$*, sous contrôle d'un promoteur constitutif P_2 ou un promoteur inductible par l'IPTG et en amont des promoteurs de régulation P_{UG} ou de résistance P_{YG} et du gène *cat*. La présence du gène indicateur *cat* permettra de mesurer le niveau d'activation des promoteurs P_{UG} et P_{YG} et d'étudier leur régulation en présence ou en l'absence de VanU$_G$ chez *E. faecalis* JH2-2 ou chez une souche de *E. coli* sensible à la vancomycine afin de pouvoir induire les gènes de régulation.

3. Rôle de l'activité phosphatase du capteur VanS$_B$ sur le régulateur VanR$_B$

En plus de leur activité kinase, de nombreux capteurs histidine agissent aussi comme des phosphatases, accélérant la déphosphorylation de leur régulateurs partenaires. Alors que la forme phosphorylée des capteurs histidine est relativement stable, la stabilité intrinsèque des régulateurs phosphorylés varie beaucoup selon les protéines avec des demi-vie variant de 30 s pour CheY (130, 166) à 90 min pour OmpR (178) et 180 min pour SpoOF (379). La réponse du signal de transduction en fonction du temps peut ainsi être modulée par les activités combinées kinase/phosphatase des capteurs histidine contrôlant la quantité de forme phosphorylée du régulateur présent dans la cellule en réponse aux signaux de l'environnement. Dans de nombreux cas, l'expression des gènes est contrôlée essentiellement par l'activité phosphatase du capteur, comme pour EnvZ (178) ou NtrB (191) de *E. coli*, et FixL de *Rhizobium meliloti* (214) et cette activité est particulièrement critique dans le cas des régulateurs dont la forme phosphorylée est très stable afin que la protéine ne soit pas activée en permanence. L'activité phosphatase de VanS ou VanS$_B$ joue donc un rôle important en contrôlant la résistance à la vancomycine de type VanA ou de type VanB. En effet, appartenant à la famille EnvZ/OmpR des systèmes à deux composantes, VanR phosphorylée (VanR-P) présente une très forte stabilité ($t_{1/2}$ = 10 h) (372), tout comme VanR$_B$-P avec un temps de demi-vie de 150 min (Publication n°90). VanS agit *in vitro* comme une phosphatase de VanR-P, catalysant la déphosphorylation du régulateur (372). L'addition de $VanS_B$ a également accéléré fortement l'hydrolyse de $VanR_B$-P ($t_{1/2}$ = 14 min) indiquant que $VanS_B$ agit aussi comme une phosphatase pour $VanR_B$-P. Ce résultat confirme une analyse comparative des structures des systèmes à deux composantes qui laissait penser que $VanS_B$ agissait comme un capteur bi-fonctionnel, c'est à dire doté des activités kinase et phosphatase (10). L'addition d'ATP n'a pas eu d'effet sur l'activité phosphatase de $VanS_B$, comme rapporté pour VanS, à la différence du capteur prototype de EnvZ (178, 372). VanR et $VanR_B$ catalysent leur propre phosphorylation en l'absence du capteur VanS ou $VanS_B$, en utilisant l'acétylphosphate comme phosphodonneur (Publication n°90) (372) comme démontré pour d'autres régulateurs (219).

Des études génétiques indiquent que VanS agit principalement comme une phosphatase en l'absence d'induction, empêchant l'accumulation de la forme phosphorylée du régulateur VanR et comme une kinase en présence de glycopeptides, conduisant à la phosphorylation du régulateur et à l'activation des gènes de régulation et de résistance (19). Cela semble être aussi le cas pour la kinase $VanS_B$ faiblement apparentée à VanS, puisque des substitutions dans $VanS_B$ de résidus conservés connus pour jouer un rôle critique dans l'activité phosphatase des deux kinases apparentées EnvZ et PhoR (6, 377) confèrent une résistance constitutive aux glycopeptides (35). La différence observée dans les temps de demi-vie de VanS (10 h) et $VanS_B$ (2 h 30) pourrait expliquer le niveau de base plus faible des activités D,D-peptidases dans les souches de type VanB que de type VanA. En effet, en absence de glycopeptides c'est une kinase hétérologue moins efficace que la kinase partenaire qui phosphorylerait le régulateur VanR ou VanR$_B$; par conséquent la stabilité de la phosphorylation du régulateur pourrait faire la différence de niveau d'expression des gènes de résistance. Le régulateur VanR restant phosphorylé plus longtemps va être plus actif pour l'expression des gènes.

II. Etude de la constitutivité chez les souches de type VanB et VanD

1. Localisation des mutations responsables de la constitutivité

Comme nous venons de le voir, en condition d'induction, les capteurs VanS ou VanS$_B$ agissent comme une kinase alors qu'en absence d'induction, ils sont requis pour une régulation négative des promoteurs, en agissant comme une phosphatase qui empêche l'accumulation du régulateur VanR ou VanR$_B$ phosphorylé par une kinase hétérologue ou par l'acétylphosphate. D'après ce modèle, un phénotype constitutif est associé à une perte de l'activité phosphatase du capteur et par conséquent l'expression des gènes de résistance reste inchangée en absence ou en présence de glycopeptides.

1.1. Dans le capteur

Les substitutions dans les domaines détecteur ou charnière du capteur sont associées à une perte de fonction dans les systèmes de régulation OmpR-EnvZ (162, 265, 305, 334, 353), BvgA-BvgS (225,

243), NarL-NarX (76), CpxR-CpxA (288) et VirG-VirA (105). En particulier, des substitutions dans les régions transmembranaires et dans le domaine charnière du capteur EnvZ conduisent à une perte de l'activité phosphatase (305, 334, 353) ou de l'activité kinase (162, 265, 334). Ces mutants présentent un phénotype constitutif. En revanche, chez les souches de type VanB des mutations dans ces domaines entraînent un changement de spécificité d'induction conduisant à des souches résistantes inductibles par la vancomycine et la teicoplanine.

Jusqu'à présent l'émergence du phénotype constitutif chez les souches de type VanB est due à l'acquisition d'un nombre limité de substitutions ($S_{232}Y$ et $T_{237}M/K$) localisées au voisinage immédiat du site présumé de phosphorylation de $VanS_B$ (H_{233}) (35). Des substitutions affectant des résidus homologues de capteurs apparentés à $VanS_B$ entraînent également une expression constitutive des gènes cibles (6, 126, 288). Ainsi les kinases EnvZ11 ($T_{247}R$) (6) et CpxA101 ($T_{253}P$) (288) catalysent *in vitro* une réaction d'autophosphorylation et le groupement phosphate est transféré au régulateur OmpR et CpxR, respectivement. Cependant, les substitutions T_{247} de EnvZ et T_{253} de CpxA homologues au résidu T_{237} de $VanS_B$ conduisent à une perte de l'activité phosphatase (6, 288). Dans le capteur EnvZ de *E. coli*, il apparaît que le résidu thréonine positionné à quatre résidus en aval de l'histidine conservée d'autophosphorylation est important pour l'activité phosphatase. Ce résidu thréonine est positionné sur la même face de l'hélice α directement en-dessous de l'histidine phosphorylée.

Or, nous avons montré dans cette étude que d'autres domaines du capteur ou même le régulateur pouvaient être impliqués dans le phénotype constitutif des souches de type VanB (Publication n°90) et VanD (Publications n°91, n°92 et n°95). Le dérivé *E. faecium* BM4525 présentait une résistance constitutive de haut niveau à la vancomycine et à la teicoplanine. L'addition de $VanS_B$ de BM4524 (résistante à la vancomycine et sensible à la teicoplanine) a accéléré fortement l'hydrolyse de $VanR_B$-P ($t_{1/2}$ = 14 min) alors que l'addition de $VanS_{B\Delta}$ de BM4525 a eu un effet beaucoup moins prononcé ($t_{1/2}$ = 60 min). Ceci indique une perte significative de l'activité phosphatase suite à une délétion des six acides aminés chevauchant partiellement le domaine conservé G2 impliqué dans liaison à l'ATP. Ce résultat confirme le fait que le motif G2 pourrait jouer un rôle dans la modulation de la conformation de l'enzyme (267) et une étude a montré que le domaine G2 de EnvZ et des résidus environnants jouent un rôle important dans la modulation de l'activité phosphatase (381). Une délétion identique de 18 pb a été obtenue précédemment dans un mutant (BM4391) dépendant de la vancomycine et de la teicoplanine avec une ligase D-Ala:D-Ala défectueuse suite à la croissance *in vitro* en présence de teicoplanine (345). La souche présentait deux autres mutations ponctuelles dans le gène *vanS_B* en comparaison de celui de la souche BM4525, ce qui pourrait expliquer la différence dans le phénotype (345). La souche constitutive BM4654 de type VanD que nous avons étudiée, tout comme la souche N03-0072 étudiée par Boyd et collaborateurs (54) présentent aussi dans $VanS_D$ deux mutations adjacentes ($K_{308}Q$ et $I_{309}V$) qui chevauchent le domaine G1 impliqué dans la liaison à l'ATP (Figure 42). Dans trois souches constitutives de type VanD, les motifs conservés N, G1, F et G2 dans le domaine kinase des capteurs étaient absents, suggérant fortement la perte de l'activité phosphatase. La délétion C-terminale du domaine kinase du capteur pourrait produire un changement conformationnel qui se propage au domaine détecteur et affecte directement le signal de reconnaissance. Alternativement, la délétion C-terminale pourrait augmenter la tendance de la protéine à adopter une conformation activatrice plutôt que répressive, cela augmenterait le niveau basal de l'expression des gènes de résistance en l'absence d'induction et indirectement augmenterait la sensibilité du capteur à un signal propagé par la teicoplanine.

1.2. Dans le régulateur

Les protéines de type VanR appartiennent à la famille des régulateurs OmpR (25). Comme OmpR, un régulateur de type VanR est constitué d'un domaine de phosphorylation N-terminal (receveur) et d'un domaine de liaison à l'ADN C-terminal (effecteur) qui sont joints par une région charnière flexible relativement riche en résidus glutamine, arginine, glutamate, sérine et proline (233). Le rôle de cette région charnière est de permettre des interactions entre le domaine receveur et le domaine effecteur. La phosphorylation du domaine receveur entraîne une augmentation de l'affinité pour des régions spécifiques de l'ADN impliquées dans la régulation de l'expression des gènes (Publication n°89) (169, 380). La mutation $G_{140}E$ dans le régulateur $VanR_D$ de BM4538 de type VanD (Publication n°92) s'est produite dans le domaine effecteur proche de la région charnière et à proximité d'un acide aminé appartenant au noyau hydrophobe juste avant le feuillet β2, d'après le modèle de PhoB (48). Les mutants dans la région charnière de OmpR diffèrent dans leur phosphorylation et les propriétés de la liaison à l'ADN, conduisant à différents phénotypes (233). De plus l'analyse de la structure cristallographique de NarL a indiqué que la glycine à la position 126 appartenant au domaine C-terminal est un candidat du site charnière (380). La glycine 140 de VanR$_D$ pourrait correspondre à la glycine 126 de NarL et ainsi pourrait représenter un résidu crucial. Habituellement, le domaine receveur apparaît bloquer le site de liaison à l'ADN dans l'état non phosphorylé, alors qu'il a été proposé que la phosphorylation interrompe cette interaction, permettant au domaine effecteur d'être dans une forme relachée et accessible pour se fixer à l'ADN (32). Par conséquent, la mutation dans VanR$_D$ de BM4538 pourrait conduire à un domaine effecteur dans une conformation telle qu'il se fixerait toujours à l'ADN, conduisant à la résistance constitutive de cette souche.

Pour étudier si le régulateur VanR$_D$ muté (VanR$_D$ G$_{140}$E) est responsable de la constitutivité chez la souche BM4538, des expériences *in vitro* de phosphorylation et de déphosphorylation du régulateur VanR$_D$ par le capteur VanS$_D$ fonctionnel de BM4538 seront réalisées. Le domaine cytoplasmique soluble de la protéine VanS$_D$ de BM4538 et les protéines VanR$_D$ (G$_{140}$E) de BM4538 et VanR$_D$ non muté de *E. faecalis* BM4539 seront surproduites chez *E. coli* avec un vecteur d'expression contenant six résidus histidine. Les extraits bruts seront ensuite purifiés sur une colonne Ni-NTA chargée avec des ions nickel. L'autophosphorylation de $VanS_D$ en présence d'ATP marqué sera vérifiée ainsi que le transfert du phosphate du capteur au régulateur $VanR_D$ ($G_{140}E$) en comparaison de $VanR_D$. La phosphorylation de $VanR_D$ ($G_{140}E$) ($VanR_D$-$P(G_{140}E)$) ou $VanR_D$ ($VanR_D$-P) utilisé comme contrôle sera réalisée par incubation du régulateur purifié avec l'acétylphosphate marqué avec de l'ATP ($\gamma^{32}P$) suivie par une autoradiographie d'un gel SDS-PAGE, puis l'hydrolyse de $VanR_D$-P ($G_{140}E$) en comparaison de $VanR_D$-P par $VanS_D$ sera étudiée. Si $VanR_D$ ($G_{140}E$) est responsable de la constitutivité, cela pourrait être dû à l'absence de déphosphorylation par $VanS_D$. $VanR_D$ pourrait être dans une conformation telle qu'elle n'est plus accessible à $VanS_D$. Par conséquent $VanR_D$-P ($G_{140}E$) reste phosphorylée alors que $VanR_D$-P devrait être hydrolysée par $VanS_D$, comme observée chez la souche BM4525 de type VanB (Publication n°90). Des expériences de retard sur gel seront également réalisées afin de déterminer si $VanR_D$ ($G_{140}E$) et $VanR_D$ phosphorylées ou non phosphorylées se fixent de la même façon aux régions promotrices P_{RD} et P_{YD}. Les sites de fixation de $VanR_D$ ($G_{140}E$) et $VanR_D$ sur les fragments d'ADN qui portent les régions promotrices P_{RD} et P_{YD} seront déterminés plus spécifiquement par la technique de protection contre la digestion par la DNase I suivie de l'analyse après autoradiographie d'un gel d'acrylamide de séquence. Cette technique permettra de montrer si $VanR_D$ ($G_{140}E$) et $VanR_D$ protègent les mêmes régions d'ADN et si la phosphorylation augmente l'affinité du régulateur pour les régions promotrices P_{RD} et P_{YD}. En effet, une hypothèse serait que le régulateur

VanR$_D$ (G$_{140}$E) se fixe avec la même affinité qu'il soit phosphorylé ou non, alors que VanR$_D$ pourrait se fixer avec une meilleure affinité après phosphorylation par analogie avec les souches de type VanA (169) et VanB (Publication n°89).

1.3. Dans le terminateur de transcription des gènes de régulation *vanR$_B$S$_B$*

Nous avions décrit deux mécanismes permettant la réversion vers l'indépendance à la vancomycine : (i) des mutations compensatrices dans le gène *ddl* qui restaure la synthèse du D-Ala-D-Ala et conduit à un phénotype VanB inductible (345) et (ii) des mutations dans le gène de structure du capteur *vanS$_B$* qui conduit à une expression constitutive de la voie de résistance (35, 90, 94). Or nous avons montré que chez les entérocoques la réversion vers la résistance peut être due à un nouveau mécanisme à savoir une transversion d'une base en une autre dans le terminateur de transcription des gènes de régulation *vanRS$_B$* entraînant une différence de l'énergie libre d'appariement (Figure 34) (Publication n°306). Cette déstabilisation du terminateur de transcription a conduit à une fusion transcriptionnelle permettant une co-expression des gènes de régulation et de résistance à partir du promoteur de régulation P_{RB}.

2. Rôle de la ligase Ddl sur le phénotype des souches de type VanB et VanD

Habituellement chez les souches de type VanB, une réduction ou une perte de l'activité de la ligase Ddl D-Ala:D-Ala est responsable de l'émergence du phénotype de dépendance à la vancomycine puisque cet antibiotique est requis pour l'induction des gènes de résistance (35, 345). En revanche, l'association d'une mutation dans la ligase et d'une substitution dans le capteur $VanS_B$ au niveau du domaine détecteur ou charnière est responsable du phénotype de dépendance à la vancomycine et à la teicoplanine chez les souches VanB (35). Cependant, chez la souche de type VanB (BM4525) et chez les souches de type VanD étudiées, l'absence d'activité de la ligase Ddl a montré d'autres implications qui vont être abordées, puisque les opérons *vanB* ou *vanD* comme nous venons de le voir s'expriment constitutivement suite à diverses mutations dans le capteur, dans le régulateur ou dans le terminateur de transcription des gènes de régulation $vanR_BS_B$.

Des mutations ponctuelles dans des acides aminés conservés ont été observées dans les Ddl ($E_{13}G$, $G_{184}S$, $S_{185}F$, $S_{319}N$) des souches de type VanD A902, 10/96A, BM4653 et BM4538. Par exemple, la substitution d'une sérine par une asparagine à la position 319 de la ligase D-Ala:D-Ala de l'hôte de la souche BM4538 affecte un résidu conservé dans les Ddl des bactéries à Gram positif et négatif ainsi que dans les ligases D-Ala:D-Lac et D-Ala:D-Ser des bactéries à Gram positif résistantes aux glycopeptides (118). Le résidu homologue de la DdlB de *E. coli* (Ser_{281}) est impliqué dans la formation d'une liaison hydrogène avec le groupement carboxyle (COOH) de la seconde D-Ala. La fonction de $Ser_{28}1$ a été déduite de l'analyse de la structure tridimensionnelle de DdlB (121). En accord avec ce modèle, la substitution $S_{281}A$ dans DdlB a accru le *Km* apparent pour la seconde D-Ala (K_2) de 1,13 à 100 mM et diminué 3600 fois l'efficacité catalytique de l'enzyme (*kcat*/K_2) (318).

La substitution $S_{319}N$ détectée chez la souche BM4538 entraîne donc très vraisemblablement une diminution de l'efficacité catalytique de la ligase Ddl. D'ailleurs, nous avons montré par complémentation que ces ligases avec une mutation ponctuelle dans les régions conservées n'étaient pas fonctionnelles puisqu'elles ne permettent pas de restaurer la sensibilité aux glycopeptides chez une souche dont la ligase est défectueuse (Publications n°91 et n°92).

Chez les autres souches de type VanD (Publications n°91 et 92) ou la souche BM4525 de type VanB (Publication n°90), le gène *ddl* porte un codon d'arrêt de la traduction suite à une insertion de 1 pb (N03-0072, VanD), 2 pb (BM4525, VanB), 5 pb (BM4339, VanD) ou 7 pb (BM4539 et BM4540, VanD) ou d'une séquence d'insertion IS*19* chez *E. faecium* BM4416 et NEF1. Chez les souches de type VanB, il a été montré que la production d'un capteur tronqué (VanS$_B$ Y$_{426}$-stop) est associée à un phénotype constitutif résistant à la vancomycine et à la teicoplanine en présence d'une ligase Ddl mutée S$_{319}$I (35) comme observé pour les souches de type VanD. Pour les souches de type VanD, la mutation dans la ligase Ddl pourrait compenser l'absence ou la faible activité de la D,D-dipeptidase VanX$_D$ et de la D,D-carboxypeptidase VanY$_D$. Cependant, il ne peut pas être exclu que ces D,D-peptidases s'expriment faiblement suite à l'acquisition d'une ligase non fonctionnelle, puisque comme le montre les résultats obtenus avec la souche BM4656, qui présente une ligase Ddl fonctionnelle (Publication n°91), dans ce cas les activités de D,D-dipeptidase VanX$_D$ et de D,D-carboxypeptidase VanY$_D$ sont élevées (Figure 40). En revanche, pour la souche BM4525 de type VanB la mutation dans la Ddl contribue au haut niveau de résistance à la teicoplanine (Publication n°90) puisque nous avons montré précédemment que l'élimination quasi totale du pentapeptide, la cible des glycopeptides, est nécessaire pour la résistance de haut niveau à la teicoplanine (22).

3. Des réarrangements de séquences permettent à la bactérie de s'adapter à une situation imprévue

Les délétions dans VanS$_B$ chez les souches BM4525 (mutant constitutif résistant à la vancomycine et à la teicoplanine) (Publication n°90) et BM4391 (mutant dépendant de la vancomycine et de la teicoplanine) (345) se sont produites entre deux répétitions directes de sept nucléotides arrangés en tandem qui apparaissent être spécifiques au gène vanS$_B$. Le fait que cette délétion spontanée soit observée dans un isolat clinique (BM4525) et aussi suite à la croissance *in vitro* (BM4391) suggère que cela pourrait se produire relativement fréquemment sous pression de sélection. Comme dans ces souches VanB, chez *E. coli* une délétion entre des répétitions en tandem a été identifiée dans des isolats cliniques aussi bien que dans des souches cultivées *in vitro* au laboratoire conduisant à une expression de la résistance à la streptomycine codée par Tn5 (134, 234). De la même manière, une délétion d'une des deux répétitions en tandem de sept nucléotides s'est produit pour la résistance à la streptotricine dans un isolat animal de *Campylobacter coli*, un réarrangement génétique qui a été facilement reproduit *in vitro* (181).

La structure de répétitions directes de sept nucléotides arrangées en tandem dans le gène $vanS_B$ suggère que la délétion pourrait résulter d'un événement de recombinaison entre les deux séquences, suite à un glissement de la polymérase, dû à un mauvais alignement du brin d'ADN durant la réplication (62). Ce réarrangement conduit à une séquence restant en phase et permettant à la bactérie d'exprimer constitutivement la résistance de haut niveau à la vancomycine. Ce type de structure a aussi été observé chez *Haemophilus influenzae* et *Neisseria meningitidis* conduisant à une variation de phase, où des petites répétitions d'ADN en tandem ont évolué comme un moyen de générer rapidement une grande quantité de variation génétique, augmentant ainsi l'aptitude des bactéries à survivre à des situations non prévues (40). Les mutations dans $vanS_B$ qui conduisent à une expression constitutive des gènes de résistance sont sélectionnées chez des bactéries dépendantes de la vancomycine, pas seulement par la teicoplanine mais aussi dans un milieu dépourvu d'antibiotiques. Ainsi, la vancomycine pourrait sélectionner indirectement pour la résistance constitutive à la teicoplanine en deux étapes. Cela pourrait expliquer l'émergence de la résistance à la teicoplanine chez un patient traité avec de la vancomycine ainsi que l'expression constitutive des groupes de gènes apparentés à *vanB* chez des isolats cliniques de *E. faecalis* qui hébergent des mutations dans le gène *ddl* de la ligase D-Ala:D-Ala.

Dans d'autres cas au lieu d'une délétion de répétitions en tandem, ce sont des duplications en tandem qui se produisent, c'est à dire qu'une portion d'ADN est convertie en deux copies contigües (4), comme observé pour les insertions de 7 pb dans le gène *ddl* et dans le gène *vanS$_D$* des souches BM4539 et BM4540 (Publication n°92). Parfois, une répétition en tandem peut être une copie approximative comme observé dans le cas de l'insertion de 7 pb (GTGGGGC au lieu de GTGGGC) dans le gène *ddl* de BM4540. Un crossing-over partiel durant la recombinaison et un glissement de brin durant la réplication ont été invoqués comme étant des mécanismes potentiels pour la présence de ces arrangements en tandem et pour la variabilité observée dans les séquences répétées (4).

III. Caractéristiques des souches de type VanD

La résistance acquise de type VanD est due à la synthèse constitutive de précurseurs du peptidoglycane terminés majoritairement par D-Ala-D-Lac (Figure 55 et tableau 4). L'étude de dix souches supplémentaires de type VanD a confirmé que tous les isolats de ce type partagent des caractéristiques inhabituelles. Elles se distinguent des autres entérocoques de type VanA ou VanB qui sont aussi résistants aux glycopeptides par synthèse de précurseurs terminés par D-Ala-D-Lac par le fait que la résistance est exprimée constitutivement et que l'opéron *vanD* est toujours localisé sur le chromosome et non transférable par conjugaison (Publications n°91, n°92 et n°95).

Les dix souches étudiées, comme celles caractérisées précédemment BM4339 (276) et BM4416 (53, 272), étaient distinctes sur la base des mutations dans le gène *ddl* résident. Toutes les souches, à l'exception de la souche BM4656 pour laquelle aucune mutation n'a été

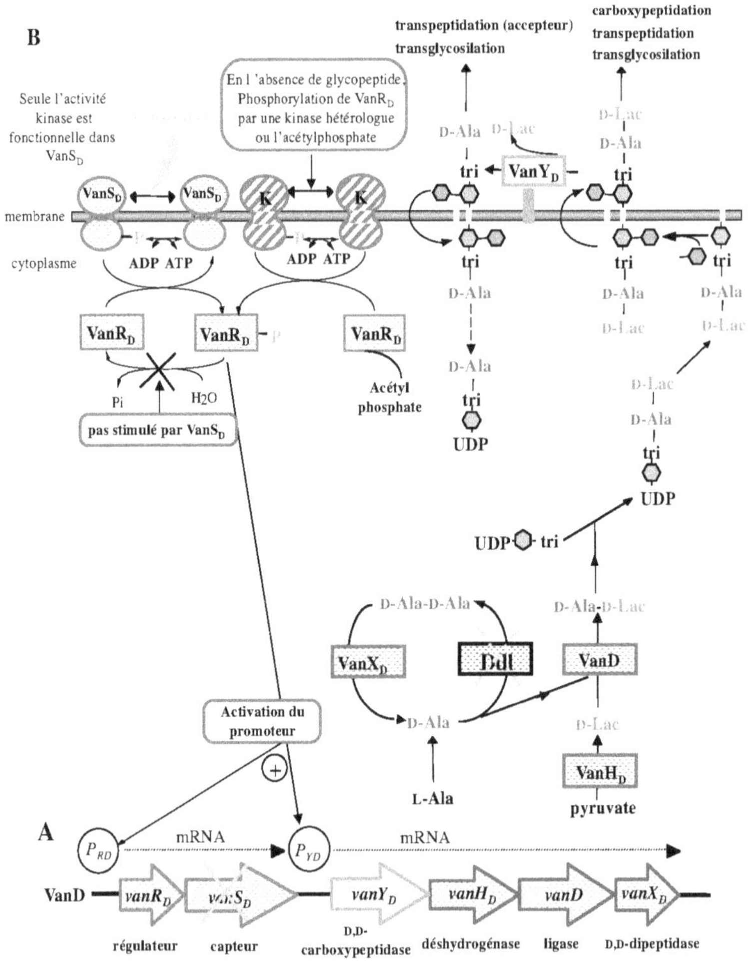

Figure 55 . Résistance aux glycopeptides de type VanD. (A) Organisation de l'opéron *vanD*. Les flèches de couleur représentent les séquences codantes et indiquent la direction de la transcription. Les gènes régulateurs *vanR_DS_D* et les gènes de résistance *vanY_DH_DDX_D* sont co-transcrits à partir des promoteurs P_{RD} et P_{YD}, respectivement. Les croix en jaune indiquent le changement de cadre de lecture conduisant à une protéine tronquée et probablement non fonctionnelle au niveau de l'activité phosphatase. (B) Représentation schématique de la synthèse des précurseurs du peptidoglycane chez une souche de type VanD et de la régulation du système à deux composantes.

observée, possèdent un gène *ddl* défectueux, suite à différentes mutations comme nous venons de le voir, qui conduit à une quasi absence de précurseurs du peptidoglycane terminés par D-Ala-D-Ala (Publication n°91). Ces souches confèrent en plus une résistance constitutive à la vancomycine suite à une substitution, à une insertion ou à une délétion dans le capteur $VanS_D$ ou à une mutation ponctuelle dans le régulateur $VanR_D$. L'ensemble de ces résultats suggère que la mutation dans le capteur ou dans le régulateur a été acquise avant celle observée dans la ligase Ddl puisque la souche aurait été transitoirement dépendante des glycopeptides. Cette hypothèse est en accord avec l'observation que les deux souches étudiées de *E. faecalis* BM4539 et BM4540 de type VanD hébergent des opérons *vanD* identiques mais diffèrent par leurs mutations dans les ligases D-Ala:D-Ala et est confirmée par l'absence de mutations observée dans la ligase D-Ala:D-Ala de *E. faecium* BM4656. Une pression sélective pour de telles mutations successives pourrait être, malgré la présence des résidus conservés impliqués dans la liaison Zn^{2+} et de la catalyse, la faiblesse de la D,D-dipeptidase $VanX_D$, dont l'activité est nécessaire à l'expression de la résistance, puisqu'elle élimine les précurseurs du peptidoglycane terminés par D-Ala-D-Ala. L'autre hypothèse est que les bactéries qui activent constamment l'opéron *vanD*, suite à des mutations dans le système régulateur à deux composantes et qui ont éliminé la voie de synthèse sensible par inactivation de la ligase Ddl, ne requièrent plus l'activité $VanX_D$. Chez les souches de type VanD, la D,D-carboxypeptidase $VanY_D$ est apparentée aux PLPs et diffère ainsi de VanY et $VanY_B$ qui sont des enzymes dépendantes du Zn^{2+} et

267

insensibles à l'action de la pénicilline G. L'activité D,D-carboxypeptidase n'est pas requise pour la résistance comme le confirme la mutation dans $VanY_D$ de la souche 10/96A (Publication n°95), un codon stop à la position 183 chez NEF1, une séquence d'insertion, IS$Efa9$, chez BM4653 (Publication n°91) ou comme celle observée au codon 26 conduisant à une protéine tronquée de 51 acides aminés dans la souche N03-0072 de type VanD étudiée par Boyd et collaborateurs (54), mais il est possible que le gène codant pour cette enzyme ait été acquis avant la mutation conduisant à une ligase D-Ala:D-Ala défectueuse. Quelque soit le type de mutation, les souches de type VanD fournissent un remarquable exemple de bricolage des gènes intrinsèques et acquis pour permettre la résistance de haut niveau aux glycopeptides.

Une autre caractéristique typique des souches de type VanD est leur absence de résistance à la teicoplanine (CMI = 4 μg/ml), malgré la production constitutive des précurseurs du peptidoglycane se terminant par D-Ala-D-Lac. Comme la ligase D-Ala:D-Ala est inactive, nous pourrions nous attendre à ce qu'il y ait seulement du pentadepsipeptide produit et un haut niveau de résistance à la teicoplanine. Il n'y a pas d'explication à présent pour les faibles degrés de résistance de E. faecium et de E. faecalis à la teicoplanine, malgré l'absence virtuelle de pentapeptide. Il est possible que l'action de la teicoplanine soit multifactorielle, du fait que ce substitut est hydrophobe et que l'activité de la teicoplanine ne dépend pas simplement de la fixation aux substrats contenant l'extrémité D-Ala-D-Ala. Un effet inoculum plus prononcé vis-à-vis de la teicoplanine que vis-à-vis de la vancomycine a été observé chez les souches de type VanD aussi bien que dans le modèle animal (206), comme déjà montré précédemment pour les staphylocoques et les streptocoques (142).

Conclusion

Les travaux présentés permettent une meilleure compréhension des mécanismes et de la régulation de la résistance aux glycopeptides chez les entérocoques. Chez les souches de type VanB, comme chez les souches de type VanA, suite à un signal associé à la présence de vancomycine dans l'environnement $VanS_B$ s'autophosphoryle et transfère son groupement phosphate au régulateur. Le régulateur $VanR_B$ phosphorylé dimérise et se fixe avec une plus grande affinité que $VanR_B$ aux régions promotrices P_{RB} et P_{YB} permettant, respectivement, l'activation de la transcription des gènes régulateurs $vanR_B S_B$ et de résistance $vanY_B W H_B B X_B$. $VanR_B$-P recrute l'ARN polymérase par l'intermédiaire du domaine C-terminal de la sous-unité α et facilite ainsi la formation du complexe ouvert pour permettre ensuite la transcription des gènes de régulation et de résistance. Les sites de fixation de $VanR_B$ et $VanR_B$-P chevauchant la région -35, il apparaît que $VanR_B$-P et l'ARN polymérase se fixeraient sur les deux faces opposées de l'ADN avec l'élément -35 compris entre les deux protéines. Les promoteurs P_{RB} et P_{YB} sont régulés de façon coordonnée mais différemment. En effet, le promoteur P_{RB} est capable de recruter l'ARN polymérase sans $VanR_B$ et $VanR_B$-P permettant ainsi, en l'absence de signal, la transcription des gènes régulateurs à bas niveau, plus faible qu'en présence de $VanR_B$ ou $VanR_B$-P. La forme phosphorylée de $VanR_B$ est très stable; par

269

conséquent, pour que VanR$_B$ ne soit pas activée en permanence, l'activité phosphatase de VanS$_B$ joue un rôle important dans le contrôle de la résistance à la vancomycine. Cependant, des mutations dans le capteur peuvent entraîner une perte de l'activité phosphatase conduisant à un phénotype constitutif. Jusqu'à présent, dans les souches de type VanB les mutations responsables de ce phénotype étaient localisées au voisinage du domaine histidine d'autophosphorylation. Or, nous avons montré que le domaine G2, impliqué dans la liaison à l'ATP, joue aussi un rôle dans la modulation de l'activité phosphatase, de même que vraisemblablement aussi les autres domaines conservés (N, G1, F et G2) puisqu'en leur absence ou en cas de mutation dans les domaines G1, F et G2 chez les souches de type VanD, le phénotype de résistance est constitutif. La constitutivité peut également être secondaire à une mutation dans le régulateur ce qui n'avait pas encore été observé chez les entérocoques et l'absence de déphosphorylation par le capteur VanS$_D$ peut alors être envisagée. Les bactéries possèdent une grande faculté d'adaptation à des situations contrastées grâce à des réarrangements de séquence de leurs gènes de structure qu'ils soient endogènes ou acquis. En effet, une ligase défectueuse associée à des mutations dans le capteur ou le régulateur permet à une bactérie de type VanB de devenir soit plus résistante, soit résistante à un plus grand nombre d'antibiotiques, ou à des souches de type VanD de compenser une faible expression des gènes de résistance ou au contraire de diminuer le coût biologique en exprimant peu les gènes (*vanX$_D$* et *vanY$_D$*) devenus superflus pour l'expression de la résistance.

Dans cette étude, le plus surprenant s'est avéré être l'organisation de l'opéron chromosomique *vanG* avec des gènes recrutés dans divers opérons *van* et surtout sa régulation et son transfert. En effet, l'opéron *vanG* est composé de trois gènes $vanU_G$, $vanR_G$ et $vanS_G$ qui codent pour un système régulateur "à trois composantes" et co-transcrits constitutivement à partir du promoteur P_{UG}; ceci alors que la transcription des gènes de résistance $vanY_G,W_G,G,XY_G,T_G$ est inductible par la vancomycine et initiée à partir du promoteur P_{YG}. Le transfert de la résistance aux glycopeptides de type VanG à une autre souche de *E. faecalis* est liée vraisemblablement au transfert de chromosome à chromosome de très grands fragments d'ADN qui incluent un transposon conjugatif non fonctionnel de type Tn*1549* qui lui même comprend l'opéron *vanG*.

Bien que les entérocoques ne soient pas très pathogènes, l'incidence de la résistance aux glycopeptides parmi les isolats cliniques est en augmentation et les entérocoques sont devenus importants en tant que pathogènes nosocomiaux et que réservoirs des gènes de résistance. La dissémination de la résistance aux glycopeptides à des bactéries plus pathogènes tels que les staphylocoques s'est déjà produite puisqu'il n'y a pas de barrière à l'expression hétérospécifique et au transfert des gènes de résistance aux glycopeptides à ces bactéries. La mobilité des groupes de gènes *vanA* ou *vanB* par conjugaison et transposition facilite grandement un tel transfert dans la nature. La mise au point de la PCR multiplex devrait permettre une meilleure détection de la résistance aux glycopeptides chez les entérocoques et les staphylocoques qui peut être faiblement exprimée et échapper aux techniques phénotypiques.

REFERENCES
BIBLIOGRAPHIQUES

1.   **Abadia Patino, L., P. Courvalin, and B. Perichon.** 2002. *vanE* gene cluster of vancomycin-resistant *Enterococcus faecalis* BM4405. J. Bacteriol. **184**:6457-6464.

2.   **Abadia-Patino, L., K. Christiansen, J. Bell, P. Courvalin, and B. Perichon.** 2004. VanE-type vancomycin-resistant *Enterococcus faecalis* clinical isolates from Australia. Antimicrob. Agents Chemother. **48**:4882-4885.

3.   **Abo-Amer, A. E., J. Munn, K. Jackson, M. Aktas, P. Golby, D. J. Kelly, and S. C. Andrews.** 2004. DNA interaction and phosphotransfer of the C4-dicarboxylate-responsive DcuS-DcuR two-component regulatory system from *Escherichia coli*. J. Bacteriol. **186**:1879-1889.

4.   **Achaz, G., E. P. Rocha, P. Netter, and E. Coissac.** 2002. Origin and fate of repeats in bacteria. Nucleic Acids Res. **30**:2987-2994.

5.   **Aiba, H., and T. Mizuno.** 1990. Phosphorylation of a bacterial activator protein, OmpR, by a protein kinase, EnvZ, stimulates the transcription of the *ompF* and *ompC* genes in *Escherichia coli*. FEBS Lett. **261**:19-22.

6.   **Aiba, H., F. Nakasai, S. Mizushima, and T. Mizuno.** 1989. Evidence for the physiological importance of the phosphotransfer between the two regulatory components, EnvZ and OmpR, in osmoregulation in *Escherichia coli*. J. Biol. Chem. **264**:14090-14094.

7.   **Aiba, H., F. Nakasai, S. Mizushima, and T. Mizuno.** 1989. Phosphorylation of a bacterial activator protein, OmpR, by a protein kinase, EnvZ, results in stimulation of its DNA-binding ability. J. Biochem. **106**:5-7.

8.   **Al-Obeid, S., D. Billot-Klein, J. Van Heijenoort, E. Collatz, and L. Gutmann.** 1992. Replacement of the essential penicillin-binding protein 5 by high-molecular mass PBPs may explain vancomycin-β-lactam synergy in low-level vancomycin-resistant *Enterococcus faecium* D366. FEMS Microbiol. Lett. **91:**79-84.

9.   **Allen, N. E., and T. I. Nicas.** 2003. Mechanism of action of oritavancin and related glycopeptide antibiotics. FEMS Microbiol. Rev. **26:**511-532.

10. **Alves, R., and M. A. Savageau.** 2003. Comparative analysis of prototype two-component systems with either bifunctional or monofunctional sensors: differences in molecular structure and physiological function. Mol. Microbiol. **48:**25-51.

11. **Ambur, O. H., P. E. Reynolds, and C. A. Arias.** 2002. D-Ala:D-Ala ligase gene flanking the *vanC* cluster: evidence for presence of three ligase genes in vancomycin-resistant *Enterococcus gallinarum* BM4174. Antimicrob. Agents Chemother. **46:**95-100.

12. **Arias, C. A., P. Courvalin, and P. E. Reynolds.** 2000. *vanC* cluster of vancomycin-resistant *Enterococcus gallinarum* BM4174. Antimicrob. Agents Chemother. **44:**1660-1666.

13. **Arias, C. A., M. Martin-Martinez, T. L. Blundell, M. Arthur, P. Courvalin, and P. E. Reynolds.** 1999. Characterization and modelling of VanT : a novel, membrane-bound, serine racemase from vancomycin-resistant *Enterococcus gallinarum* BM4174. Mol. Microbiol. **31:**1653-1664.

14. **Arias, C. A., and B. E. Murray.** 2012. The rise of the *Enterococcus*: beyond vancomycin resistance. Nat. Rev. Microbiol. **10:**266-278.

15. **Arias, C. A., J. Pena, D. Panesso, and P. Reynolds.** 2003. Role of the transmembrane domain of the VanT serine racemase in resistance to vancomycin in *Enterococcus gallinarum* BM4174. J. Antimicrob. Chemother. **51**:557-564.

16. **Arias, C. A., J. Weisner, J. M. Blackburn, and P. E. Reynolds.** 2000. Serine and alanine racemase activities of VanT: a protein necessary for vancomycin resistance in *Enterococcus gallinarum* BM4174. Microbiology **146**:1727-1734.

17. **Arthur, M., F. Depardieu, L. Cabanié, P. Reynolds, and P. Courvalin.** 1998. Requirement of the VanY and VanX D,D-peptidases for glycopeptide resistance in enterococci. Mol. Microbiol. **30**:819-830.

18. **Arthur, M., F. Depardieu, and P. Courvalin.** 1999. Regulated interactions between partner and non partner sensors and responses regulators that control glycopeptide resistance gene expression in enterococci. Microbiology **145**:1849-1858.

19. **Arthur, M., F. Depardieu, G. Gerbaud, M. Galimand, R. Leclercq, and P. Courvalin.** 1997. The VanS sensor negatively controls VanR-mediated transcriptional activation of glycopeptide resistance genes of Tn*1546* and related elements in the absence of induction. J. Bacteriol. **179**:97-106.

20. **Arthur, M., F. Depardieu, C. Molinas, P. Reynolds, and P. Courvalin.** 1995. The *vanZ* gene of Tn*1546* from *Enterococcus faecium* BM4147 confers resistance to teicoplanin. Gene **154**:87-92.

21. **Arthur, M., F. Depardieu, P. Reynolds, and P. Courvalin.** 1999. Moderate-level resistance to glycopeptide LY333328 mediated by genes of the *vanA* and *vanB* clusters in enterococci. Antimicrob. Agents Chemother. **43**:1875-1880.

22. **Arthur, M., F. Depardieu, P. Reynolds, and P. Courvalin.** 1996. Quantitative analysis of the metabolism of soluble cytoplasmic peptidoglycan precursors of glycopeptide-resistant enterococci. Mol. Microbiol. **21:**33-44.

23. **Arthur, M., F. Depardieu, H. A. Snaith, P. E. Reynolds, and P. Courvalin.** 1994. Contribution of VanY D,D-carboxypeptidase to glycopeptide resistance in *Enterococcus faecalis* by hydrolysis of peptidoglycan precursors. Antimicrob. Agents Chemother. **38:**1899-1903.

24. **Arthur, M., C. Molinas, T. D. H. Bugg, G. D. Wright, C. T. Walsh, and P. Courvalin.** 1992. Evidence for in vivo incorporation of D-lactate into peptidoglycan precursors of vancomycin-resistant enterococci. Antimicrob. Agents Chemother. **36:**867-869.

25. **Arthur, M., C. Molinas, and P. Courvalin.** 1992. The VanS-VanR two-component regulatory system controls synthesis of depsipeptide peptidoglycan precursors in *Enterococcus faecium* BM4147. J. Bacteriol. **174:**2582-2591.

26. **Arthur, M., C. Molinas, F. Depardieu, and P. Courvalin.** 1993. Characterization of Tn*1546*, a Tn*3*-related transposon conferring glycopeptide resistance by synthesis of depsipeptide peptidoglycan precursors in *Enterococcus faecium* BM4147. J. Bacteriol. **175:**117-127.

27. **Arthur, M., C. Molinas, S. Dutka-Malen, and P. Courvalin.** 1991. Structural relationship between the vancomycin resistance protein VanH and 2-hydroxycarboxylic acid dehydrogenases. Gene **103:**133-134.

28. **Arthur, M., P. Reynolds, and P. Courvalin.** 1996. Glycopeptide resistance in enterococci. Trends Microbiol. **4:**401-407.

29. **Artsimovitch, I., V. Svetlov, L. Anthony, R. R. Burgess, and R. Landick.** 2000. RNA polymerases from *Bacillus subtilis* and *Escherichia coli* differ in recognition of regulatory signals *in vitro*. J. Bacteriol. **182**:6027-6035.

30. **Aslangul, E., M. Baptista, B. Fantin, F. Depardieu, M. Arthur, P. Courvalin, and C. Carbon.** 1997. Selection of glycopeptide-resistant mutants of VanB-type *Enterococcus faecalis* BM4281 in vitro and in experimental endocarditis. J. Infect. Dis. **175**:598-605.

31. **Bager, F., M. Madsen, J. Christensen, and F. M. Aarestrup.** 1997. Avoparcin used as a growth promoter is associated with the occurrence of vancomycin-resistant *Enterococcus faecium* on Danish poultry and pig farms. Prev. Vet. Med. **31**:95-112.

32. **Baikalov, I., I. Schroder, M. Kaczor-Grzeskowiak, K. Grzeskowiak, R. P. Gunsalus, and R. E. Dickerson.** 1996. Structure of the *Escherichia coli* response regulator NarL. Biochemistry **35**:11053-11061.

33. **Ballard, S. A., E. A. Grabsch, P. D. Johnson, and M. L. Grayson.** 2005. Comparison of three PCR primer sets for identification of *vanB* gene carriage in feces and correlation with carriage of vancomycin-resistant enterococci: interference by *vanB*-containing anaerobic bacilli. Antimicrob. Agents Chemother. **49**:77-81.

34. **Baptista, M., F. Depardieu, P. Courvalin, and M. Arthur.** 1996. Specificity of induction of glycopeptide resistance genes in *Enterococcus faecalis*. Antimicrob. Agents Chemother. **40**:2291-2295.

35. **Baptista, M., F. Depardieu, P. Reynolds, P. Courvalin, and M. Arthur.** 1997. Mutations leading to increased levels of resistance to glycopeptide antibiotics in VanB-type enterococci. Mol. Microbiol. **25**:93-105.

36. **Baptista, M., P. Rodrigues, F. Depardieu, P. Courvalin, and M. Arthur.** 1999. Single-cell analysis of glycopeptide resistance gene expression in teicoplanin-resistant mutants of a VanB-type *Enterococcus faecalis*. Mol. Microbiol. **32**:17-28.

37. **Barna, J. C. J., and D. H. Williams.** 1984. The structure and mode of action of glycopeptide antibiotics of the vancomycin group. Ann. Rev. Microbiol. **38**:339-357.

38. **Barne, K. A., J. A. Bown, S. J. Busby, and S. D. Minchin.** 1997. Region 2.5 of the *Escherichia coli* RNA polymerase sigma70 subunit is responsible for the recognition of the 'extended-10' motif at promoters. Embo J. **16**:4034-4040.

39. **Bates, J., J. Z. Jordens, and D. T. Griffiths.** 1994. Farm animals as a putative reservoir for vancomycin-resistant enterococcal infection in man. J. Antimicrob. Chemother. **34**:507-514.

40. **Bayliss, C. D., D. Field, and E. R. Moxon.** 2001. The simple sequence contingency loci of *Haemophilus influenzae* and *Neisseria meningitidis*. J. Clin. Invest. **107**:657-662.

41. **Beauregard, D. A., A. J. Maguire, D. H. Williams, and P. E. Reynolds.** 1997. Semiquantitation of cooperativity in binding of vancomycin-group antibiotics to vancomycin-susceptible and -resistant organisms. Antimicrob. Agents Chemother. **41**:2418-2423.

42. **Beauregard, D. A., D. H. Williams, M. N. Gwynn, and D. J. Knowles.** 1995. Dimerization and membrane anchors in extracellular targeting of vancomycin group antibiotics. Antimicrob. Agents Chemother. **39:**781-785.

43. **Bell, J. M., J. C. Paton, and J. Turnidge.** 1998. Emergence of vancomycin-resistant enterococci in Australia: phenotypic and genotypic characteristics of isolates. J. Clin. Microbiol. **36:**2187-2190.

44. **Beuzon, C. R., and J. Casadesus.** 1997. Conserved structure of IS*200* elements in *Salmonella.* Nucleic Acids Res. **25:**1355-1361.

45. **Biavasco, E., E. Giovanetti, A. Miele, C. Vignaroli, B. Facinelli, and P. E. Varaldo.** 1996. In vitro conjugative transfer of VanA vancomycin resistance between *Enterococci* and *Listeriae* of different species. Eur. J. Clin. Microbiol. Infect. Dis. **15:**50-59.

46. **Biavasco, F., C. Paladini, C. Vignaroli, G. Foglia, E. Manso, and P. E. Varaldo.** 2001. Recovery from a single blood culture of two *Enterococcus gallinarum* isolates carrying both *vanC-1* and *vanA* cluster genes and differing in glycopeptide susceptibility. Eur. J. Clin. Microbiol. Infect. Dis. **20:**309-314.

47. **Billot-Klein, D., L. Gutmann, S. Sablé, E. Guittet, and J. van Heijenoort.** 1994. Modification of peptidoglycan precursors is a common feature of the low-level vancomycin-resistant VanB-type *Enterococcus* D366 and of the naturally glycopeptide-resistant species *Lactobacillus casei, Pediococcus pentosaceus, Leuconostoc mesen teroides,* and *Enterococcus gallinarum.* J. Bacteriol. **176:**2398-2405.

48.   Blanco, A. G., M. Sola, F. X. Gomis-Ruth, and M. Coll. 2002. Tandem DNA recognition by PhoB, a two-component signal transduction transcriptional activator. Structure (Camb) **10**:701-713.

49.   Borghi, A., C. Coronelli, L. Faniuolo, G. Allievi, R. Pallanza, and G. G. Gallo. 1984. Teichomycins, new antibiotics from *Actinoplanes teichomyceticus* nov. sp. IV. Separation and characterization of the components of teichomycin (teicoplanin). J. Antibiot. (Tokyo) **37**:615-620.

50.   Bourdon, N., M. Fines-Guyon, J. M. Thiolet, S. Maugat, B. Coignard, R. Leclercq, and V. Cattoir. 2011. Changing trends in vancomycin-resistant enterococci in French hospitals, 2001-08. J. Antimicrob. Chemother. **66**:713-721.

51.   Bown, J. A., J. T. Owens, C. F. Meares, N. Fujita, A. Ishihama, S. J. Busby, and S. D. Minchin. 1999. Organization of open complexes at *Escherichia coli* promoters. Location of promoter DNA sites close to region 2.5 of the sigma70 subunit of RNA polymerase. J. Biol. Chem. **274**:2263-2270.

52.   Boyd, D. A., T. Cabral, P. Van Caeseele, J. Wylie, and M. R. Mulvey. 2002. Molecular characterisation of the *vanE* gene cluster in vancomycin-resistant *Enterococcus faecalis* N00-410 isolated in Canada. Antimicrob. Agents Chemother. **46**:1977-1979.

53.   Boyd, D. A., J. Conly, H. Dedier, G. Peters, L. Robertson, E. Slater, and M. R. Mulvey. 2000. Molecular characterization of the *vanD* gene cluster and a novel insertion element in a vancomycin-resistant enterococcus isolated in Canada. J. Clin. Microbiol. **38**:2392-2394.

54. **Boyd, D. A., P. Kibsey, D. Roscoe, and M. R. Mulvey.** 2004. *Enterococcus faecium* N03-0072 carries a new VanD-type vancomycin resistance determinant: characterization of the VanD5 operon. J. Antimicrob. Chemother. **54:**680-683.

55. **Boyd, D. A., M. A. Miller, and M. R. Mulvey.** 2006. *Enterococcus gallinarum* N04-0414 harbors a VanD-type vancomycin resistance operon and does not contain a D-alanine:D-alanine 2 (*ddl2*) gene. Antimicrob. Agents Chemother. **50:**1067-1070.

56. **Boyd, D. A., B. M. Willey, D. Fawcett, N. Gillani, and M. R. Mulvey.** 2008. Molecular characterization of *Enterococcus faecalis* N06-0364 with low-level vancomycin resistance harboring a novel D-Ala-D-Ser gene cluster, *vanL*. Antimicrob Agents Chemother **52:**2667-2672.

57. **Brinkman, A. B., T. J. Ettema, W. M. de Vos, and J. van der Oost.** 2003. The Lrp family of transcriptional regulators. Mol. Microbiol. **48:**287-294.

58. **Brissette, R. E., K. L. Tsung, and M. Inouye.** 1991. Suppression of a mutation in OmpR at the putative phosphorylation center by a mutant EnvZ protein in *Escherichia coli*. J. Bacteriol. **173:**601-608.

59. **Broome-Smith, J. K., I. Ioannidis, A. Edelman, and B. G. Spratt.** 1988. Nucleotide sequences of the penicillin-binding protein 5 and 6 genes of *Escherichia coli*. Nucleic Acids Res. **16:**1617.

60. **Bugg, T. D. H., S. Dutka-Malen, M. Arthur, P. Courvalin, and C. T. Walsh.** 1991. Identification of vancomycin resistance protein VanA as a D-alanine:D-alanine ligase of altered substrate specificity. Biochemistry **30:**2017-2021.

61. **Bugg, T. D. H., G. D. Wright, S. Dutka-Malen, M. Arthur, P. Courvalin, and C. T. Walsh.** 1991. Molecular basis for vancomycin resistance in *Enterococcus faecium* BM4147: biosynthesis of a depsipeptide peptidoglycan precursor by vancomycin resistance proteins VanH and VanA. Biochemistry **30:**10408-10415.

62. **Bzymek, M., and S. T. Lovett.** 2001. Instability of repetitive DNA sequences: the role of replication in multiple mechanisms. Proc. Natl. Acad. Sci. USA **98:**8319-8325.

63. **Campbell, E. A., O. Muzzin, M. Chlenov, J. L. Sun, C. A. Olson, O. Weinman, M. L. Trester-Zedlitz, and S. A. Darst.** 2002. Structure of the bacterial RNA polymerase promoter specificity sigma subunit. Mol. Cell. **9:**527-539.

64. **Carias, L. L., S. D. Rudin, C. J. Donskey, and L. B. Rice.** 1998. Genetic linkage and cotransfer of a novel, *vanB*-containing transposon (Tn*5382*) and a low-affinity penicillin-binding protein 5 gene in a clinical vancomycin-resistant *Enterococcus faecium* isolate. J. Bacteriol. **180:**4426-4434.

65. **Casadewall, B., and P. Courvalin.** 1999. Characterization of the *vanD* glycopeptide resistance gene cluster from *Enterococcus faecium* BM4339. J. Bacteriol. **181:**3644-3648.

66. **Casadewall, B., P. E. Reynolds, and P. Courvalin.** 2001. Regulation of expression of the *vanD* glycopeptide resistance gene cluster from *Enterococcus faecium* BM4339. J. Bacteriol. **183:**3436-3446.

67. **Casewell, M., C. Friis, E. Marco, P. McMullin, and I. Phillips.** 2003. The European ban on growth-promoting antibiotics and emerging consequences for human and animal health. J. Antimicrob. Chemother. **52:**159-161.

68. **Celli, J., C. Poyart, and P. Trieu-Cuot.** 1997. Use of an excision reporter plasmid to study the intracellular mobility of the conjugative transposon Tn916 in gram-positive bacteria. Microbiology **143:**1253-1261.

69. **Celli, J., and P. Trieu-Cuot.** 1998. Circularization of Tn916 is required for expression of the transposon-encoded transfer functions: characterization of long tetracycline-inducible transcripts reading through the attachment site. Mol. Microbiol. **28:**103-117.

70. **Cercenado, E., S. Unal, C. T. Eliopoulos, L. G. Rubin, H. D. Isenberg, R. C. Moellering, Jr., and G. M. Eliopoulos.** 1995. Characterization of vancomycin resistance in *Enterococcus durans.* J. Antimicrob. Chemother. **36:**821-825.

71. **Cetinkaya, Y., P. Falk, and C. G. Mayhall.** 2000. Vancomycin-resistant enterococci. Clin. Microbiol. Rev. **13:**686-707.

72. **Chesneau, O., J. Allignet, and N. el Solh.** 1993. Thermonuclease gene as a target nucleotide sequence for specific recognition of *Staphylococcus aureus.* Mol. Cell Probes **7:**301-310.

73. **Clark, N. C., R. C. Cooksey, B. C. Hill, J. M. Swenson, and F. C. Tenover.** 1993. Characterization of glycopeptide-resistant enterococci from U.S. hospitals. Antimicrob. Agents Chemother. **37:**2311-2317.

74. **Clark, N. C., L. M. Weigel, J. B. Patel, and F. C. Tenover.** 2005. Comparison of Tn*1546*-like elements in vancomycin-resistant *Staphylococcus aureus* isolates from Michigan and Pennsylvania. Antimicrob. Agents Chemother. **49**:470-472.

75. **Clewell, D. B., S. E. Flannagan, Y. Ike, J. M. Jones, and C. Gawron-Burke.** 1988. Sequence analysis of termini of conjugative transposon Tn*916*. J. Bacteriol. **170**:3046-3052.

76. **Collins, L. A., S. M. Egan, and V. Stewart.** 1992. Mutational analysis reveals functional similarity between NarX, a nitrate sensor in *Escherichia coli* K-12, and the methyl-accepting chemotaxis proteins. J. Bacteriol. **174**:3667-3675.

77. **Comenge, Y., R. Quintiliani, Jr., L. Li, L. Dubost, J. P. Brouard, J. E. Hugonnet, and M. Arthur.** 2003. The CroRS two-component regulatory system is required for intrinsic beta-lactam resistance in *Enterococcus faecalis*. J. Bacteriol. **185**:7184-7192.

78. **Crellin, P. K., and J. I. Rood.** 1997. The resolvase/invertase domain of the site-specific recombinase TnpX is functional and recognizes a target sequence that resembles the junction of the circular form of the *Clostridium perfringens* transposon Tn*4451*. J. Bacteriol. **179**:5148-5156.

79. **Cui, Y., Q. Wang, G. D. Stormo, and J. M. Calvo.** 1995. A consensus sequence for binding of Lrp to DNA. J. Bacteriol. **177**:4872-4880.

80. **Da Re, S., J. Schumacher, P. Rousseau, J. Fourment, C. Ebel, and D. Kahn.** 1999. Phosphorylation-induced dimerization of the FixJ receiver domain. Mol. Microbiol. **34**:504-511.

81. **Dahl, K. H., E. W. Lundblad, T. P. Rokenes, O. Olsvik, and A. Sundsfjord.** 2000. Genetic linkage of the *vanB2* gene cluster to Tn*5382* in vancomycin-resistant enterococci and characterization of two novel insertion sequences. Microbiology **146**:1469-1479.

82. **Dahl, K. H., G. S. Simonsen, O. Olsvik, and A. Sundsfjord.** 1999. Heterogeneity in the *vanB* gene cluster of genomically diverse clinical strains of vancomycin-resistant enterococci. Antimicrob. Agents Chemother. **43**:1105-1110.

83. **Dahl, K. H., and A. Sundsfjord.** 2003. Transferable *vanB2* Tn5382-containing elements in fecal streptococcal strains from veal calves. Antimicrob. Agents Chemother. **47**:2579-2583.

84. **Dalla Costa, L. M., P. E. Reynolds, H. A. Souza, D. C. Souza, M. F. Palepou, and N. Woodford.** 2000. Characterization of a divergent *vanD*-type resistance element from the first glycopeptide-resistant strain of *Enterococcus faecium* isolated in Brazil. Antimicrob. Agents Chemother. **44**:3444-3446.

85. **Darini, A. L., M. F. Palepou, D. James, and N. Woodford.** 1999. Disruption of *vanS* by IS*1216V* in a clinical isolate of *Enterococcus faecium* with VanA glycopeptide resistance. Antimicrob. Agents Chemother. **43**:995-996.

86. **Darini, A. L., M. F. Palepou, and N. Woodford.** 1999. Nucleotide sequence of IS*1542*, an insertion sequence identified within VanA glycopeptide resistance elements of enterococci. FEMS Microbiol. Lett. **173**:341-346.

87. **David, V., B. Bozdogan, J. L. Mainardi, R. Legrand, L. Gutmann, and R. Leclercq.** 2004. Mechanism of intrinsic resistance to vancomycin in *Clostridium innocuum* NCIB 10674. J. Bacteriol. **186**:3415-3422.

88. **Depardieu, F., M. G. Bonora, P. E. Reynolds, and P. Courvalin.** 2003. The *vanG* glycopeptide resistance operon from *Enterococcus faecalis* revisited. Mol. Microbiol. **50:**931-948.

89. **Depardieu, F., P. Courvalin, and A. Kolb.** 2005. Binding sites of VanR$_B$ and sigma70 RNA polymerase in the *vanB* vancomycin resistance operon of *Enterococcus faecium* BM4524. Mol. Microbiol. **57:**550-564.

90. **Depardieu, F., P. Courvalin, and T. Msadek.** 2003. A six amino acid deletion, partially overlapping the VanS$_B$ G2 ATP-binding motif, leads to constitutive glycopeptide resistance in VanB-type *Enterococcus faecium*. Mol. Microbiol. **50:**1069-1083.

91. **Depardieu, F., M. L. Foucault, J. Bell, A. Dubouix, M. Guibert, J. P. Lavigne, M. Levast, and P. Courvalin.** 2009. New combinations of mutations in VanD-Type vancomycin-resistant *Enterococcus faecium*, *Enterococcus faecalis*, and *Enterococcus avium* strains. Antimicrob Agents Chemother **53:**1952-1963.

92. **Depardieu, F., M. Kolbert, H. Pruul, J. Bell, and P. Courvalin.** 2004. VanD-Type Vancomycin-Resistant *Enterococcus faecium* and *Enterococcus faecalis*. Antimicrob. Agents Chemother. **48:**3892-3904.

93. **Depardieu, F., B. Perichon, and P. Courvalin.** 2004. Detection of the *van* alphabet and identification of enterococci and staphylococci at the species level by multiplex PCR. J. Clin. Microbiol. **42:**5857-5860.

94. **Depardieu, F., I. Podglajen, R. Leclercq, E. Collatz, and P. Courvalin.** 2007. Modes and modulations of antibiotic resistance gene expression. Clin. Microbiol. Rev. **20:**79-114.

95. **Depardieu, F., P. E. Reynolds, and P. Courvalin.** 2003. VanD-type vancomycin-resistant *Enterococcus faecium* 10/96A. Antimicrob. Agents Chemother. **47**:7-18.

96. **Derre, I., G. Rapoport, and T. Msadek.** 1999. CtsR, a novel regulator of stress and heat shock response, controls *clp* and molecular chaperone gene expression in gram-positive bacteria. Mol. Microbiol. **31**:117-131.

97. **Deshpande, L. M., T. R. Fritsche, G. J. Moet, D. J. Biedenbach, and R. N. Jones.** 2007. Antimicrobial resistance and molecular epidemiology of vancomycin-resistant enterococci from North America and Europe: a report from the SENTRY antimicrobial surveillance program. Diagn Microbiol Infect Dis **58**:163-170.

98. **Dever, L. L., S. M. Smith, S. Handwerger, and R. H. Eng.** 1995. Vancomycin-dependent *Enterococcus faecium* isolated from stool following oral vancomycin therapy. J. Clin. Microbiol. **33**:2770-2773.

99. **Devriese, L. A., B. Pot, and M. D. Collins.** 1993. Phenotypic identification of genus *Enterococcus* and differentiation of phylogenetically distinct enterococcal species and species groups. J. Applied Bacteriol. **75**:399-408.

100. **Domingo, M. C., A. Huletsky, A. Bernal, R. Giroux, D. K. Boudreau, F. J. Picard, and M. G. Bergeron.** 2005. Characterization of a Tn*5382*-like transposon containing the *vanB2* gene cluster in a *Clostridium* strain isolated from human faeces. J. Antimicrob. Chemother. **55**:466-474.

101. **Domingo, M. C., A. Huletsky, R. Giroux, K. Boissinot, A. Bernal, F. J. Picard, and M. G. Bergeron.** 2003. Characterization of a *vanD* gene cluster from anaerobic bacterium of the normal flora of human bowel. 43rd Interscience Conference on Antimicrobial Agents and Chemotherapy (ICAAC, Chicago, Illinois), Abs. C2-2166.

102. **Domingo, M. C., A. Huletsky, R. Giroux, F. J. Picard, and M. G. Bergeron.** 2007. *vanD* and *vanG*-like gene clusters in a *Ruminococcus* species isolated from human bowel flora. Antimicrob. Agents Chemother **51**:4111-4117.

103. **Donabedian, S., J. W. Chow, D. M. Shlaes, M. Green, and M. J. Zervos.** 1995. DNA hybridization and contour-clamped homogeneous electric field electrophoresis for identification of enterococci to the species level. J. Clin. Microbiol. **33**:141-145.

104. **Donskey, C. J., J. R. Schreiber, M. R. Jacobs, R. Shekar, R. A. Salata, S. Gordon, C. C. Whalen, F. Smith, and L. B. Rice.** 1999. A polyclonal outbreak of predominantly VanB vancomycin-resistant enterococci in northeast Ohio. Northeast Ohio Vancomycin-Resistant Enterococcus Surveillance Program. Clin. Infect. Dis. **29**:573-579.

105. **Doty, S. L., M. C. Yu, J. I. Lundin, J. D. Heath, and E. W. Nester.** 1996. Mutational analysis of the input domain of the VirA protein of *Agrobacterium tumefaciens*. J. Bacteriol. **178**:961-970.

106. **Dove, S. L., S. A. Darst, and A. Hochschild.** 2003. Region 4 of sigma as a target for transcription regulation. Mol. Microbiol. **48**:863-874.

107. **Dunny, G. M.** 1990. Genetic functions and cell-cell interactions in the pheromone-inducible plasmid transfer system of *Enterococcus faecalis*. Mol. Microbiol. **4**:689-696.

108. **Dutka-Malen, S., B. Blaimont, G. Wauters, and P. Courvalin.** 1994. Emergence of high-level resistance to glycopeptides in *Enterococcus gallinarum* and *Enterococcus casseliflavus.* Antimicrob. Agents Chemother. **38:**1675-1677.

109. **Dutka-Malen, S., S. Evers, and P. Courvalin.** 1995. Detection of glycopeptide resistance genotypes and identification to the species level of clinically relevant enterococci by PCR. J. Clin. Microbiol. **33:**24-27.

110. **Dutka-Malen, S., R. Leclercq, V. Coutant, J. Duval, and P. Courvalin.** 1990. Phenotypic and genotypic heterogeneity of glycopeptide resistance determinants in gram-positive bacteria. Antimicrob. Agents Chemother. **34:**1875-1879.

111. **Dutka-Malen, S., C. Molinas, M. Arthur, and P. Courvalin.** 1992. Sequence of the *vanC* gene of *Enterococcus gallinarum* BM4174 encoding a D-alanine:D-alanine ligase related protein necessary for vancomycin resistance. Gene **112:**53-58.

112. **Dutka-Malen, S., C. Molinas, M. Arthur, and P. Courvalin.** 1990. The VANA glycopeptide resistance protein is related to D-alanyl-D-alanine ligase cell wall biosynthesis enzymes. Mol. Gen. Genet. **224:**364-372.

113. **Dutta, I., and P. E. Reynolds.** 2002. Biochemical and genetic characterization of the *vanC-2* vancomycin resistance gene cluster of *Enterococcus casseliflavus* ATCC 25788. Antimicrob. Agents Chemother. **46:**3125-3132.

114. **Dutta, I., and P. E. Reynolds.** 2003. The *vanC-3* vancomycin resistance gene cluster of *Enterococcus flavescens* CCM439. J. Antimicrob. Chemother. **51:**703-706.

115. **Dutta, R., L. Qin, and M. Inouye.** 1999. Histidine kinases: diversity of domain organization. Mol. Microbiol. **34:**633-640.

116. **Edmond, M. B., J. F. Ober, D. L. Weinbaum, M. A. Pfaller, T. Hwang, M. D. Sanford, and R. P. Wenzel.** 1995. Vancomycin-resistant *Enterococcus faecium* bacteremia: risk factors for infection. Clin. Infect. Dis. **20:**1126-1133.

117. **Ellison, D. W., and W. R. McCleary.** 2000. The unphosphorylated receiver domain of PhoB silences the activity of its output domain. J. Bacteriol. **182:**6592-6597.

118. **Evers, S., B. Casadewall, M. Charles, S. Dutka-Malen, M. Galimand, and P. Courvalin.** 1996. Evolution of structure and substrate specificity in D-alanine:D-alanine ligases and related enzymes. J. Mol. Evol. **42:**706-712.

119. **Evers, S., and P. Courvalin.** 1996. Regulation of VanB-type vancomycin resistance gene expression by the $VanS_B$-$VanR_B$ two-component regulatory system in *Enterococcus faecalis* V583. J. Bacteriol. **178:**1302-1309.

120. **Evers, S., P. E. Reynolds, and P. Courvalin.** 1994. Sequence of the *vanB* and *ddl* genes encoding D-alanine:D-lactate and D-alanine:D-alanine ligases in vancomycin-resistant *Enterococcus faecalis* V583. Gene **140:**97-102.

121. **Fan, C., P. C. Moews, C. T. Walsh, and J. R. Knox.** 1994. Vancomycin resistance: Structure of D-alanine:D-alanine ligase at 2.3 A° resolution. Science **266:**439-443.

122. **Farrag, N., I. Eltringham, and H. Liddy.** 1996. Vancomycin-dependent *Enterococcus faecalis*. Lancet **348:**1581-1582.

123. **Fines, M., B. Perichon, P. Reynolds, D. F. Sahm, and P. Courvalin.** 1999. VanE, a new type of acquired glycopeptide resistance in *Enterococcus faecalis* BM4405. Antimicrob. Agents Chemother. **43:**2161-2164.

124. **Fisher, S. L., S.-K. Kim, B. L. Wanner, and C. T. Walsh.** 1996. Kinetic comparison of the specificity of the vancomycin resistance kinase VanS for two response regulators, VanR and PhoB. Biochemistry. **35:**4732-4740.

125. **Flannagan, S. E., J. W. Chow, S. M. Donabedian, W. J. Brown, M. B. Perri, M. J. Zervos, Y. Ozawa, and D. B. Clewell.** 2003. Plasmid content of a vancomycin-resistant *Enterococcus faecalis* isolate from a patient also colonized by *Staphylococcus aureus* with a VanA phenotype. Antimicrob. Agents Chemother. **47:**3954-3959.

126. **Forst, S., J. Delgado, A. Rampersaud, and M. Inouye.** 1990. In vivo phosphorylation of OmpR, the transcription activator of the *ompF* and *ompC* genes in *Escherichia coli*. J. Bacteriol. **172:**3473-3477.

127. **Forst, S. A., and D. L. Roberts.** 1994. Signal transduction by the EnvZ-OmpR phosphotransfer system in bacteria. Res. Microbiol. **145:**363-373.

128. **Fraimow, H. S., D. L. Jungkind, D. W. Lander, D. R. Delso, and J. L. Dean.** 1994. Urinary tract infection with an *Enterococcus faecalis* isolate that requires vancomycin for growth. Ann. Intern. Med. **121:**22-26.

129. **Frieden, T. R., S. S. Munsiff, D. E. Low, B. M. Willey, G. Williams, Y. Faur, W. Eisner, S. Warren, and B. Kreiswirth.** 1993. Emergence of vancomycin-resistant enterococci in New York City. Lancet **342:**76-79.

130. **Ganguli, S., H. Wang, P. Matsumura, and K. Volz.** 1995. Uncoupled phosphorylation and activation in bacterial chemotaxis. The 2.1-A structure of a threonine to isoleucine mutant at position 87 of CheY. J. Biol. Chem. **270:**17386-17393.

131. **Garnier, F., S. Taourit, P. Glaser, P. Courvalin, and M. Galimand.** 2000. Characterization of transposon Tn*1549*, conferring VanB-type resistance in *Enterococcus* spp. Microbiology **146:**1481-1489.

132. **Gawron-Burke, C., and D. B. Clewell.** 1984. Regeneration of insertionally inactivated streptococcal DNA fragments after excision of transposon Tn*916* in *Escherichia coli*: strategy for targeting and cloning of genes from gram-positive bacteria. J. Bacteriol. **159:**214-221.

133. **Gay Elisha, B., and P. Courvalin.** 1995. Analysis of genes encoding D-alanine:D-alanine ligase-related enzymes in *Leuconostoc mesenteroides* and *Lactobacillus* spp. Gene **152:**79-83.

134. **Genilloud, O., J. Blazquez, P. Mazodier, and F. Moreno.** 1988. A clinical isolate of transposon Tn*5* expressing streptomycin resistance in *Escherichia coli*. J. Bacteriol. **170:**1275-1278.

135. **Gold, H. S.** 2001. Vancomycin-resistant enterococci: mechanisms and clinical observations. Clin. Infect. Dis. **33:**210-219.

136. **Gold, H. S., S. Unal, E. Cercenado, C. Thauvin-Eliopoulos, G. M. Eliopoulos, C. B. Wennersten, and R. C. Moellering, Jr.** 1993. A gene conferring resistance to vancomycin but not teicoplanin in isolates of *Enterococcus faecalis* and *Enterococcus faecium* demonstrates homology with *vanB*, *vanA*, and *vanC* genes of enterococci. Antimicrob. Agents Chemother. **37:**1604-1609.

137. **Goldstein, F. W., A. Coutrot, A. Sieffer, and J. F. Acar.** 1990. Percentages and distributions of teicoplanin- and vancomycin-resistant strains among coagulase negative staphylococci. Antimicrob. Agents Chemother. **34:**899-900.

138. **Goossens, H.** 1998. Spread of vancomycin-resistant enterococci: differences between the United States and Europe. Infect. Control. Hosp. Epidemiol. **19:**546-551.

139. **Gorby, G. L., and J. E. Peacock, Jr.** 1988. *Erysipelothrix rhusiopathiae* endocarditis: microbiologic, epidemiologic, and clinical features of an occupational disease. Rev. Infect. Dis. **10:**317-325.

140. **Gordon, S., J. M. Swenson, B. C. Hill, N. E. Pigott, R. R. Facklam, R. C. Cooksey, C. Thornsberry, W. R. Jarvis, and F. C. Tenover.** 1992. Antimicrobial susceptibility patterns of common and unusual species of enterococci causing infections in the United States. J. Clin. Microbiol. **30:**2373-2378.

141. **Goudreau, P. N., and A. M. Stock.** 1998. Signal transduction in bacteria: molecular mechanisms of stimulus-response coupling. Cur. Opinion Microbiol. **1:**160-169.

142. **Greenwood, D., K. Bidgood, and M. Turner.** 1987. A comparison of the responses of staphylococci and streptococci to teicoplanin and vancomycin. J. Antimicrob. Chemother. **20:**155-164.

143. **Greisen, K., M. Loeffelholz, A. Purohit, and D. Leong.** 1994. PCR primers and probes for the 16S rRNA gene of most species of pathogenic bacteria, including bacteria found in cerebrospinal fluid. J. Clin. Microbiol. **32:**335-351.

144. **Griffith, R. S.** 1981. Introduction to vancomycin. Rev. Infect. Dis. **3 suppl:**S200-204.

145. **Grohs, P., L. Gutmann, R. Legrand, B. Schoot, and J. L. Mainardi.** 2000. Vancomycin resistance is associated with serine-containing peptidoglycan in *Enterococcus gallinarum*. J. Bacteriol. **182:**6228-6232.

146. **Guan, C. D., B. Wanner, and H. Inouye.** 1983. Analysis of regulation of *phoB* expression using a *phoB-cat* fusion. J. Bacteriol. **156:**710-717.

147. **Guardabassi, L., H. Christensen, H. Hasman, and A. Dalsgaard.** 2004. Members of the genera *Paenibacillus* and *Rhodococcus* harbor genes homologous to enterococcal glycopeptide resistance genes *vanA* and *vanB*. Antimicrob. Agents Chemother. **48:**4915-4918.

148. **Guardabassi, L., B. Perichon, J. van Heijenoort, D. Blanot, and P. Courvalin.** 2005. Glycopeptide resistance *vanA* operons in *Paenibacillus* strains isolated from soil. Antimicrob. Agents Chemother. **49:**4227-4233.

149. **Gutmann, L., D. Billot-Klein, S. Al-Obeid, I. Klare, S. Francoual, E. Collatz, and J. van Heijenoort.** 1992. Inducible carboxypeptidase activity in vancomycin-resistant enterococci. Antimicrob. Agents Chemother. **36:**77-80.

150. **Haldimann, A., S. L. Fisher, L. L. Daniels, C. T. Walsh, and B. L. Wanner.** 1997. Transcriptional regulation of the *Enterococcus faecium* BM4147 vancomycin resistance gene cluster by the VanS-VanR two-component regulatory system in *Escherichia coli* K-12. J. Bacteriol. **179:**5903-5913.

151. **Hall, L. M. C., H. Y. Chen, and R. J. Williams.** 1992. Vancomycin-resistant *Enterococcus durans*. Lancet **340:**1105.

152. **Hancock, L., and M. Perego.** 2002. Two-component signal transduction in *Enterococcus faecalis*. J. Bacteriol. **184:**5819-5825.

153. **Hancock, L. E., and M. Perego.** 2004. Systematic inactivation and phenotypic characterization of two-component signal transduction systems of *Enterococcus faecalis* V583. J. Bacteriol. **186:**7951-7958.

154. **Handwerger, S., and A. Kolokathis.** 1990. Induction of vancomycin resistance in *Enterococcus faecium* by inhibition of transglycosylation. FEMS Microbiol. Lett. **70:**167-170.

155. **Handwerger, S., M. J. Pucci, and A. Kolokathis.** 1990. Vancomycin resistance is encoded on a pheromone response plasmid in *Enterococcus faecium* 228. Antimicrob. Agents Chemother. **34:**358-360.

156. **Handwerger, S., M. J. Pucci, K. J. Volk, J. Liu, and M. Lee.** 1994. Vancomycin-resistant *Leuconostoc mesenteroides* and *Lactobacillus casei* synthesize cytoplasmic peptidoglycan precursors that terminate in lactate. J. Bacteriol. **176:**260-264.

157. **Handwerger, S., M. J. Pucci, K. J. Volk, J. Liu, and M. S. Lee.** 1992. The cytoplasmic peptidoglycan precursor of vancomycin resistant *Enterococcus faecalis* terminates in lactate. J. Bacteriol. **174:**5982-5984.

158. **Handwerger, S., B. Raucher, D. Altarac, J. Monka, S. Marchione, K. V. Singh, B. E. Murray, J. Wolff, and B. Walters.** 1993. Nosocomial outbreak due to *Enterococcus faecium* highly resistant to vancomycin, penicillin, and gentamicin. Clin. Infect. Dis. **16**:750-755.

159. **Handwerger, S., and J. Skoble.** 1995. Identification of chromosomal mobile element conferring high-level vancomycin resistance in *Enterococcus faecium*. Antimicrob. Agents Chemother. **39**:2446-2453.

160. **Handwerger, S., J. Skoble, L. F. Discotto, and M. J. Pucci.** 1995. Heterogeneity of the *vanA* gene cluster in clinical isolates of enterococci from the northeastern United States. Antimicrob. Agents Chemother. **39**:362-368.

161. **Hanrahan, J., C. Hoyen, and L. B. Rice.** 2000. Geographic distribution of a large mobile element that transfers ampicillin and vancomycin resistance between *Enterococcus faecium* strains. Antimicrob. Agents Chemother. **44**:1349-1351.

162. **Harlocker, S. L., A. Rampersaud, W. P. Yang, and M. Inouye.** 1993. Phenotypic revertant mutations of a new OmpR2 mutant (V203Q) of *Escherichia coli* lie in the *envZ* gene, which encodes the OmpR kinase. J. Bacteriol. **175**:1956-1960.

163. **Hashimoto, Y., K. Tanimoto, Y. Ozawa, T. Murata, and Y. Ike.** 2000. Amino acid substitutions in the VanS sensor of the VanA-type vancomycin-resistant *Enterococcus* strains result in high-level vancomycin resistance and low-level teicoplanin resistance. FEMS Microbiol. Lett. **185**:247-254.

164. **Hayden, M. K.** 2000. Insights into the epidemiology and control of infection with vancomycin-resistant enterococci. Clin. Infect. Dis. **31**:1058-1065.

165. **Hayden, M. K., G. M. Trenholme, J. E. Schultz, and D. F. Sahm.** 1993. *In vivo* development of teicoplanin resistance in a VanB *Enterococcus faecium* isolate. J. Infect. Dis. **167:**1224-1227.

166. **Hess, J. F., R. B. Bourret, and M. I. Simon.** 1988. Histidine phosphorylation and phosphoryl group transfer in bacterial chemotaxis. Nature **336:**139-143.

167. **Ho, Y. S., D. L. Wulff, and M. Rosenberg.** 1983. Bacteriophage lambda protein cII binds promoters on the opposite face of the DNA helix from RNA polymerase. Nature **304:**703-708.

168. **Hoch, J. A., and T. J. Silhavy.** 1995. Two-component signal transduction. American Society for Microbiology, Washington D.C.

169. **Holman, T. R., Z. Wu, B. L. Wanner, and C. T. Walsh.** 1994. Identification of the DNA-binding site for the phosphorylated VanR protein required for vancomycin resistance in *Enterococcus faecium*. Biochemistry **33:**4625-4631.

170. **Höltje, J.-V.** 1998. Growth of the stress-bearing and shape-maintaining murein sacculus of *Escherichia coli*. Microbiol. and Mol. Biol. Reviews. **62:**181-203.

171. **Hsing, W., F. D. Russo, K. K. Bernd, and T. J. Silhavy.** 1998. Mutations that alter the kinase and phosphatase activities of the two-component sensor EnvZ. J Bacteriol **180:**4538-4546.

172. **Hsing, W., and T. J. Silhavy.** 1997. Function of conserved histidine-243 in phosphatase activity of EnvZ, the sensor for porin osmoregulation in *Escherichia coli*. J. Bacteriol. **179:**3729-3735.

173. **Huang, K.-J., C.-Y. Lan, and M. M. Igo.** 1997. Phosphorylation stimulates the cooperative DNA-binding properties of the transcription factor OmpR. Biochemistry **94**:2828-2832.

174. **Huang, K. J., and M. M. Igo.** 1996. Identification of the bases in the *ompF* regulatory region, which interact with the transcription factor OmpR. J. Mol. Biol. **262**:615-628.

175. **Huang, K. J., J. L. Schieberl, and M. M. Igo.** 1994. A distant upstream site involved in the negative regulation of the *Escherichia coli ompF* gene. J. Bacteriol. **176**:1309-1315.

176. **Hummell, D. S., and J. A. Winkelstein.** 1986. Bacterial lipoteichoic acid sensitizes host cells for destruction by autologous complement. J. Clin. Invest. **77**:1533-1538.

177. **Igarashi, K., and A. Ishihama.** 1991. Bipartite functional map of the *E. coli* RNA polymerase alpha subunit: involvement of the C-terminal region in transcription activation by cAMP-CRP. Cell **65**:1015-1022.

178. **Igo, M. M., A. J. Ninfa, J. B. Stock, and T. J. Silhavy.** 1989. Phosphorylation and dephosphorylation of a bacterial transcriptional activator by a transmembrane receptor. Genes Dev. **3**:1725-1734.

179. **Ishihama, A.** 1993. Protein-protein communication within the transcription apparatus. J. Bacteriol. **175**:2483-2489.

180. **Jacob, A. E., and S. J. Hobbs.** 1974. Conjugal transfer of plasmid-borne multiple antibiotic resistance in *Streptococcus faecalis* var. *zymogenes*. J. Bacteriol. **117**:360-372.

181. **Jacob, J., S. Evers, K. Bischoff, C. Carlier, and P. Courvalin.** 1994. Characterization of the *sat4* gene encoding a streptothricin acetyltransferase in *Campylobacter coli* BE/G4. FEMS Microbiol. Lett. **120**:13-18.

182. **Jenney, A., C. Franklin, L. Liolios, and D. Spelman.** 2000. *Enterococcus durans* VanB. J. Antimicrob. Chemother. **46**:515.

183. **Jensen, L. B.** 1998. Internal size variations in Tn*1546*-like elements due to the presence of IS*1216V*. FEMS Microbiol. Lett. **169**:349-354.

184. **Jett, B. D., M. M. Huycke, and M. S. Gilmore.** 1994. Virulence of enterococci. Clin. Microbiol. Reviews **7**:462-478.

185. **Johnson, A. P., A. H. C. Uttley, N. Woodford, and R. C. George.** 1990. Resistance to vancomycin and teicoplanin: an emerging clinical problem. Clin. Microbiol. Rev. **3**:280-291.

186. **Jones, R. N., M. S. Barett, and M. E. Erwin.** 1997. In vitro activity and spectrum of LY333328, a novel glycopeptide derivative. Antimicrob. Agents Chemother. **41**:488-493.

187. **Jones, R. N., H. S. Sader, M. E. Erwin, and S. C. Anderson.** 1995. Emerging multiply resistant enterococci among clinical isolates. I. Prevalence data from 97 medical center surveillance study in the United States. Enterococcus Study Group. Diagn. Microbiol. Infect. Dis. **21**:85-93.

188. **Kacica, M., and L. C. McDonald.** 2004. Vancomycin-resistant *Staphylococcus aureus*-New York, 2004. Morb. Mortal. Wkly Rep. **53**:322-323.

189. **Kawalec, M., M. Gniadkowski, J. Kedzierska, A. Skotnicki, J. Fiett, and W. Hryniewicz.** 2001. Selection of a teicoplanin-resistant *Enterococcus faecium* mutant during an outbreak caused by vancomycin-resistant enterococci with the VanB phenotype. J. Clin. Microbiol. **39:**4274-4282.

190. **Kedzierska, B., D. J. Lee, G. Wegrzyn, S. J. Busby, and M. S. Thomas.** 2004. Role of the RNA polymerase alpha subunits in CII-dependent activation of the bacteriophage lambda *pE* promoter: identification of important residues and positioning of the alpha C-terminal domains. Nucleic Acids Res. **32:**834-841.

191. **Keener, J., and S. Kustu.** 1988. Protein kinase and phosphoprotein phosphatase activities of nitrogen regulatory proteins NtrB and NtrC of enteric bacteria: roles of the conserved amino-terminal domain of NtrC. Proc. Natl. Acad. Sci. USA **85:**4976-4980.

192. **Kersulyte, D., N. S. Akopyants, S. W. Clifton, B. A. Roe, and D. E. Berg.** 1998. Novel sequence organization and insertion specificity of IS*605* and IS*606*: chimaeric transposable elements of *Helicobacter pylori*. Gene **223:**175-186.

193. **Kim, S.-K., M. R. Wilmes-Riesenberg, and B. L. Wanner.** 1996. Involvement of the sensor kinase EnvZ in the *in vivo* activation of the response-regulator PhoB by acetyl phosphate. Mol. Microbiol. **1996:**135-147.

194. **Klare, I., H. Heier, H. Claus, G. Böhme, S. Marin, G. Seltmann, R. Hakenbeck, V. Antanassova, and W. Witte.** 1995. *Enterococcus faecium* strains with *vanA*-mediated high-level glycopeptide resistance from animal foodstuffs and fecal samples of humans in the community. Microb. Drugs Resist. **1:**265-272.

195. **Kornblum, J., B. J. Hartman, R. P. Novick, and A. Tomasz.** 1986. Conversion of a homogeneously methicillin-resistant strain of *Staphylococcus aureus* to heterogeneous resistance by Tn*551*-mediated insertional inactivation. Eur. J. Clin. Microbiol. **5:**714-718.

196. **Lancefield, R. C.** 1933. Serological differentiation of human and other groups of haemolytic streptococci. J. Exp. Med. **57:**571-595.

197. **Launay, A., S. A. Ballard, P. D. Johnson, M. L. Grayson, and T. Lambert.** 2006. Transfer of Vancomycin Resistance Transposon Tn*1549* from *Clostridium symbiosum* to *Enterococcus* spp. in the Gut of Gnotobiotic Mice. Antimicrob. Agents Chemother. **50:**1054-1062.

198. **Lebreton, F., F. Depardieu, N. Bourdon, M. Fines-Guyon, P. Berger, S. Camiade, R. Leclercq, P. Courvalin, and V. Cattoir.** 2011. D-Ala-D-Ser VanN-type transferable vancomycin resistance in *Enterococcus faecium*. Antimicrob. Agents Chemother. **55:**4606-4612.

199. **Leclercq, R., E. Derlot, J. Duval, and P. Courvalin.** 1988. Plasmid-mediated resistance to vancomycin and teicoplanin in *Enterococcus faecium*. N. Engl. J. Med. **319:**157-161.

200. **Leclercq, R., E. Derlot, M. Weber, J. Duval, and P. Courvalin.** 1989. Transferable vancomycin and teicoplanin resistance in *Enterococcus faecium*. Antimicrob. Agents Chemother. **33:**10-15.

201. **Leclercq, R., S. Dutka-Malen, A. Brisson-Noël, C. Molinas, E. Derlot, M. Arthur, J. Duval, and P. Courvalin.** 1992. Resistance of enterococci to aminoglycosides and glycopeptides. Clin. Infect. Dis. **15:**495-501.

202. **Leclercq, R., S. Dutka-Malen, J. Duval, and P. Courvalin.** 1992. Vancomycin resistance gene *vanC* is specific to *Enterococcus gallinarum*. Antimicrob. Agents Chemother. **36:**2005-2008.

203. **Lee, W. G., J. Y. Huh, S. R. Cho, and Y. A. Lim.** 2004. Reduction in glycopeptide resistance in vancomycin-resistant enterococci as a result of *vanA* cluster rearrangements. Antimicrob. Agents Chemother. **48:**1379-1381.

204. **Lee, W. G., and W. Kim.** 2003. Identification of a novel insertion sequence in *vanB2*-containing *Enterococcus faecium*. Lett. Appl. Microbiol. **36:**186-190.

205. **Lefort, A., M. Baptista, B. Fantin, F. Depardieu, C. Carbon, and P. Courvalin.** 1999. Two-step acquisition of resistance to the teicoplanin-gentamicin combination by VanB-type *Enterococcus faecalis* in vitro and in experimental endocarditis. Antimicrob. Agents Chemother. **43:**476-482.

206. **Lefort, A., L. Garry, F. Depardieu, P. Courvalin, and B. Fantin.** 2003. Influence of VanD type resistance on activities of glycopeptides in vitro and in experimental endocarditis due to *Enterococcus faecium*. Antimicrob. Agents Chemother. **47:**3515-3518.

207. **Lessard, I. A., and C. T. Walsh.** 1999. Mutational analysis of active-site residues of the enterococcal D-Ala-D-Ala dipeptidase VanX and comparison with *Escherichia coli* D-Ala:D-Ala ligase and D-Ala-D-Ala carboxypeptidase VanY. Chemistry and Biology **6:**177-187.

208. **Lester, C. H., D. Sandvang, S. S. Olsen, H. C. Schonheyder, J. O. Jarlov, J. Bangsborg, D. S. Hansen, T. G. Jensen, N. Frimodt-Moller, and A. M. Hammerum.** 2008. Emergence of ampicillin-resistant *Enterococcus faecium* in Danish hospitals. J. Antimicrob. Chemother. **62:**1203-1206.

209. **Ligozzi, M., G. Lo Cascio, and R. Fontana.** 1998. *vanA* gene cluster in a vancomycin-resistant clinical isolate of *Bacillus circulans*. Antimicrob Agents Chemother **42:**2055-2059.

210. **Liu, S. L., A. Hessel, and K. E. Sanderson.** 1993. Genomic mapping with I-*Ceu* I, an intron-encoded endonuclease specific for genes for ribosomal RNA, in *Salmonella spp.*, *Escherichia coli*, and other bacteria. Proc. Natl. Acad. Sci. U S A **90:**6874-6878.

211. **Liu, W., and F. M. Hulett.** 1997. Bacillus subtilis PhoP binds to the phoB tandem promoter exclusively within the phosphate starvation-inducible promoter. J. Bacteriol. **179:**6302-6310.

212. **Liu, Y. G., and R. F. Whittier.** 1995. Thermal asymmetric interlaced PCR: automatable amplification and sequencing of insert end fragments from P1 and YAC clones for chromosome walking. Genomics **25:**674-681.

213. **Livornese, L. L., Jr., S. Dias, C. Samel, B. Romanowski, S. Taylor, P. May, P. Pitsakis, G. Woods, D. Kaye, M. E. Levison, and et al.** 1992. Hospital-acquired infection with vancomycin-resistant *Enterococcus faecium* transmitted by electronic thermometers. Ann. Intern. Med. **117:**112-116.

214. **Lois, A. F., M. Weinstein, G. S. Ditta, and D. R. Helinski.** 1993. Autophosphorylation and phosphatase activities of the oxygen-sensing protein FixL of *Rhizobium meliloti* are coordinately regulated by oxygen. J. Biol. Chem. **268:**4370-4375.

215. **Lonetto, M., M. Gribskov, and C. A. Gross.** 1992. The sigma 70 family: sequence conservation and evolutionary relationships. J. Bacteriol. **174**:3843-3849.

216. **Low, D. E., N. Keller, A. Barth, and R. N. Jones.** 2001. Clinical prevalence, antimicrobial susceptibility, and geographic resistance patterns of enterococci: results from the SENTRY Antimicrobial Surveillance Program, 1997-1999. Clin. Infect. Dis. **32 Suppl 2**:S133-145.

217. **Lu, F., and G. Churchward.** 1995. Tn916 target DNA sequences bind the C-terminal domain of integrase protein with different affinities that correlate with transposon insertion frequency. J. Bacteriol. **177**:1938-1946.

218. **Lu, J. J., C. L. Perng, T. S. Chiueh, S. Y. Lee, C. H. Chen, F. Y. Chang, C. C. Wang, and W. M. Chi.** 2001. Detection and typing of vancomycin-resistance genes of enterococci from clinical and nosocomial surveillance specimens by multiplex PCR. Epidemiol. Infect. **126**:357-363.

219. **Lukat, G. S., W. R. McCleary, A. M. Stock, and J. B. Stock.** 1992. Phosphorylation of bacterial response regulator proteins by low molecular weight phospho-donors. Proc. Natl. Acad. Sci. U. S. A. **89**:718-722.

220. **MacKinnon, M. G., M. A. Drebot, and G. J. Tyrrell.** 1997. Identification and characterization of IS1476, an insertion sequence-like element that disrupts VanY function in a vancomycin-resistant *Enterococcus faecium* strain. Antimicrob. Agents Chemother. **41**:1805-1807.

221. **Maeda, S., and T. Mizuno.** 1990. Evidence for multiple OmpR-binding sites in the upstream activation sequence of the *ompC* promoter in *Escherichia coli*: a single OmpR-binding site is capable of activating the promoter. J. Bacteriol. **172**:501-503.

222. **Mainardi, J. L., V. Morel, M. Fourgeaud, J. Cremniter, D. Blanot, R. Legrand, C. Frehel, M. Arthur, J. Van Heijenoort, and L. Gutmann.** 2002. Balance between two transpeptidation mechanisms determines the expression of beta-lactam resistance in *Enterococcus faecium*. J. Biol. Chem. **277**:35801-35807.

223. **Makino, K., M. Amemura, T. Kawamoto, S. Kimura, H. Shinagawa, A. Nakata, and M. Suzuki.** 1996. DNA binding of PhoB and its interaction with RNA polymerase. J. Mol. Biol. **259**:15-26.

224. **Malani, P. N., L. Thal, S. M. Donabedian, B. Robinson-Dunn, C. A. Kauffman, J. W. Chow, E. Hershberger, and M. J. Zervos.** 2002. Molecular analysis of vancomycin-resistant *Enterococcus faecalis* from Michigan hospitals during a 10 year period. J. Antimicrob. Chemother. **49**:841-843.

225. **Manetti, R., B. Arico, R. Rappuoli, and V. Scarlato.** 1994. Mutations in the linker region of BvgS abolish response to environmental signals for the regulation of the virulence factors in *Bordetella pertussis*. Gene **150**:123-127.

226. **Manganelli, R., L. Romano, S. Ricci, M. Zazzi, and G. Pozzi.** 1995. Dosage of Tn*916* circular intermediates in *Enterococcus faecalis*. Plasmid **34**:48-57.

227. **Marr, M. T., J. W. Roberts, S. E. Brown, M. Klee, and G. N. Gussin.** 2004. Interactions among CII protein, RNA polymerase and the lambda P_{RE} promoter: contacts between RNA polymerase and the -35 region of P_{RE} are identical in the presence and absence of CII protein. Nucleic Acids Res. **32**:1083-1090.

228. **Marshall, C. G., G. Broadhead, B. K. Leskiw, and G. D. Wright.** 1997. D-Ala:D-Ala ligases from glycopeptide antibiotic-producing organisms are highly homologous to the enterococcal vancomycin -resistance ligases VanA and VanB. Proc. Natl. Acad. Sci. USA **94**:6480-6483.

229. **Marshall, C. G., I. A. Lessard, I. Park, and G. D. Wright.** 1998. Glycopeptide antibiotic resistance genes in glycopeptide-producing organisms. Antimicrob. Agents Chemother. **42**:2215-2220.

230. **Marshall, C. G., and G. D. Wright.** 1998. DdlN from vancomycin-producing *Amycolatopsis orientalis* C329.2 is a VanA homologue with D-alanyl-D-lactate ligase activity. J. Bacteriol. **180**:5792-5795.

231. **Marshall, C. G., and G. D. Wright.** 1997. The glycopeptide antibiotic producer *Streptomyces toyocaensis* NRRL15009 has both D-alanyl:D-alanine and D-alanyl:D-lactate ligases. FEMS Microbiol. Lett. **157**:295-299.

232. **Martineau, F., F. J. Picard, P. H. Roy, M. Ouellette, and M. G. Bergeron.** 1996. Species-specific and ubiquitous DNA-based assays for rapid identification of *Staphylococcus epidermidis*. J. Clin. Microbiol. **34**:2888-2893.

233. **Mattison, K., R. Oropeza, and L. J. Kenney.** 2002. The linker region plays an important role in the interdomain communication of the response regulator OmpR. J. Biol. Chem. **277**:32714-32721.

234. **Mazodier, P., O. Genilloud, E. Giraud, and F. Gasser.** 1986. Expression of Tn*5*-encoded streptomycin resistance in *E. coli.* Mol. Gen. Genet. **204:**404-409.

235. **McCafferty, D. G., I. A. Lessard, and C. T. Walsh.** 1997. Mutational analysis of potential zinc-binding residues in the active site of the enterococcal D-Ala-D-Ala dipeptidase VanX. Biochemistry **36:**10498-10505.

236. **McCleary, W. R., and J. B. StocK.** 1994. Acetyl phosphate and the activation of two-component response regulators. J. Biol. Chemistry. **269:**31567-31572.

237. **McGregor, K. F., C. Nolan, H. K. Young, M. F. Palepou, L. Tysall, and N. Woodford.** 2001. Prevalence of the *vanB2* gene cluster in VanB glycopeptide-resistant enterococci in the United Kingdom and the Republic of Ireland and its association with a Tn*5382*-like element. Antimicrob. Agents Chemother. **45:**367-368.

238. **McKessar, S. J., A. M. Berry, J. M. Bell, J. D. Turnidge, and J. C. Paton.** 2000. Genetic characterization of *vanG*, a novel vancomycin resistance locus of *Enterococcus faecalis*. Antimicrob. Agents Chemother. **44:**3224-3228.

239. **Messer, J., and P. E. Reynolds.** 1992. Modified peptidoglycan precursors produced by glycopeptide-resistant enterococci. FEMS Microbiol. Lett. **94:**195-200.

240. **Meziane-Cherif, D., M.-A. Badet-Denisot, S. Evers, P. Courvalin, and B. Badet.** 1994. Purification and characterization of the VanB ligase associated with type B vancomycin resistance in *Enterococcus faecalis* V583. FEBS Lett. **354:**140-142.

241. **Meziane-Cherif, D., F. A. Saul, C. Moubareck, P. Weber, A. Haouz, P. Courvalin, and B. Perichon.** 2010. Molecular basis of vancomycin dependence in VanA-type Staphylococcus aureus VRSA-9. J Bacteriol **192:**5465-5471.

242. **Miller, D., V. Urdaneta, A. Weltman, and S. Park.** 2002. Vancomycin-resistant *Staphylococcus aureus*- Pennsylvania, 2002. Morb. Mortal. Wkly Rep. **51:**902.

243. **Miller, J. F., S. A. Johnson, W. J. Black, D. T. Beattie, J. J. Mekalanos, and S. Falkow.** 1992. Constitutive sensory transduction mutations in the *Bordetella pertussis bvgS* gene. J. Bacteriol. **174:**970-979.

244. **Moellering, R. C., Jr.** 1998. Problems with antimicrobial resistance in gram-positive cocci. Clin. Infect. Dis. **26:**1196-1199.

245. **Montecalvo, M. A., H. de Lencastre, M. Carraher, C. Gedris, M. Chung, K. VanHorn, and G. P. Wormser.** 1995. Natural history of colonization with vancomycin-resistant *Enterococcus faecium*. Infect. Control. Hosp. Epidemiol. **16:**680-685.

246. **Moran, C. P. J., N. Lang, S. F. J. LeGrice, G. Lee, M. Stephens, A. L. Sonenshein, J. Pero, and R. Losick.** 1982. Nucleotide sequences that signal the initiation of transcription and translation in *Bacillus subtilis*. Mol. Gen. Genet. **186:**339-346.

247. **Mory, F., A. Lozniewski, V. David, J. P. Carlier, L. Dubreuil, and R. Leclercq.** 1998. Low-level vancomycin resistance in *Clostridium innocuum*. J. Clin. Microbiol. **36:**1767-1768.

248. **Moubareck, C., D. Meziane-Cherif, P. Courvalin, and B. Perichon.** 2009. VanA-type *Staphylococcus aureus* strain VRSA-7 is partially dependent on vancomycin for growth. Antimicrob. Agents Chemother. **53:**3657-3663.

249. **Murai, N., H. Kamata, Y. Nagashima, H. Yagisawa, and H. Hirata.** 1995. A novel insertion sequence (IS)-like element of the thermophilic bacterium PS3 promotes expression of the alanine carrier protein-encoding gene. Gene **163**:103-107.

250. **Nara, F., S. Matsuyama, T. Mizuno, and S. Mizushima.** 1986. Molecular analysis of mutant *ompR* genes exhibiting different phenotypes as to osmoregulation of the *ompF* and *ompC* genes of *Escherichia coli*. Mol. Gen. Genet. **202**:194-199.

251. **National Nosocomial Infections Surveillance (NNIS) System Report, data summary from January 1992 to June 2002, and i. August.** 2002. Am. J. Infect. Control. **30**:458-475.

252. **Navarro, F., and P. Courvalin.** 1994. Analysis of genes encoding D-alanine:D-alanine ligase-related enzymes in *Enterococcus casseliflavus* and *Enterococcus flavescens*. Antimicrob. Agents Chemother. **38**:1788-1793.

253. **Nieto, M., and H. R. Perkins.** 1971. Modifications of the acyl-D-alanyl-D-alanine terminus affecting complex-formation with vancomycin. Biochem. J. **123**:789-803.

254. **Noble, W. C., Z. Virani, and R. G. A. Cree.** 1992. Co-transfer of vancomycin and other resistance genes from *Enterococcus faecalis* NCTC 12201 to *Staphylococcus aureus*. FEMS Microbiol. Lett. **93**:195-198.

255. **Noskin, G. A., L. R. Peterson, and J. R. Warren.** 1995. *Enterococcus faecium* and *Enterococcus faecalis* bacteremia: acquisition and outcome. Clin. Infect. Dis. **20**:296-301.

256. **Noskin, G. A., V. Stosor, I. Cooper, and L. R. Peterson.** 1995. Recovery of vancomycin-resistant enterococci on fingertips and environmental surfaces. Infect. Control. Hosp. Epidemiol. **16**:577-581.

257. **Okamura, H., S. Hanaoka, A. Nagadoi, K. Makino, and Y. Nishimura.** 2000. Structural comparison of the PhoB and OmpR DNA-binding/transactivation domains and the arrangement of PhoB molecules on the phosphate box. J. Mol. Biol. **295**:1225-1236.

258. **Olmsted, S. B., S. M. Kao, L. J. van Putte, J. C. Gallo, and G. M. Dunny.** 1991. Role of the pheromone-inducible surface protein Asc10 in mating aggregate formation and conjugal transfer of the *Enterococcus faecalis* plasmid pCF10. J. Bacteriol. **173**:7665-7672.

259. **Oprea, S. F., N. Zaidi, S. M. Donabedian, M. Balasubramaniam, E. Hershberger, and M. J. Zervos.** 2004. Molecular and clinical epidemiology of vancomycin-resistant *Enterococcus faecalis*. J. Antimicrob. Chemother. **53**:626-630.

260. **Ostrowsky, B. E., N. C. Clark, C. Thauvin-Eliopoulos, L. Venkataraman, M. H. Samore, F. C. Tenover, G. M. Eliopoulos, R. C. Moellering, Jr., and H. S. Gold.** 1999. A cluster of VanD vancomycin-resistant *Enterococcus faecium*: molecular characterization and clinical epidemiology. J Infect Dis **180**:1177-1185.

261. **Palepou, M. F., A. M. Adebiyi, C. H. Tremlett, L. B. Jensen, and N. Woodford.** 1998. Molecular analysis of diverse elements mediating VanA glycopeptide resistance in enterococci. J. Antimicrob. Chemother. **42**:605-612.

262. **Palomeque-Messia, P., S. Englebert, M. Leyh-Bouille, M. Nguyen-Disteche, C. Duez, S. Houba, O. Dideberg, J. Van Beeumen, and J. M. Ghuysen.** 1991. Amino acid sequence of the penicillin-binding protein/DD-peptidase of *Streptomyces* K15. Predicted secondary structures of the low Mr penicillin-binding proteins of class A. Biochem. J. **279:**223-230.

263. **Panesso, D., L. Abadia-Patino, N. Vanegas, P. E. Reynolds, P. Courvalin, and C. A. Arias.** 2005. Transcriptional analysis of the vanC cluster from *Enterococcus gallinarum* strains with constitutive and inducible vancomycin resistance. Antimicrob. Agents Chemother. **49:**1060-1066.

264. **Parenti, F.** 1986. Structure and mechanism of action of teicoplanin. J. Hosp. Infect. **7 Suppl A:**79-83.

265. **Park, H., and M. Inouye.** 1997. Mutational analysis of the linker region of EnvZ, an osmosensor in *Escherichia coli*. J. Bacteriol. **179:**4382-4390.

266. **Park, I. S., C.-H. Lin, and C. T. Walsh.** 1997. Bacterial resistance to vancomycin : Overproduction, purification, and characterization of VanC2 from *Enterococcus casseliflavus* as a D-Ala-D-Ser ligase. Biochemistry **94:**10040-10044.

267. **Parkinson, J. S., and E. C. Kofoid.** 1992. Communication modules in bacterial signaling proteins. Annu. Rev. Genet. **26:**71-112.

268. **Patel, R., K. Piper, F. R. Cockerill, 3rd, J. M. Steckelberg, and A. A. Yousten.** 2000. The biopesticide *Paenibacillus popilliae* has a vancomycin resistance gene cluster homologous to the enterococcal VanA vancomycin resistance gene cluster. Antimicrob. Agents Chemother. **44:**705-709.

269. **Patel, R., J. R. Uhl, P. Kohner, M. K. Hopkins, and F. R. Cockerill, 3rd.** 1997. Multiplex PCR detection of *vanA*, *vanB*, *vanC-1*, and *vanC-2/3* genes in enterococci. J. Clin. Microbiol. **35:**703-707.

270. **Patel, R., J. R. Uhl, P. Kohner, M. K. Hopkins, J. M. Steckelberg, B. Kline, and F. R. Cockerill, 3rd.** 1998. DNA sequence variation within *vanA*, *vanB*, *vanC-1*, and *vanC-2/3* genes of clinical *Enterococcus* isolates. Antimicrob. Agents Chemother. **42:**202-205.

271. **Paulsen, I. T., L. Banerjei, and C. M. Fraser.** 2003. Role of mobile DNA in the evolution of vancomycin resistant *Enterococcus faecalis*. Science **299:**2071-2074.

272. **Périchon, B., B. Casadewall, P. Reynolds, and P. Courvalin.** 2000. Glycopeptide-resistant *Enterococcus faecium* BM4416 is a VanD-type strain with an impaired D-Alanine:D-Alanine ligase. Antimicrob. Agents Chemother. **44:**1346-1348.

273. **Perichon, B., and P. Courvalin.** 2004. Heterologous expression of the enterococcal vanA operon in methicillin-resistant *Staphylococcus aureus*. Antimicrob. Agents Chemother. **48:**4281-4285.

274. **Perichon, B., and P. Courvalin.** 2012. *Staphylococcus aureus* VRSA-11B is a constitutive vancomycin-resistant mutant of vancomycin-dependent VRSA-11A. Antimicrob. Agents Chemother.:4693-4696.

275. **Perichon, B., and P. Courvalin.** 2006. Synergism between beta-lactams and glycopeptides against VanA-type methicillin-resistant *Staphylococcus aureus* and heterologous expression of the *vanA* operon. Antimicrob. Agents Chemother. **50:**3622-3630.

276. **Périchon, B., P. E. Reynolds, and P. Courvalin.** 1997. VanD-type glycopeptide-resistant *Enterococcus faecium* BM4339. Antimicrob. Agents Chemother. **41:**2016-2018.

277. **Pfeiffer, R. R.** 1981. Structural features of vancomycin. Rev. Infect. Dis. **3 suppl:**S205-209.

278. **Pootoolal, J., M. G. Thomas, C. G. Marshall, J. M. Neu, B. K. Hubbard, C. T. Walsh, and G. D. Wright.** 2002. Assembling the glycopeptide antibiotic scaffold: The biosynthesis of A47934 from *Streptomyces toyocaensis* NRRL15009. Proc. Natl. Acad. Sci. U S A **99:**8962-8967.

279. **Power, E. G., Y. H. Abdulla, H. G. Talsania, W. Spice, S. Aathithan, and G. L. French.** 1995. *vanA* genes in vancomycin-resistant clinical isolates of *Oerskovia turbata* and *Arcanobacterium (Corynebacterium) haemolyticum*. J. Antimicrob. Chemother. **36:**595-606.

280. **Poyart, C., J. Celli, and P. Trieu-Cuot.** 1995. Conjugative transposition of Tn*916*-related elements from *Enterococcus faecalis* to *Escherichia coli* and *Pseudomonas fluorescens*. Antimicrob. Agents Chemother. **39:**500-506.

281. **Poyart, C., C. Pierre, G. Quesne, B. Pron, P. Berche, and P. Trieu-Cuot.** 1997. Emergence of vancomycin resistance in the genus *Streptococcus*: characterization of a *vanB* transferable determinant in *Streptococcus bovis*. Antimicrob. Agents Chemother. **41:**24-29.

282. **Poyart-Salmeron, C., P. Trieu-Cuot, C. Carlier, and P. Courvalin.** 1990. The integration-excision system of the streptococcal transposon Tn*1545* is structurally and functionally related to those lambdoïd phages. Mol. Microbiol. **4:**1513-1521.

283. **Poyart-Salmeron, C., P. Trieu-Cuot, C. Carlier, and P. Courvalin.** 1989. Molecular characterization of two proteins involved in the excision of the pneumococcal transposon Tn*1545* : homologies with other site-specific recombinases. EMBO J. **8**:2425-2433.

284. **Pryka, R. D., K. A. Rodvold, and J. C. Rotschafer.** 1988. Teicoplanin: an investigational glycopeptide antibiotic. Clin. Pharm. **7**:647-658.

285. **Quintiliani Jr., R., and P. Courvalin.** 1996. Characterization of Tn*1547*, a composite transposon flanked by the IS*16* and IS*256*-like elements, that confers vancomycin resistance in *Enterococcus faecalis* BM4281. Gene **172**:1-8.

286. **Quintiliani Jr., R., and P. Courvalin.** 1994. Conjugal transfer of the vancomycin resistance determinant *vanB* between enterococci involves the movement of large genetic elements from chromosome to chromosome. FEMS Microbiol. Lett. **119**:359-364.

287. **Quintiliani Jr., R., S. Evers, and P. Courvalin.** 1993. The *vanB* gene confers various levels of self-transferable resistance to vancomycin in enterococci. J. Infect. Dis. **167**:1220-1223.

288. **Raivio, T. L., and T. J. Silhavy.** 1997. Transduction of envelope stress in *Escherichia coli* by the Cpx two-component system. J. Bacteriol. **179**:7724-7733.

289. **Reynolds, P. E.** 1998. Control of peptidoglycan synthesis in vancomycin-resistant enterococci: D,D-peptidases and D,D-carboxypeptidases. Cell Mol. Life Sci. **54**:325-331.

290. **Reynolds, P. E.** 1989. Structure, biochemistry and mechanism of action of glycopeptide antibiotics. Eur. J. Clin. Microbiol. Infect. Dis. **8**:943-950.

291. **Reynolds, P. E., O. H. Ambur, B. Casadewall, and P. Courvalin.** 2001. The VanY$_{(D)}$ DD-carboxypeptidase of *Enterococcus faecium* BM4339 is a penicillin-binding protein. Microbiology **147**:2571-2578.

292. **Reynolds, P. E., C. A. Arias, and P. Courvalin.** 1999. Gene *vanXY$_C$* encodes D,D -dipeptidase (VanX) and D,D-carboxypeptidase (VanY) activities in vancomycin-resistant *Enterococcus gallinarum* BM4174. Mol. Microbiol. **34**:341-349.

293. **Reynolds, P. E., F. Depardieu, S. Dutka-Malen, M. Arthur, and P. Courvalin.** 1994. Glycopeptide resistance mediated by enterococcal transposon Tn*1546* requires production of VanX for hydrolysis of D-alanyl-D-alanine. Mol. Microbiol. **13**:1065-1070.

294. **Reynolds, P. E., H. A. Snaith, A. J. Maguire, S. Dutka-Malen, and P. Courvalin.** 1994. Analysis of peptidoglycan precursors in vancomycin-resistant *Enterococcus gallinarum* BM4174. Biochem. J. **301**:5-8.

295. **Rhinehart, E., N. E. Smith, C. Wennersten, E. Gorss, J. Freeman, G. M. Eliopoulos, R. C. Moellering, Jr., and D. A. Goldmann.** 1990. Rapid dissemination of beta-lactamase-producing, aminoglycoside-resistant *Enterococcus faecalis* among patients and staff on an infant-toddler surgical ward. N. Engl. J. Med. **323**:1814-1818.

296. **Rice, L. B.** 2001. Emergence of vancomycin-resistant enterococci. Emerg. Infect. Dis. **7**:183-187.

297. **Roberts, D. L., D. W. Bennett, and S. A. Forst.** 1994. Identification of the site of phosphorylation on the osmosensor, EnvZ, of *Escherichia coli*. J. Biol. Chem. **269**:8728-8733.

298. **Roitsch, T., H. Wang, S. G. Jin, and E. W. Nester.** 1990. Mutational analysis of the VirG protein, a transcriptional activator of *Agrobacterium tumefaciens* virulence genes. J. Bacteriol. **172**:6054-6060.

299. **Ronson, C. W., B. T. Nixon, and M. F. Ausubel.** 1987. Conserved domains in bacterial regulatory proteins that respond to environmental stimuli. Cell **49**:579-581.

300. **Rosato, A., J. Pierre, D. Billot-Klein, A. Buu-Hoi, and L. Gutmann.** 1995. Inducible and constitutive expression of resistance to glycopeptides and vancomycin dependence in glycopeptide-resistant *Enterococcus avium*. Antimicrob. Agents Chemother. **39**:830-833.

301. **Ross, W., K. K. Gosink, J. Salomon, K. Igarashi, C. Zou, A. Ishihama, K. Severinov, and R. L. Gourse.** 1993. A third recognition element in bacterial promoters: DNA binding by the alpha subunit of RNA polymerase. Science **262**:1407-1413.

302. **Rossmann, M. G., D. Moras, and K. W. Olsen.** 1974. Chemical and biological evolution of nucleotide-binding protein. Nature **250**:194-199.

303. **Rudy, C. K., J. R. Scott, and G. Churchward.** 1997. DNA binding by the Xis protein of the conjugative transposon Tn*916*. J. Bacteriol; **179**:2567-2572.

304. **Ruoff, K. L., L. de la Maza, M. J. Murtagh, J. D. Spargo, and M. J. Ferraro.** 1990. Species identities of enterococci isolated from clinical specimens. J. Clin. Microb. **28**:435-437.

317

305. **Russo, F. D., and T. J. Silhavy.** 1991. EnvZ controls the concentration of phosphorylated OmpR to mediate osmoregulation of the porin genes. J. Mol. Biol. **222:**567-580.

306. **San Millan, A., F. Depardieu, S. Godreuil, and P. Courvalin.** 2009. VanB-type *Enterococcus faecium* clinical isolate successively inducibly resistant to, dependent on, and constitutively resistant to vancomycin. Antimicrob Agents Chemother **53:**1974-1982.

307. **Sanders, D. A., B. L. Gillece-Castro, A. M. Stock, A. L. Burlingame, and D. E. Koshland, Jr.** 1989. Identification of the site of phosphorylation of the chemotaxis response regulator protein, CheY. J. Biol. Chem. **264:**21770-21778.

308. **Schleifer, K. H., and R. Kilpper-Bälz.** 1984. Transfer of *Streptococcus faecalis* and *Streptococcus faecium* to the genus *Enterococcus* nom. rev. as *Enterococcus faecalis* comb. nov. and *Enterococcus faecium* comb. nov. Intern. J. System. Bacteriol. **34:**31-34.

309. **Schouten, M. A., J. A. Hoogkamp-Korstanje, J. F. Meis, and A. Voss.** 2000. Prevalence of vancomycin-resistant enterococci in Europe. Eur. J. Clin. Microbiol. Infect. Dis. **19:**816-822.

310. **Schouten, M. A., A. Voss, J. A. Hoogkamp-Korstanje, and T. E. V. S. Group.** 1999. Antimicrobial susceptibility patterns of enterococci causing infections in Europe. Antimicrob. Agents Chemother. **43:**2542-2546.

311. **Schouten, M. A., R. J. Willems, W. A. Kraak, J. Top, J. A. Hoogkamp-Korstanje, and A. Voss.** 2001. Molecular analysis of Tn*1546*-like elements in vancomycin-resistant enterococci isolated from patients in Europe shows geographic transposon type clustering. Antimicrob. Agents Chemother. **45**:986-989.

312. **Schwalbe, R. S., A. C. McIntosh, S. Qaiyumi, J. A. Johnson, R. J. Johnson, K. M. Furness, W. J. Holloway, and L. Steele-Moore.** 1996. In vitro activity of LY333328, an investigational glycopeptide antibiotic, against enterococci and staphylococci. Antimicrob. Agents Chemother. **40**:2416-2419.

313. **Schwalbe, R. S., J. T. Stapleton, and P. H. Gilligan.** 1987. Emergence of vancomycin resistance in coagulase-negative staphylococci. The New England Journal of Medicine. **316**:927-931.

314. **Scott, J. R., and G. G. Churchward.** 1995. Conjugative transposition. Annu. Rev. Microbiol. **49**:367-397.

315. **Shankar, N., C. V. Lockatell, A. S. Baghdayan, C. Drachenberg, M. S. Gilmore, and D. E. Johnson.** 2001. Role of *Enterococcus faecalis* surface protein Esp in the pathogenesis of ascending urinary tract infection. Infect. Immun. **69**:4366-4372.

316. **Shanson, D. C.** 1986. Staphylococcal infections in hospital. Br. J. Hosp. Med. **35**:312, 314, 318-320.

317. **Shanson, D. C., and M. Tadayon.** 1986. Activity of teicoplanin compared with vancomycin alone, and combined with gentamicin, against penicillin tolerant viridans streptococci and enterococci causing endocarditis. J. Hosp. Infect. **7 Suppl A**:65-72.

318. **Shi, Y., and C. T. Walsh.** 1995. Active site mapping of *Escherichia coli* D-Ala-D-Ala ligase by structure-based mutagenesis. Biochemistry **34**:2768-2776.

319. **Sievert, D. M., M. L. Boulton, G. Stolman, D. Johnson, M. G. Stobierski, F. P. Downes, P. A. Somsel, J. T. Rudrik, W. J. Brown, W. Hafeez, T. Lundstrom, E. Flanagan, R. Johnson, J. Mitchell, and S. Chang.** 2002. *Staphylococcus aureus* resistant to vancomycin. - United States, 2002. Morb. Mortal. Wkly Rep. **51**:565-567.

320. **Sievert, D. M., J. T. Rudrik, J. B. Patel, L. C. McDonald, M. J. Wilkins, and J. C. Hageman.** 2008. Vancomycin-resistant *Staphylococcus aureus* in the United States, 2002-2006. Clin Infect Dis **46**:668-674.

321. **Sifaoui, F., and L. Gutmann.** 1997. Vancomycin dependence in a *vanA*-producing *Enterococcus avium* strain with a nonsense mutation in the natural D-Ala:D-Ala ligase gene. Antimicrob. Agents Chemother. **41**:1409.

322. **Silva, J. C., A. Haldimann, M. K. Prahalad, C. T. Walsh, and B. L. Wanner.** 1998. In vivo characterization of the type A and B vancomycin-resistant enterococci (VRE) VanRS two-component systems in *Escherichia coli*: a nonpathogenic model for studying the VRE signal transduction pathways. Proc. Natl. Acad. Sci. U. S. A. **95**:11951-11956.

323. **Simonsen, G. S., B. M. Andersen, A. Digranes, S. Harthug, T. Jacobsen, E. Lingaas, O. B. Natas, O. Olsvik, S. H. Ringertz, A. Skulberg, G. Syversen, and A. Sundsfjord.** 1998. Low faecal carrier rate of vancomycin resistant enterococci in Norwegian hospital patients. Scand. J. Infect. Dis. **30**:465-468.

324. **Simonsen, G. S., M. R. Myhre, K. H. Dahl, O. Olsvik, and A. Sundsfjord.** 2000. Typeability of Tn*1546*-like elements in vancomycin-resistant enterococci using long-range PCRs and specific analysis of polymorphic regions. Microb. Drug Resist. **6**:49-57.

325. **Somma, S., L. Gastaldo, and A. Corti.** 1984. Teicoplanin, a new antibiotic from *Actinoplanes teichomyceticus* nov. sp. Antimicrob. Agents Chemother. **26**:917-923.

326. **Southern, E. M.** 1975. Detection of specific sequences among DNA fragments separated by gel electrophoresis. J. Mol. Biol. **98**:503-517.

327. **Steers, E., E. L. Foltz, B. S. Graves, and J. Riden.** 1959. An inocula replicating apparatus for routine testing of bacterial susceptibility to antibiotics. Antibiot. Chemother. (Basel) **9**:307-311.

328. **Stinear, T. P., D. C. Olden, P. D. Johnson, J. K. Davies, and M. L. Grayson.** 2001. Enterococcal *vanB* resistance locus in anaerobic bacteria in human faeces. Lancet **357**:855-856.

329. **Stock, J. B., A. J. Ninfa, and A. M. Stock.** 1989. Protein phosphorylation and regulation of adaptive responses in bacteria. Microbiol. Rev. **53**:450-490.

330. **Tanimoto, K., T. Nomura, H. Maruyama, H. Tomita, N. Shibata, Y. Arakawa, and Y. Ike.** 2006. First VanD-Type vancomycin-resistant *Enterococcus raffinosus* isolate. Antimicrob. Agents Chemother. **50**:3966-3967.

331. **Taylor, K. L., and G. Churchward.** 1997. Specific DNA cleavage mediated by the integrase of conjugative transposon Tn*916*. J. Bacteriol. **179**:1117-1125.

332. **Tenover, F. C., L. M. Weigel, P. C. Appelbaum, L. K. McDougal, J. Chaitram, S. McAllister, N. Clark, G. Killgore, C. M. O'Hara, L. Jevitt, J. B. Patel, and B. Bozdogan.** 2004. Vancomycin-resistant *Staphylococcus aureus* isolate from a patient in Pennsylvania. Antimicrob. Agents Chemother. **48:**275-280.

333. **Thal, L., S. Donabedian, B. Robinson-Dunn, J. W. Chow, L. Dembry, D. B. Clewell, D. Alshab, and M. J. Zervos.** 1998. Molecular analysis of glycopeptide-resistant *Enterococcus faecium* isolates collected from Michigan hospitals over a 6-year period. J. Clin. Microbiol **36:**3303-3308.

334. **Tokishita, S., A. Kojima, and T. Mizuno.** 1992. Transmembrane signal transduction and osmoregulation in *Escherichia coli*: functional importance of the transmembrane regions of membrane-located protein kinase, EnvZ. J. Biochem. (Tokyo) **111:**707-713.

335. **Top, J., R. Willems, H. Blok, M. de Regt, K. Jalink, A. Troelstra, B. Goorhuis, and M. Bonten.** 2007. Ecological replacement of *Enterococcus faecalis* by multiresistant clonal complex 17 *Enterococcus faecium*. Clin. Microbiol. Infect. **13:**316-319.

336. **Top, J., R. Willems, S. van der Velden, M. Asbroek, and M. Bonten.** 2008. Emergence of clonal complex 17 *Enterococcus faecium* in The Netherlands. J. Clin. Microbiol. **46:**214-219.

337. **Torres, C., J. A. Reguera, M. J. Sanmartin, J. C. Perez-Diaz, and F. Baquero.** 1994. *vanA*-mediated vancomycin-resistant *Enterococcus* spp. in sewage. J. Antimicrob. Chemother. **33:**553-561.

338. **Treitman, A. N., P. R. Yarnold, J. Warren, and G. A. Noskin.** 2005. Emerging incidence of *Enterococcus faecium* among hospital isolates (1993 to 2002). J. Clin. Microbiol. **43:**462-463.

339. **Trieu-Cuot, P., and P. Courvalin.** 1983. Nucleotide sequence of the *Streptococcus faecalis* plasmid gene encoding the 3'5"-aminoglycoside phosphotransferase type III. Gene **23:**331-341.

340. **Trieu-Cuot, P., C. Poyart-Salmeron, C. Carlier, and P. Courvalin.** 1991. Molecular dissection of the transposition mechanism of conjugative transposons from gram-positive cocci, p. 21-27. *In* D. G.M., C. P. P., and M. L. L. (ed.), Genetics and molecular biology of treptococci, lactococci, and enterococci. American Society for Microbiology, Washington, D.C.

341. **Trieu-Cuot, P., C. Poyart-Salmeron, C. Carlier, and P. Courvalin.** 1993. Sequence requirements for target activity in site-specific recombination mediated by the Int protein of transposon Tn*1545*. Mol. Microbiol. **8:**179-185.

342. **Umeda, A., F. Garnier, P. Courvalin, and M. Galimand.** 2002. Association between the *vanB2* glycopeptide resistance operon and Tn*1549* in enterococci from France. J. Antimicrob. Chemother. **50:**253-256.

343. **Uttley, A. H., C. H. Collins, J. Naidoo, and R. C. Georges.** 1988. Vancomycin resistant enterococci. Lancet **i:**57-58.

344. **Uttley, A. H. C., R. C. George, J. Naidoo, N. Woodford, A. P. Johnson, C. H. Collins, D. Morrison, A. J. Gilfillan, L. E. Fitch, and J. Heptonstall.** 1989. High-level vancomycin-resistant enterococci causing hospital infections. Epidem. Infect. **103:**173-181.

345. **Van Bambeke, F., M. Chauvel, P. E. Reynolds, H. S. Fraimow, and P. Courvalin.** 1999. Vancomycin-dependent *Enterococcus faecalis* clinical isolates and revertant mutants. Antimicrob. Agents Chemother. **43:**41-47.

346. **Vankerckhoven, V., T. Van Autgaerden, C. Vael, C. Lammens, S. Chapelle, R. Rossi, D. Jabes, and H. Goossens.** 2004. Development of a multiplex PCR for the detection of *asa1*, *gelE*, *cylA*, *esp*, and *hyl* genes in enterococci and survey for virulence determinants among European hospital isolates of *Enterococcus faecium*. J. Clin. Microbiol. **42:**4473-4479.

347. **Vincent, S., R. G. Knight, M. Green, D. Sahm, and D. M. Shlaes.** 1991. Vancomycin susceptibility and identification of motile enterococci. J. Clin. Microbiol. **29:**2335-2337.

348. **Walker, M. S., and J. A. DeMoss.** 1994. NarL-phosphate must bind to multiple upstream sites to activate transcription from the *narG* promoter of *Escherichia coli*. Mol. Microbiol. **14:**633-641.

349. **Walthers, D., V. K. Tran, and L. J. Kenney.** 2003. Interdomain linkers of homologous response regulators determine their mechanism of action. J. Bacteriol. **185:**317-324.

350. **Wang, H., A. P. Roberts, D. Lyras, J. I. Rood, M. Wilks, and P. Mullany.** 2000. Characterization of the ends and target sites of the novel conjugative transposon Tn*5397* from *Clostridium difficile*: excision and circularization is mediated by the large resolvase, TndX. J. Bacteriol. **182:**3775-3783.

351. **Wanner, B.** 1995. Signal transduction and cross regulation in the *Escherichia coli* phosphate regulon by PhoR, CreC, and acetyl phosphate, p. 203-221. *In* J. Hoch and T. Silhavy (ed.), Two-component signal transduction. American Society for Microbiology, Washington, D.C.

352. **Wanner, B. L.** 1992. Is cross regulation by phosphorylation of two-component response regulator proteins important in bacteria? J. Bacteriol. **174**:2053-2058.

353. **Waukau, J., and S. Forst.** 1992. Molecular analysis of the signaling pathway between EnvZ and OmpR in *Escherichia coli*. J. Bacteriol. **174**:1522-1527.

354. **Wegener, H. C.** 2003. Antibiotics in animal feed and their role in resistance development. Curr. Opin. Microbiol. **6**:439-445.

355. **Wegener, H. C., F. M. Aarestrup, L. B. Jensen, A. M. Hammerum, and F. Bager.** 1999. Use of antimicrobial growth promoters in food animals and *Enterococcus faecium* resistance to therapeutic antimicrobial drugs in Europe. Emerg. Infect. Dis. **5**:329-335.

356. **Weigel, L. M., D. B. Clewell, S. R. Gill, N. C. Clark, L. K. McDougal, S. E. Flannagan, J. F. Kolonay, J. Shetty, G. E. Killgore, and F. C. Tenover.** 2003. Genetic analysis of a high-level vancomycin-resistant isolate of *Staphylococcus aureus*. Science **302**:1569-1571.

357. **Werner, G., T. M. Coque, A. M. Hammerum, R. Hope, W. Hryniewicz, A. Johnson, I. Klare, K. G. Kristinsson, R. Leclercq, C. H. Lester, M. Lillie, C. Novais, B. Olsson-Liljequist, L. V. Peixe, E. Sadowy, G. S. Simonsen, J. Top, J. Vuopio-Varkila, R. J. Willems, W. Witte, and N. Woodford.** 2008. Emergence and spread of vancomycin resistance among enterococci in Europe. Euro. Surveill. **13**.

358. **Whipple, F. W., and A. L. Sonenshein.** 1992. Mechanism of initiation of transcription by *Bacillus subtilis* RNA polymerase at several promoters. J. Mol. Biol. **223**:399-414.

359. **Willems, R. J., and M. J. Bonten.** 2007. Glycopeptide-resistant enterococci: deciphering virulence, resistance and epidemicity. Curr. Opin. Infect. Dis. **20:**384-390.

360. **Willems, R. J., W. Homan, J. Top, M. van Santen-Verheuvel, D. Tribe, X. Manzioros, C. Gaillard, C. M. Vandenbroucke-Grauls, E. M. Mascini, E. van Kregten, J. D. van Embden, and M. J. Bonten.** 2001. Variant *esp* gene as a marker of a distinct genetic lineage of vancomycin-resistant *Enterococcus faecium* spreading in hospitals. Lancet **357:**853-855.

361. **Willems, R. J., J. Top, N. van den Braak, A. van Belkum, D. J. Mevius, G. Hendriks, M. van Santen-Verheuvel, and J. D. van Embden.** 1999. Molecular diversity and evolutionary relationships of Tn*1546*-like elements in enterococci from humans and animals. Antimicrob. Agents Chemother. **43:**483-491.

362. **Willems, R. J., J. Top, M. van Santen, D. A. Robinson, T. M. Coque, F. Baquero, H. Grundmann, and M. J. Bonten.** 2005. Global spread of vancomycin-resistant *Enterococcus faecium* from distinct nosocomial genetic complex. Emerg. Infect. Dis. **11:**821-828.

363. **Willey, B. M., R. N. Jones, A. McGeer, W. Witte, G. French, R. B. Roberts, S. G. Jenkins, H. Nadler, and D. E. Low.** 1999. Practical approach to the identification of clinically relevant *Enterococcus* species. Diagn. Microbiol. Infect. Dis. **34:**165-171.

364. **Williams, D. H., and D. W. Butcher.** 1981. Binding site of the antibiotic vancomycin for a cell-wall peptide analogue. J. Am. Chem. Soc. **103:**5697-5700.

365. **Williamson, R., S. Al-Obeid, J. H. Shlaes, F. W. Goldstein, and D. M. Shlaes.** 1989. Inducible resistance to vancomycin in *Enterococcus faecium* D366. J. Infect. Dis. **159:**1095-1104.

366. **Williamson, R., L. Gutmann, T. Horaud, F. Delbos, and J. F. Acar.** 1986. Use of penicillin-binding proteins for the identification of Enterococci. Journal of General Microbiology **132:**1929-1937.

367. **Wilson, A. P. R., M. D. O'Hare, D. Felmingham, and R. N. Grüneberg.** 1986. Teicoplanin-resistant coagulase-negative staphylococcus. The Lancet:973.

368. **Woodford, N., A. M. Adebiyi, M. F. Palepou, and B. D. Cookson.** 1998. Diversity of VanA glycopeptide resistance elements in enterococci from humans and nonhuman sources. Antimicrob. Agents Chemother. **42:**502-508.

369. **Woodford, N., A. P. Johnson, D. Morrison, and D. C. E. Speller.** 1995. Current perspectives on glycopeptide resistance. Clin. Microbiol. Rev. **8:**585-615.

370. **Woodford, N., B. L. Jones, Z. Baccus, H. A. Ludlam, and D. F. J. Brown.** 1995. Linkage of vancomycin and high-level gentamicin resistance genes on the same plasmid in a clinical isolate of *Enterococcus faecalis*. J. Antimicrob. Chemother. **35:**179-184.

371. **Woodford, N., D. Morrison, A. P. Johnson, A. C. Bateman, J. G. Hastings, T. S. Elliott, and B. Cookson.** 1995. Plasmid-mediated *vanB* glycopeptide resistance in enterococci. Microb. Drug. Resist. **1:**235-240.

372. **Wright, G. D., T. R. Holman, and C. T. Walsh.** 1993. Purification and characterization of VanR and the cytosolic domain of VanS: a two-component regulatory system required for vancomycin resistance in *Enterococcus faecium* BM4147. Biochemistry **32:**5057-5063.

373. **Wright, G. D., C. Molinas, M. Arthur, P. Courvalin, and C. T. Walsh.** 1992. Characterization of VanY, a D,D-carboxypeptidase from vancomycin-resistant *Enterococcus faecium* BM4147. Antimicrob. Agents Chemother. **36:**1514-1518.

374. **Wu, J. J., R. Schuch, and P. J. Piggot.** 1992. Characterization of a *Bacillus subtilis* sporulation operon that includes genes for an RNA polymerase sigma factor and for a putative D,D-carboxypeptidase. J. Bacteriol. **174:**4885-4892.

375. **Wu, Z., G. D. Wright, and C. T. Walsh.** 1995. Overexpression, purification and characterization of VanX, a D,D-dipeptidase which is essential for vancomycin resistance in *Enterococcus faecium* BM4147. Biochemistry **34:**2455-2463.

376. **Xu, X., D. Lin, G. Yan, X. Ye, S. Wu, Y. Guo, D. Zhu, F. Hu, Y. Zhang, F. Wang, G. A. Jacoby, and M. Wang.** 2010. *vanM,* a new glycopeptide resistance gene cluster found in *Enterococcus faecium.* Antimicrob. Agents Chemother. **54:**4643-4647.

377. **Yamada, M., K. Makino, M. Amemura, H. Shinagawa, and A. Nakata.** 1989. Regulation of the phosphate regulon of *Escherichia coli*: Analysis of mutant *phoB* and *phoR* genes causing different phenotypes. J. Bacteriol. **171:**5601-5606.

378. **Yamamoto, K., H. Ogasawara, N. Fujita, R. Utsumi, and A. Ishihama.** 2002. Novel mode of transcription regulation of divergently overlapping promoters by PhoP, the regulator of two-component system sensing external magnesium availability. Mol. Microbiol. **45:**423-438.

379. **Zapf, J., M. Madhusudan, C. E. Grimshaw, J. A. Hoch, K. I. Varughese, and J. M. Whiteley.** 1998. A source of response regulator autophosphatase activity: the critical role of a residue adjacent to the Spo0F autophosphorylation active site. Biochemistry **37**:7725-7732.

380. **Zhang, J. H., G. Xiao, R. P. Gunsalus, and W. L. Hubbell.** 2003. Phosphorylation triggers domain separation in the DNA binding response regulator NarL. Biochemistry **42**:2552-2559.

381. **Zhu, Y., and M. Inouye.** 2002. The role of the G2 box, a conserved motif in the histidine kinase superfamily, in modulating the function of EnvZ. Mol. Microbiol. **45**:653-663.

www.ingramcontent.com/pod-product-compliance
Lightning Source LLC
Chambersburg PA
CBHW021029210326
41598CB00016B/952